지그·고정구의 제작 사용방법

툴엔지니어 편집부 편저 | 서 병 화 역

지그·고정구의 역할 | 선반용 고정구

밀링 머신·MC용 고정구 | 연삭기용 고정구

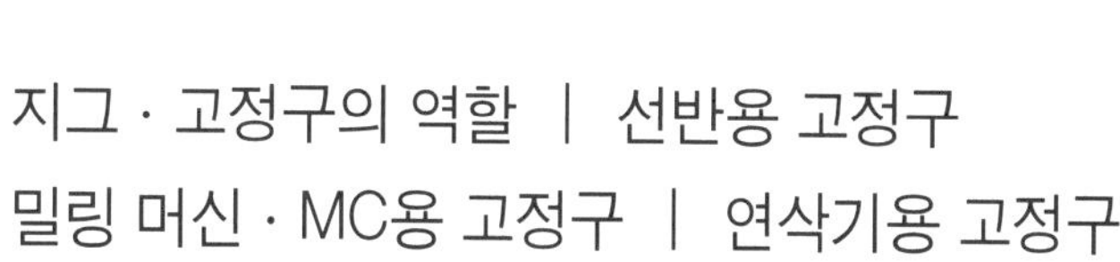

BM (주)도서출판 성안당

日本 옴사 · 성안당 공동 출간

지그·고정구의 제작 사용방법

차 례

PART • 3
밀링 머신 · MC용 고정구

PART • 4
연삭기용 고정구

만화로 보는 프롤로그

え・佐伯　克介

PART • 1
지그 · 고정구의 역할

고정구란 무엇인가

고정밀도 · 고능률 가공에 중요한 것

　　지금까지의 공작 기계의 역사는 생산성 향상을 위한 노력과 그 성과의 연속이었다. 특히 양의 확대를 전제로 한 고도 성장 시대에는 무엇보다도 생산성의 향상이 요구되었다.

　　그러나 저성장 시대에 들어 서면서부터 소(小)로트, 단납기를 전제로 한 다품종의 반복 생산이 정착되고 리드 타임의 단축과 함께 고신뢰성의 가공이 요구되었다.

　　공작 기계의 NC화가 진행되고 높은 생산성과 신뢰성을 실현할 수 있게 되었다.

또한 생산 현장에서도 생산성의 향상이나 가공 품질의 향상이 실현되고 있는 중이다. 이러한 시대에 더욱 효과적, 효율적이며 또한 생산성의 향상이나 고품질화를 실현하기 위해서는 어떻게 하면 좋을지 알아 본다.

공작 기계의 성능이 향상되고 절삭 공구도 다양화되고 있다. 그러나 가공물의 고정 방법에 있어서는 의외로 쉽게 생각하는 경향이 있으며 별로 중요시하지 않는 느낌마저 있다. 공작 기계의 정밀도가 아무리 좋아도 가공물의 고정이 나쁘면 변형이나 찌그러짐이 생겨 정밀도가 떨어진다든지, 높은 생산성을 가진 기계라도 고정하는데 시간이 걸려서는 그 효과가 반감된다. 그리고 가공물을 고정하기 위한 고정구의 양부는 고정밀도 가공이나 가공 시간 단축을 꾀하기 위해서도 대단히 중요한 생산 요소가 된다.

여기서는 고정구란 무엇인가, 또 어떠한 것이어야만 하는가 등 고정구의 본질에 대하여 생각해 본다.

그 정의와 역할·분류

● 고정구의 정의

기계 가공에 관여하고 있는 사람 중에서 "지그" 또는 "고정구"라고 하는 언어를 모르고 있는 사람이 없을텐데 그렇다면 지그란 무엇이고, 고정구와는 어떻게 다른가라고 물어 보면 약간 당황하게 된다.

또, 생산 현장 안에서는 같은 뜻으로 지그, 고정구 이외의 보조구라든가, 안내라는 말을 사용하고 있는 곳도 있다. 즉 장소와 때에 따라서 적당히 해결하고 있는 것이다.

일본의 「기계 공작 편람」에 의하면 지그 및 고정구는 다음과 같이 정의되고 있다.

【지그 및 고정구의 정의】

「지그와 고정구의 차이를 엄밀하게 정의하는 것은 쉽지 않다. 그러나 일반적으로 다음과 같이 말할 수가 있다. 지그는 공작물을 올바르게 고정하는 역할외에 여러 가지 절삭 공구를 위한 안내 역할을 한다.

그렇지만 고정구는 절삭 공구의 가공중에 공작물을 확실하게 지지하지만 절삭 공구에 대한 안내의 역할은 전혀 하지 않는다. 즉, 고정구는 이름 그대로 가공중인 기계에 확실하게 고정되어져야만 하고 때로는 게이지나 스토퍼가 설치되는 수도 있지만 절삭 공구의 안내 역할은 전혀 하지 않는 것이 고정구이다」

무엇인가 옛날스러운, 이해하기 힘든 표현이지만 요컨대 지그는 위치 결정, 조임 기구 외에 절삭 공구를 안내하는 기구를 가지고 있는 것에 비해, 고정구는 절삭 공구를 안내하는 기구를 가지지 않는 위치 결정, 조임 기구일 따름이라고 말할 수 있다.

　그림 1에서 보는 바와 같이 절삭 공구(드릴)를 안내하는 구멍(부시)이 있는 것이 「지그」이고, **그림** 2와 같은 바이스는 가공물의 고정과 위치 결정만 하기 때문에 「고정구」가 되는 것이다.

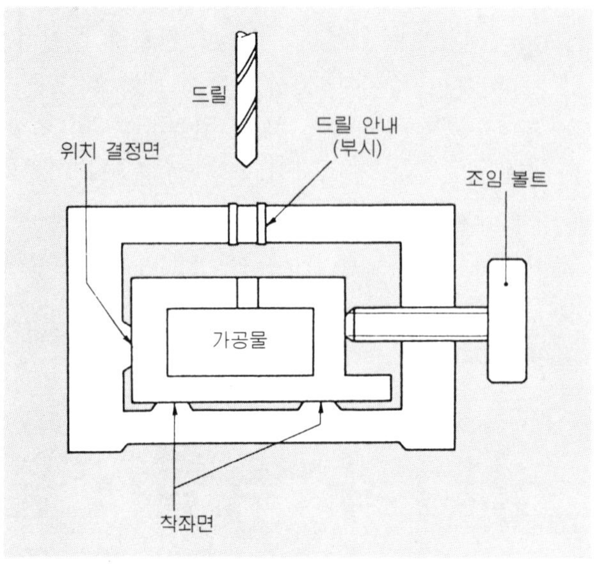

그림 1　드릴링 지그

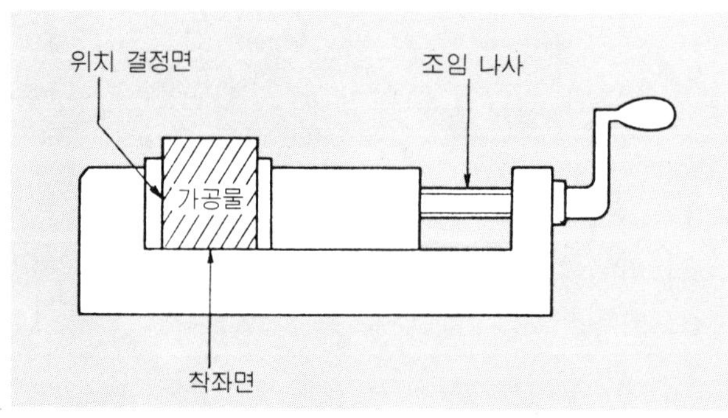

그림 2　바이스는 고정구이다

● 고정구의 역할

고정구의 역할은 다음 2가지로 말할 수 있다.

① 코스트의 저감

② 고품질의 제품 가공

　즉, "보다 좋은 제품을 보다 싸게" 만드는 것이 목적이지만 잘못 사용하면 역의 결과를 초래할 염려도 있다. 고정구를 사용할 때, 또는 새로 제작할 때는 제품의 생산량, 가격, 고정구와 제작비와의 관계, 현재의 생산 방식과 새로 채택하는 고정구와의 비교, 검토라는 2

가지 점을 유의하지 않으면 도리어 제품 가격의 상승을 초래할 지도 모른다.

가공이 용이하고 소량인 경우, 전용 고정구를 제작하면 가공 코스트가 올라가는 것은 당연한 이치이다. 그러므로 이런 경우는 범용 고정구로 임시 변통할 필요가 있다.

한편, 대량으로 가공한다든가, 가공 형상이 특수하여 범용 고정구로는 가공이 어려운 경우는 전용 고정구를 제작하여 고정, 해체 시간을 단축한다거나 미숙련자도 능률적으로 작업할 수 있도록 고안할 필요가 있다.

고정구를 사용하는 경우는 다음 사항을 주의하여 선택하는 것이 중요하다.

① **공작 기계를 최대한 활용할 수 있다** : 연속 가공이나 교환 가공 등 수 개의 가공 및 수 종류의 가공을 동시에 할 수 있는가.

② **생산 능력을 증대할 수 있다** : 동시 가공이나 고정, 해체 등의 시간이 단축되고 기계의 가동률이 향상된다. 또한, 금긋기 작업을 필요로 하지 않는다.

③ **가공 정밀도의 향상과 균일화를 꾀할 수 있다** : 제품의 불균일을 없애므로 불량품이 적어지고 낭비를 줄일 수 있어서 검사 업무가 쉽다.

④ **특수한 작업을 줄일 수 있다** : 특수한 작업이 적어지기 때문에 미숙련자도 가공할 수 있고 작업이 단순화되기 때문에 작업자의 피로가 적어진다.

⑤ **재료비를 절약할 수 있다** : 고정 여유를 줄일 수 있다

● 고정구의 분류

고정구는 가공물의 형상이나 가공 조건에 따라 여러 가지가 만들어져 있기 때문에 그 분류 방법도 여러 가지이지만 일반적으로는 가공 조건에 의한 분류, 성능상의 분류, 형태상의 분류, 기구상의 분류 등이 있다.

(1) 가공 조건에 따른 분류

최근의 공작 기계의 진보는 괄목할 만하며 NC화는 물론, 복합화 등 새로운 타입의 기계가 증가하고 있다. 따라서 공작 기계별로 분류하면 혼란스러워지기 때문에 다음과 같이 분류해 보았다.

① **선삭용 고정구**……선반, NC 선반, 터릿 선반, 자동 선반, 기타의 선삭용 공작 기계 전반

② **전삭(轉削)용 고정구**……밀링 머신, NC 밀링 머신, 머시닝 센터, 보링 머신, 호빙 머신, 드릴링 머신(플레이너, 셰이퍼 포함) 등

③ **연삭용 고정구**……원통 그라인딩 머신, 평면 그라인딩 머신, 나사 그라인딩 머신, 기타 연삭용 공작 기계 전반

④ **기타 공작 기계용 고정구**……형조(型彫) 방전 가공기, 와이어 방전 가공기, 레이저 가공기, 래핑 머신 등

가공 상태를 위주로 분류해 보았으나 가공 조건이나 형상이 유사하면 선반의 고정구를

밀링 머신이나 그라인딩 머신의 고정구로 이용할 수도 있다.

(2) 성능상의 분류

고정구는 특정 가공물의 가공에만 사용하는 소위 전용 고정구와, 가공물이 유사하면 어떤 종류나 고정할 수 있는 범용 고정구로 나눌 수가 있다.

전용 고정구는 특정의 가공물용으로 만들어져 있기 때문에 그 가공에 적합한 것을 만들 수는 있지만 조금만 차이가 나도 다루기 어렵고 효율이 나쁘게 되어 코스트가 높은 제품을 만드는 결과로 되어 버린다. 설계 제작에 있어서는 충분한 주의가 필요하다.

한편, 범용 고정구는 생산 현장에 상비되어 있기 때문에 요령있게 사용하면 코스트나 납기 단축면에서 유효하다.

(3) 형태상의 분류

형상이나 형식으로부터 척형, 바이스형, 판형, 분할형, 연속형 등으로 나눌 수가 있다.

(4) 기구상의 분류

고정구는 가공물의 위치를 결정한 후 이것을 고정시키기 위해 조이는데 조임 기구에 따라서 다음과 같이 분류된다.
① 나사에 의한 것
② 캠에 의한 것
③ 편심 축에 의한 것
④ 유압에 의한 것
⑤ 공압에 의한 것
⑥ 마그넷에 의한 것

이상 고정구의 분류에 관하여 살펴 보았는데 가공 조건에 따라 여러 가지를 조합하여 사용하길 바란다. 고정구의 설계나 경제성의 검토에 대해서는 「고정구 설계의 체크 포인트」 및 「지그 · 고정구의 주의점」을 참조하기 바란다.

● 금후의 고정구

코스트의 절감과 납기 단축은 금후 점점 더 요구 강도가 높아질 것이다. 고정구의 설계 제작에 시간이 많이 걸리게 되면 생산 현장에서는 기다리지 않고 임시 변통의 방법으로 가공해 버릴지도 모른다. 제품을 고품질이면서도 저가로 만들기 위해서는 고정구의 설계, 사용상의 포인트 등을 충분히 알아 둘 필요가 있다.

(1) 고정구의 표준화
① **고정구 부품의 표준화**……조임쇠, 볼트, 너트, 와셔, 다이스강, 위치 결정 핀, 맨드릴,

척용 플랜지, 평행 블록, 바이스의 마우스 피스, 행거 등의 부품에 관하여 표준화해 둔다.

② **고정구 재료의 표준화**······베이스 플레이트, 앵글 플레이트, 보조 테이블, 가로 정반 등의 형상이나 치수, 재질 등을 표준화해 두고 최소한의 드릴링, 태핑 등의 가공만으로 사용할 수 있도록 해 둔다.

③ **고정구 취급의 표준화**······고정구의 고정 방법이나 센터링, 기준면 등 시방에 필요한 사항을 표준화해 둔다.

④ **공작 기계 성능의 표준화**······공작 기계의 가공 정밀도, 시방 치수, 고정구 고정 부분의 치수를 조사하여 표준화해 둔다.

⑤ **고정구의 조사**······현재까지의 고정구의 문제점을 조사해 둔다.

⑥ **고정구 요소 부품의 관리**······표준화된 요소 부품을 체크하여 정비 및 보충을 해 둔다.

(2) 조립 방식 고정구의 활용

최근은 조립 방식의 고정구가 머시닝 센터 등에서 특히 많이 사용되고 있다.

조립 방식의 고정구는 요소 부품을 재편성함으로써 여러 가지의 형상이나 크기의 가공물에도 대응할 수 있고 설계 변경이나 1개의 가공물에도 코스트를 별로 염려하지 않고 사용할 수 있기 때문에 특히 대형 가공물이나 개수가 적은 경우에 효과가 있다.

(3) 범용 고정구의 활용

범용 고정구는 전용 고정구를 새로 제작하는 것보다 싸고 동시에 입수하기 쉬운 고정구이기 때문에 개조나 가공을 하여 전용화한다든지, 조립식 고정구와 병용함으로써 효과를 높일 수가 있다.

특히 보조 테이블, 앵글 플레이트, 경사 테이블, 서큘러 테이블, 분할대, 스크롤 척, 바이스, 마그넷 테이블 등은 약간의 개조로 큰 효과를 올릴 수 있다.

● 고정구의 체크 포인트

(1) 선삭용 고정구

선삭 가공에서 고정구의 특징은 고정구(가공물)가 선회한다는 것이다. 이를 위해 특히 체크해야 할 점을 열거해 본다.

① 고정구가 선회하기 때문에 작업중에 미끄러짐이나 풀림이 없도록 조임이 확실할 것 또한 작업중의 안정성을 고려할 것

② 고정구는 가벼워야 하며 동시에 강성(剛性)이 있을 것

③ 선회중의 밸런스가 잡혀 있을 것

④ 조임에 의한 가공물의 변형이나 비틀림이 생기지 않는 고정구일 것

⑤ 칩에 의해 트러블이 발생하지 않는 것일 것

⑥ 1회의 고정으로 가공을 종료할 수 있을 것

⑦ 정확한 위치 결정이 간단히 이루어질 것

⑧ 가공물의 고정, 분해가 간단할 것

선삭에서 일반적으로 사용되고 있는 단동 척이나 스크롤 척, 콜릿 척 등은 이들 조건을 만족하고 있다.

고정구를 새로 설계, 제작하는 경우는 이들 범용 고정구의 장점을 충분히 받아 들이도록 한다.

(2) 전삭(轉削)용 고정구

전삭용 공작 기계(전삭이란, 절삭 공구를 회전시켜서 절삭하는 것)의 종류는 다양하지만 여기서는 밀링 머신, 머시닝 센터, 보링 머신을 주체로 설명한다.

이들 기계는 주축이 수직형인 것과 수평형인 것이 있다. 또한 테이블이 선회하는 것도 있으며 가공 가능한 형상도 다종 다양하지만 기본적으로는 동일하다.

전삭 가공, 절삭할 때의 가공에 특유한 진동이 커지게 된다. 이것은 전삭 가공에서 특유한 단속 절삭이기 때문이다. 이 점을 충분히 인식한 후에 고정구를 생각해야만 한다. 이것들을 포함하여 체크해야 하는 점을 열거해 본다.

① 절삭력의 방향을 고려한 고정구일 것

② 고정구 자체가 절삭력을 받을 수 있는 구조일 것

③ 조임 기구는 가능한 한 다수의 가공물을 동시에 고정할 수 있는 기구를 사용할 것

④ 동시에 다면 또는 다개소의 가공이 가능한 고정구일 것

⑤ 평행도, 직각도, 동심도 등의 정밀도가 간단히 나오는 구조일 것

⑥ 연속 가공이 가능한 고정구일 것

⑦ 가공중에 다음의 가공물을 고정시킬 수 있을 것

전삭에서 일반적으로 자주 사용되고 있는 고정구는 조임쇠와 머신 바이스이다. 특히 머신 바이스는 취급이 용이하고 조임과 위치 결정이 간단하게 된다.

한편, 크기의 제한과 동시 가공면이 1면 뿐이라고 하는 결점도 있다. 그러나 전삭용 고정구는 바이스를 변형 또는 개조한 것이 많기 때문에 바이스의 취급에 대해 자세히 알아 두는 것이 필요하다.

(3) 연삭용 고정구

연삭 가공은 선삭이나 전삭 가공된 가공물의 다듬질 공정으로서 사용되는 것이 일반적이다. 따라서 고정밀도의 가공이 요구된다. 연삭 가공용 기계의 종류도 많고 대표적인 것에는 원통 그라인딩 머신, 평면 그라인딩 머신, 나사 그라인딩 머신, 기어 그라인딩 머신 등이 있다.

고정구의 형태는 선삭이나 전삭용과 다름이 없을 지라도 정밀도는 높다. 연삭용 고정구

의 체크 포인트를 열거해 본다.

① 조임이나 연삭 가공에 의한 변형, 비틀림이 발생하지 않을 것

② 가공물을 고정한 상태 그대로 측정이 용이할 것

③ 회전하는 고정구의 경우, 회전해도 밸런스가 유지될 것

④ 취급이 용이하며 장기간 정밀도가 유지될 것

⑤ 그라인딩 휠의 분말이나 연삭제에 의한 영향을 받지 않을 것

연삭에서의 일반적인 고정구에는 맨드릴(心金), 척, 전자 척 등이 있으나 고정밀도의 가공을 하기 때문에 고정구는 취급이 간단하고 심플한 것이 좋다.

조임 방법과 위치 결정

● 고정구의 조임 방법

(1) 조임의 기본

고정구에서 중요한 역할을 하는 조임 방법과 그 장치는 가공물을 공작 기계에 결합하는 것이기 때문에 가공물의 형상이나 재질, 중량, 사용하는 기계에 대해 충분히 검토해야만 한다.

조임 장치의 배열이나 그 기구에 의해 가공 정밀도나 가공 시간은 중대한 영향을 받는다. 특별히 필요한 주의 사항을 열거해 본다.

① 기능이 간단할 것

② 조임에 의해 편심이나 변형, 부상(浮上) 등이 일어나지 않을 것

③ 고정, 해체가 용이할 것

④ 조임의 착력점은 좌착면(座着面)의 위에 있을 것(**그림 3**)

⑤ 재질이나 형상 등에 의해 조임 압력을 가감할 수 있을 것

⑥ 착력점을 등분하듯이 조임력을 배분할 것

⑦ 절삭력의 방향을 검토하여 조임 방법을 결정할 것(**그림 4**)

(2) 조임 방법의 분류

① **조임력의 분류**……조임력이란 점에서 크게 나누면 인력과 기계력이 있다. 일반적으로 소량 생산의 경우에는 인력이 많이 사용된다. 또한 다량 생산에서는 기능적인 기계력을 이용하는 것이 좋은 방법이라고 볼 수 있다.

기계력에는 유압, 공기압, 전기 등이 이용된다. 기구도 복잡하고 코스트도 많이 소요되지만 고정, 해체의 시간이 짧고 미숙련자도 간단히 조작할 수 있다. 또한 원격 조작이 가능하다는 점이 강점이다.

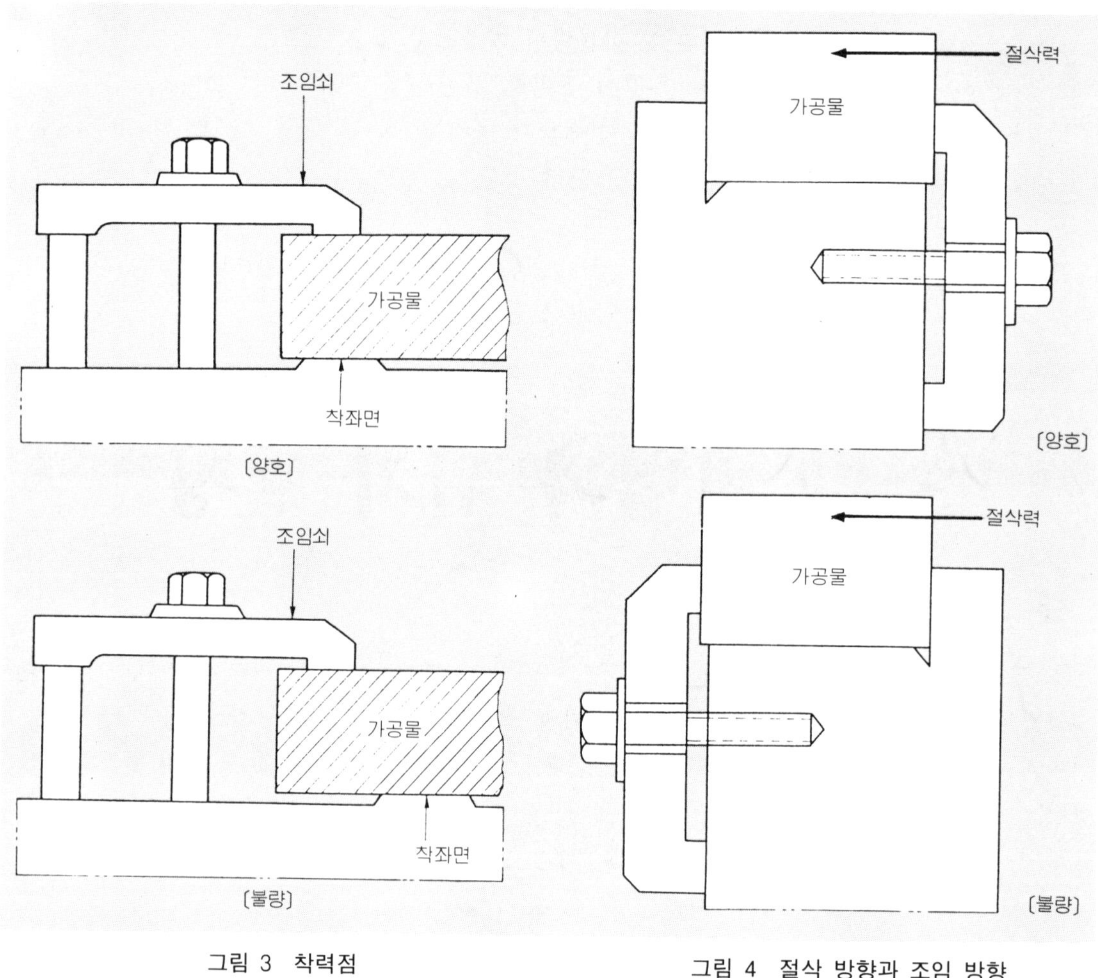

그림 3　착력점　　　　　　　　　그림 4　절삭 방향과 조임 방향

　　사람의 손으로 할 것인지, 기계력으로 할 것인지는 제품의 단가나 개수를 고려하여
선택해야만 한다.
② **기구상으로 본 분류**……조임 기구면에서 분류하면 앞서 거론한 바와 같이 나사를 사
　용하는 방법, 캠을 사용하는 방법, 편심 축에 의한 방법, 유압, 공압, 마그넷을 사용하
　는 방법 등이 있다.

(3) 조임 방법의 선택 방법

　하나의 가공물을 조이는데 있어서도 몇 종류의 방법이 고려될 수 있다. **그림 5**에 가공
물의 조임 방법이 나와 있다.
　그림 5(a)는 보통의 조임쇠를 사용한 조임이다. 너트를 스패너로 조이는 가장 간단한
방법이다. **그림 5**(b)는 양측의 볼트가 연동하고 있기 때문에 한쪽의 너트만 조이면 양쪽
의 조임쇠가 조여지며 조임쇠의 아래에는 스프링을 넣어 가공물의 고정, 해체를 편하게
하고 있다.

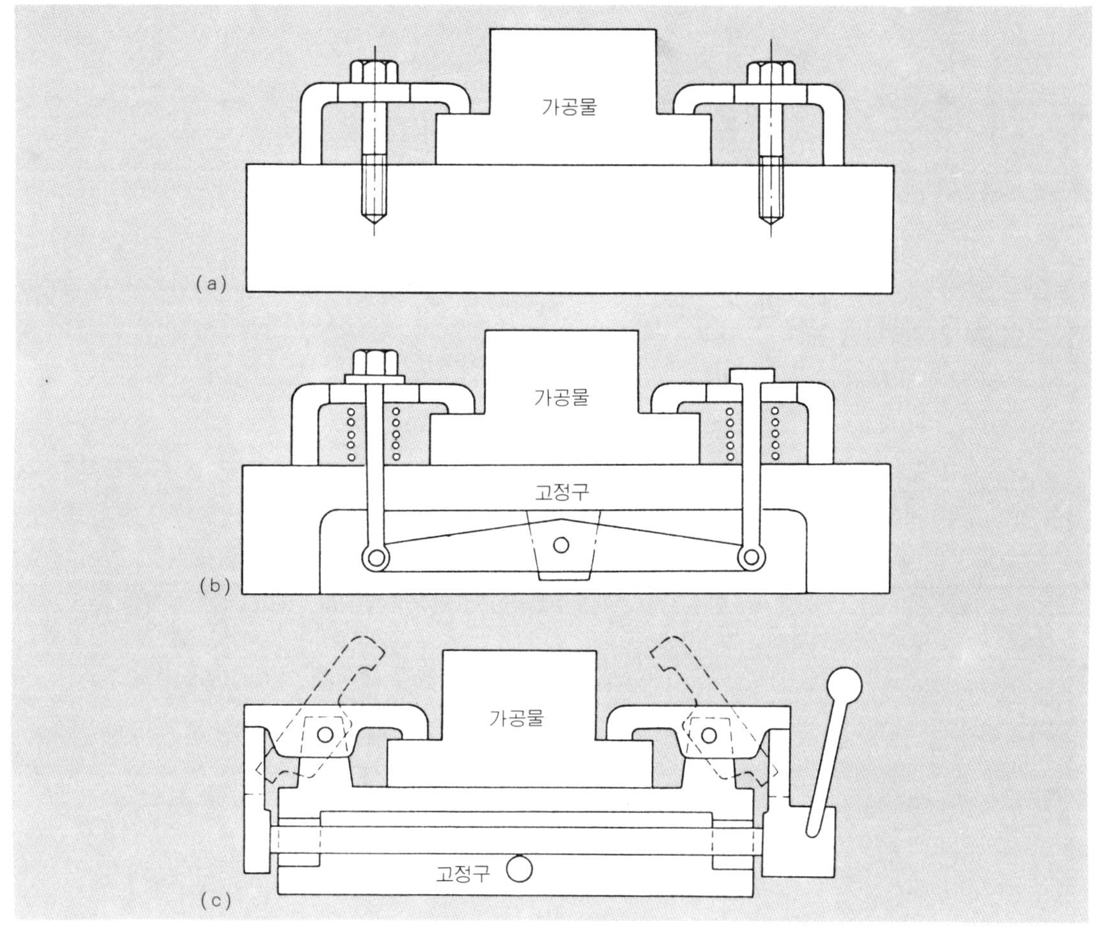

그림 5 조임의 사례

그림 5(c)는 편심 캠을 사용한 조임 방법이며 양측은 연동한다. 레버를 움직이면 고정, 해체가 원터치로 이루어진다.

이 3종류의 조임은 (a) → (b) → (c)의 순서로 고정, 해체에 소요되는 시간이 점점 짧아지고 간단해짐을 알 수 있다. 제품의 단가나 개수를 고려하여 선택하는 것이 중요하다.

● 고정구의 위치 결정

(1) 위치 결정의 기본

위치 결정이란 고정구의 일정 위치에 가공물을 놓는 것을 말한다. 위치 결정이 완전하지 않으면 정밀도의 불량이나 품질 불균일의 원인이 된다.

위치 결정을 하기 위해서는 고정구 뿐만 아니라 가공물측에서도 위치 결정을 위한 기준면을 정해 둘 필요가 있다. **그림 6**과 같이 가공물의 기준면을 고정구의 위치 결정면에 접촉하여 위치 결정을 한다.

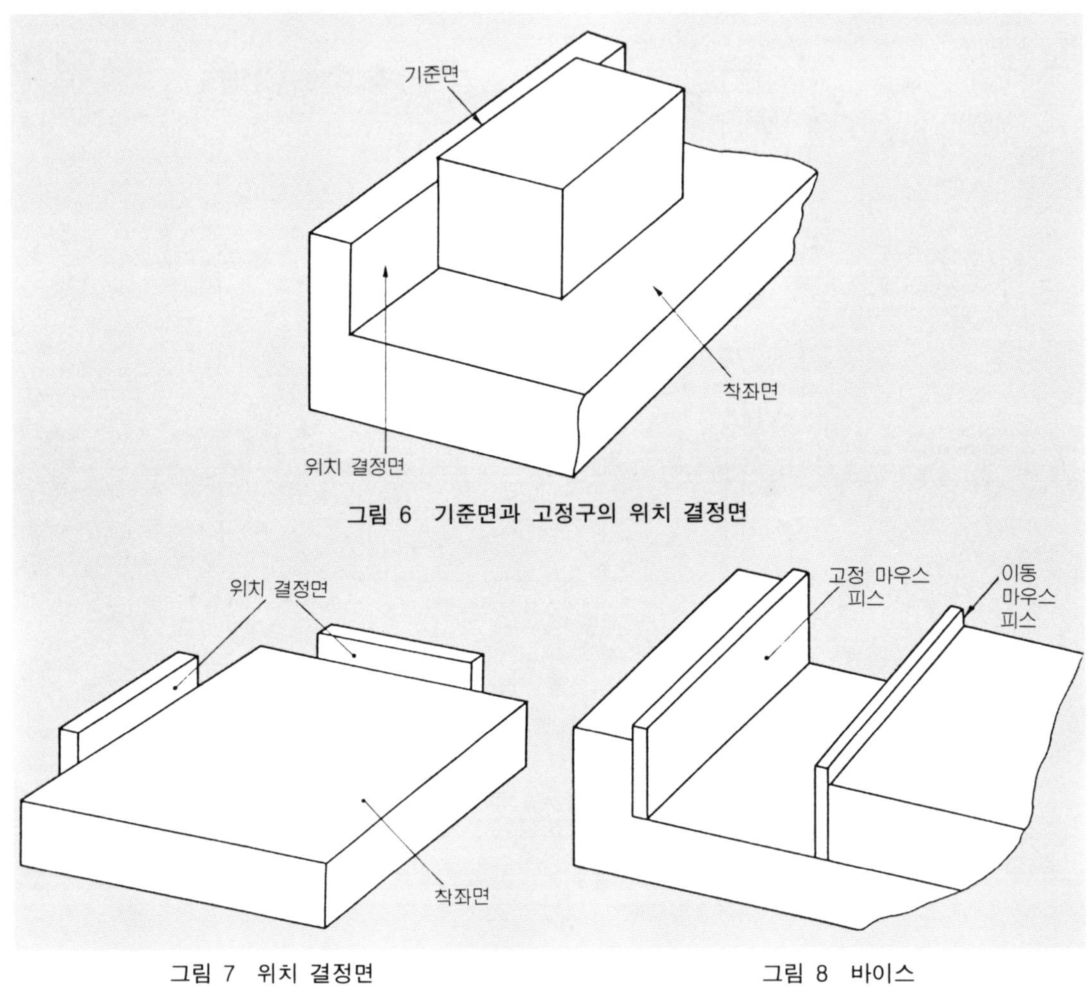

그림 6　기준면과 고정구의 위치 결정면

그림 7　위치 결정면　　　　　　　　**그림 8　바이스**

　가공물의 기준면과 고정구의 착좌면 및 위치 결정면의 정밀도가 양호할수록 위치 결정 정밀도가 높아진다.

(2) 가공물의 기준면을 잡는 방법

　가공물의 기준면을 어디로 하는가가 위치 결정 정밀도를 좌우하기 때문에 기준면의 결정 방법은 신중해야만 한다. 기준면은 다음과 같이 잡아야 한다.

　① 넓은 평면 부분을 기준면으로 한다.

　② 정밀도를 가장 필요로 하는 부분을 기준면으로 한다.

　③ 가공물의 밑면을 기준면으로 한다.

　④ 가공물의 측면을 기준면으로 한다.

　⑤ 가공물의 구멍을 기준면으로 한다.

　가공물에 적당한 기준면을 찾을 수 없을 때는 미리 기계 가공 보스를 붙여 둘 필요가 있다.

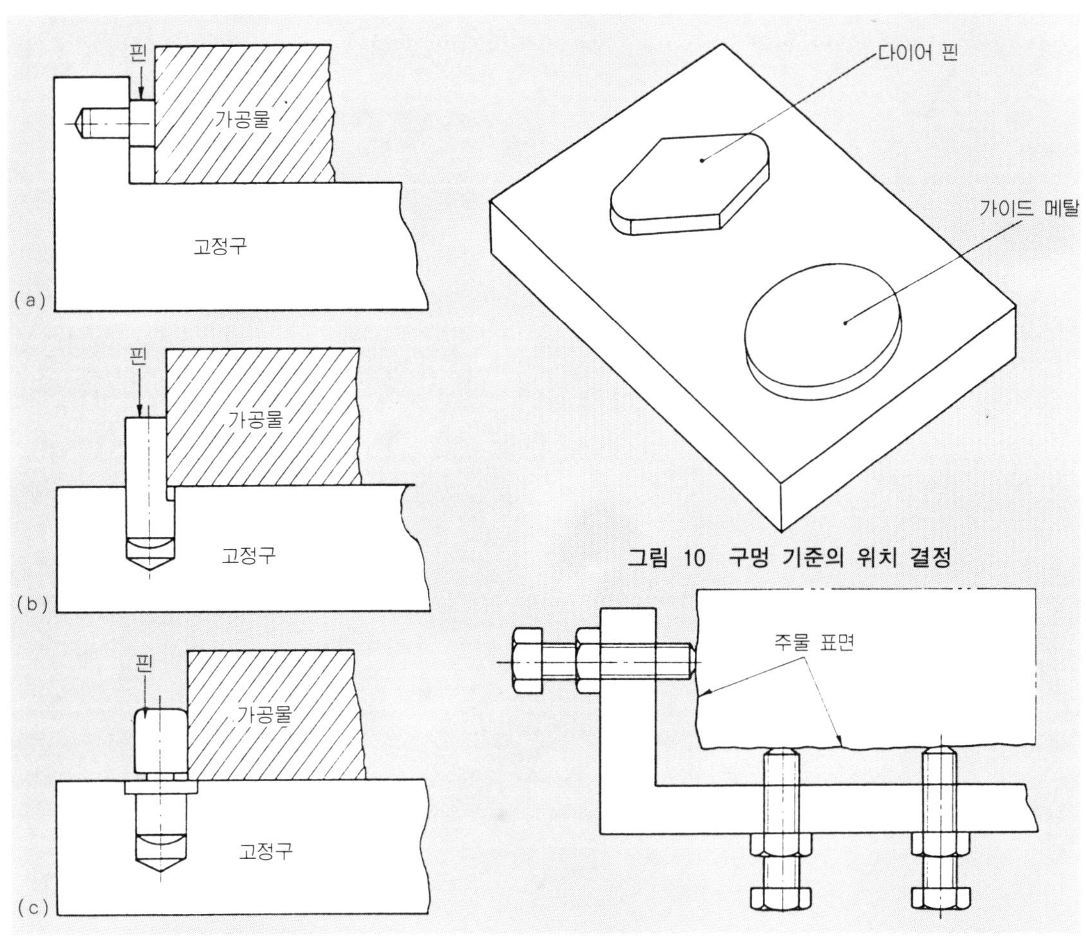

그림 10 구멍 기준의 위치 결정

그림 9 위치 결정 핀에 의한 위치 결정

그림 11 조정 위치 결정

(3) 위치 결정 기구

위치 결정에는 고정 위치 결정과 조정 위치 결정이 있다. 대부분의 고정구 위치 결정 기구는 고정 위치 결정이다. 조정 위치 결정은 주물 등의 거친 표면이 기준면이 되는 경우에 사용된다.

그림 7은 면에 의한 위치 결정으로서 머시닝 센터의 팰릿 등에 자주 사용된다. **그림 8**은 머신 바이스이며 바이스의 고정 마우스 피스측이 위치 결정 기구라 할 수 있다.

핀을 사용한 위치 결정 기구가 **그림 9**에 나와 있으며, 가공물의 형상에 따라 적절한 것을 사용한다. **그림 10**은 구멍 기준의 위치 결정 기구로서 가이드 메탈과 다이아몬드 핀으로 위치 결정할 수 있도록 되어 있다. 나사로 위치를 조정할 수 있는 것이 **그림 11**의 조정 위치 결정 기구이다.

(4) 위치 결정의 체크 포인트

좋은 위치 결정을 하기 위한 포인트를 다음에 열거한다. 지금까지 설명해 온 것과 중복

되는 항목도 있지만 통합해서 이해해 두기 바란다.

① 절삭 저항에 의해 변형이나 어긋남이 일어나지 않는다.

② 진동으로 어긋난다든가 벗겨지지 않는다.

③ 고정 후 외부로부터 위치 결정 부분을 확인할 수 있다.

④ 고정, 해체에 방해되지 않는다.

⑤ 칩이나 먼지에 영향을 받지 않는다.

◁◁ 지그란 ▷▷

　지그와 고정구를 명확하게 정의하기는 곤란하며 실용상 혼연 일체의 것으로 간주하고 있다. 여기서는 고정구를 포함하여 이것들을 「지그」라 총칭한다.

　기계 설비나 장치 등의 능력을 최대한으로 그리고 유효하게 인출, 발휘시켜 작업을 능률적으로 수행할 수 있도록 만들어진 보조구, 장치를 지그라 한다.

특히 기계 가공에서는 가공물을 소정의 가공 위치에 위치 결정하여 고정함과 동시에 절삭 공구를 안내하는 장치를 가진 특수 공구를 말한다.

안내부가 없는 것을 고정구라 부르는 것은 「고정구」의 항에서 해설하고 있다.

◁◁ 사용 목적 ▷▷

기계 가공 기술은 해마다 진보해 가고 있다. 절삭 공구로서는 코팅 초경, 서멧, 세라믹, CBN, 다이아몬드 등이 등장하였으며 이로 인해 절삭 속도도 스피드업되어 있다.

공작 기계도 마찬가지로 강성이 더욱 높아졌으며 NC를 기초로 한 각 분야에서의 개발이 눈부시게 진행되어 머시닝 센터, NC 선반을 비롯한 각종 공작 기계의 성능이 향상되어 왔다. 또한, 이와 아울러 DNC(군관리), FMS(유연 생산 시스템) 등 컴퓨터 응용 기술이 발전하여 무인화 지향이 점점 높아지고 있다.

이러한 기술 혁신을 보다 효과적, 효율적으로 활용해 가기 위해서는 가공물을 취급하는 작업의 합리화를 고안해 내는 것이 중요하다.

다시 말해 지그, 고정구를 어떻게 고안, 기획하며 얼마나 익숙하게 다루느냐 하는 것이 종래보다 더욱더 중요시되고 있다. 그리고, 그 차이가 생산성 향상에 미치는 영향이나 품질을 좌우하기 때문에 소홀히 할 수 없는 분야라고 할 수 있다.

지그의 사명은 생산성의 향상에 최대한 기여하는 것이다. 즉, 제품의 코스트를 저하하기 위한 목적으로 공정의 개선, 품질의 향상, 안정을 꾀하고 제품에 호환성을 부여하는 것이다.

바꾸어 말하면, 품질(Q : quality)과 비용(C : cost), 납기(D : delivery)로 된다.

Q란 제품의 기능성 향상이며 품질을 균일화하여 호환성을 꾀하는 것이다. 또한 C는 조정이나 측정 등의 여분의 공정을 생략하고 숙련 기능자를 필요로 하지 않게 하며 또한 노동력을 경감하여 능률, 가동률을 향상시키는 한편, 재료 등 자재의 절약을 꾀하는 것이다.

마지막으로 D는 Q와 C를 향상시켜 생산성을 높여 리드 타임의 단축을 꾀하는 것이다.

◁◁ 설계 조건 ▷▷

설계를 시작하기 전에 조건을 설정하는 것이 중요하다. 새로운 제품을 만들기 위해서는 어느 기업에서나 계획이 있게 마련이며 그 생산 계획에 따라서 행해지는 것이다. 그 계획으로부터 생산 방식, 기계 설비, 재료, 자체 제작, 외주 처리, 구입품 등을 결정한 후 공정 설계로 넘어가게 되며 이 단계에서 구체적인 설계 조건이 확실해지는 것이다.

(1) 공장 설비 레이아웃

지그와 기계 이외에도 운반이나 세팅면에서 공장의 기둥이나 배선, 작업대나 그밖의 기계 설비가 방해가 되지나 않는가, 그리고 동력원이나 운반 장치의 사용 여부 등을 명확히 해 둘 필요가 있다.

(2) 생산량(경제적 용도)

생산량은 지그의 규모에 대한 판단 재료로서 빼놓을 수 없는 요소이며 경제적 용도로서 중요한 항목이다. 지그를 새로 세작할 필요싱의 유무를 결징하기 위해서도 중요하다. 투자해야만 할 지그의 제작비에 관한 몇 가지의 공식이 있는데 여기에 그 일례를 소개해 본다.

$$n = \frac{C\left(1 + \dfrac{i \cdot n}{2}\right)}{S}$$

여기서, C : 투하 자본률(설비 투자액)

$\quad\quad i$: 연간 이자율로서 10%(0.1)로 한다

$\quad\quad S$: 연간 이익률(연간 절감액)

$\quad\quad n$: 자본 회수율

$$n = \frac{C}{S - \dfrac{C}{20}}$$

설비 투자 효과를 판정하는 기준은 이 식에 의한 투하 자본의 회수 연수에 따라 판정한다.

(3) 가공 공정표에 의한 검토

설계의 전 단계에서 검토되는 가공 공정표에 관하여 그 내용을 충분히 이해하고 때로는 그 내용의 잘못된 점을 지적하여 개선안을 제시, 개선하는 적극적인 자세가 설계자에게는 필요하다.

① 가공 방법의 체크

지그를 필요로 하는 가공 부분이 어떤 조건으로 가공되는가를 검토한다.

밀링 머신을 예로 들면, 수평형인가 수직형인가 또는, 범용기인가 전용기인가에 의해 각각의 조건이 달라지는 것이다.

따라서, NC 수직형 밀링 머신의 지그인 경우, 센터링용 원점 핀의 설치를 표준으로 한다고 하는 식이다.

지그의 강도에 가장 크게 영향을 미치는 절삭 저항도 중요한 검토 항목이다. 절삭 저항을 지지하는 구조나 클램프 기구가 충분히 견딜 수 있는가 또한 절삭이나 클램프에 의한 휨, 변형이 지그나 가공물에 생기지 않는가는 품질을 확보하기 위해 주의해야 할 점이다.

② 취급 시간의 체크

중요한 것은 공정표내에 설정되어 있는 취급 시간에 관한 설계자의 판단, 이해 레벨이다. 설계자는 일반적으로 자기의 아이디어나 기구에는 자신을 가져 자기 만족에 빠지는 경향이 있다.

취급 조건중 고정, 해체 시간은 지그를 구상할 때에는 중요한 비중을 차지한다. 최근에는 라인화 흐름 방식에서의 생산 스타일이 다종 소량 생산품에도 정착되기 시작했기 때문

에 핸들링 시간=사이클 타임이라는 사고 방식으로 인해 지그에 부여된 사명은 중요하며 코스트를 좌우하게 된다.

③ 중간 가공 치수의 체크

가공 공정이 진행됨에 따라 가공 부분의 변화(필요한 경우, 소재도나 중간 가공도의 체크까지)와 그 치수에는 다듬질 가공과 중간 가공의 치수, 공차가 있으며 못 보거나 검토가 부족하면 결정적인 미스로 되거나 미가공 부분을 기준으로 하는 단순한 미스도 발생한다. 이는 초심자의 경우 누구나 경험이 있을 것이다.

바꾸어 말하면, 가공 공정표의 내용을 기술적으로 충분히 검토하여 코스트, 품질 양쪽 모두를 충분히 만족할 수 있게 되면 후공정인 지그의 설계는 전혀 불필요하게 되며 그러고도 좋은 설계가 완성될 수 있을 것이다.

(4) 절삭 공구

절삭 공구는 표준품(JIS 규격 시판품, 메이커 제품, 사내 규격품 등)과 특수품(설계 제작품)으로 나눌 수가 있다. 가공 제품 도면에 의하지만 전부 표준품을 사용하는 것이 바람직하다.

지그와의 관계에서 검토되어야 할 포인트는 간섭과 안내이다. 간섭은, 공구 경로가 책상에서의 검토와 실제가 어긋나는 경우와 지그 도면 속에 절삭 공구도 등이 그려져 있지 않을 때에 흔히 발생한다. 설계 자료의 사례가 **그림 1**에 나와 있다.

안내는 세팅 방식에 따라 좌우되지만 단독 세팅에서는 치수가 사전에 설정, 조정 완료됨으로써 마모의 점검만 하면 되지만 그 이외의 경우는 절삭 공구에 맞추어 작업하는 것이 중요하다(**그림 2**).

(5) 칩의 처리

칩의 처리는 종래의 생산 가공 방식의 감각으로 처리하면 큰 트러블이 일어난다. 지금까지는 기계 대 인간이라고 하는 대화형이었으나 DNC나 FMS라고 하는 무인화 지향에 대응하기 위해서는 발상을 전환할 필요가 있다. 이러한 칩 처리를 목표로 하여 현재의 설계를 기획해야만 한다.

가공물의 재료를 비롯한 절삭 공구, 절삭유, 공작 기계 등 각각의 형상이나 성질, 방법을 검토한 후 지그와 칩의 제거 방법을 검토해야만 한다.

(6) 가공품

가공물에 대한 지식은 도면 속에 표현되어 있는 전부에 관하여 충분히 이해할 필요가 있다. 즉, 어중간한 상태로 설계에 들어 가지 말아야 한다.

재료의 특징(종류, 성형법, 성질)과 가공품의 시방(치수, 공차, 다듬질면의 거칠기, 강성(剛性), 품질 특성 등)을 도면상(가공 제품도, 소재도, 중간 가공도 등)에서 충분히 검토, 분석하여 품질 코스트를 완전히 만족하는 설계 방침을 세우는 것이다.

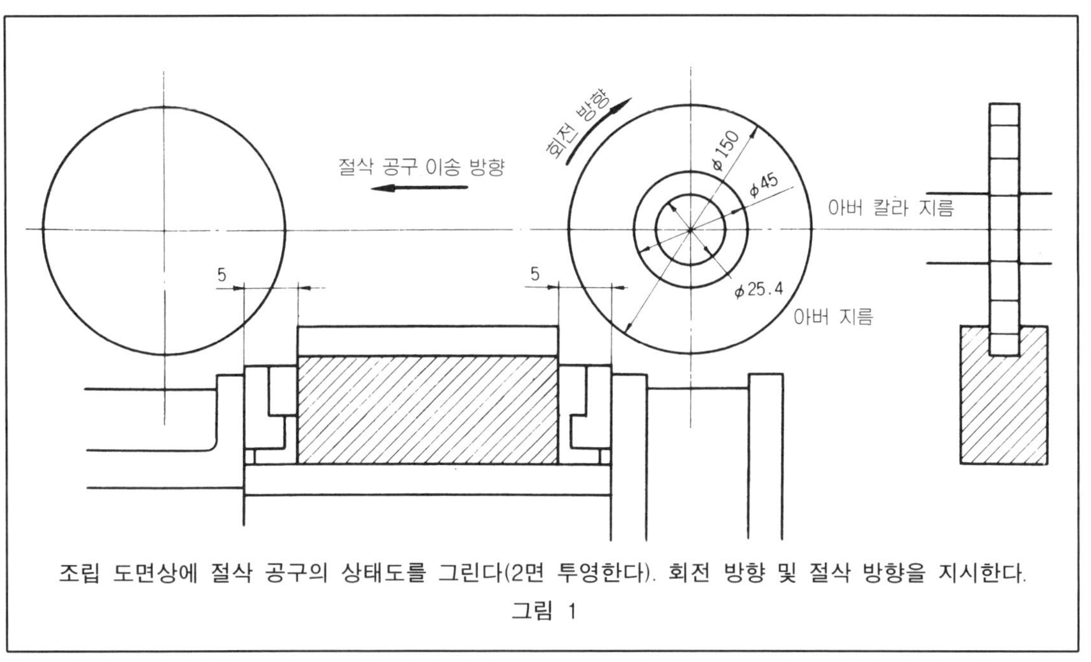

조립 도면상에 절삭 공구의 상태도를 그린다(2면 투영한다). 회전 방향 및 절삭 방향을 지시한다.

그림 1

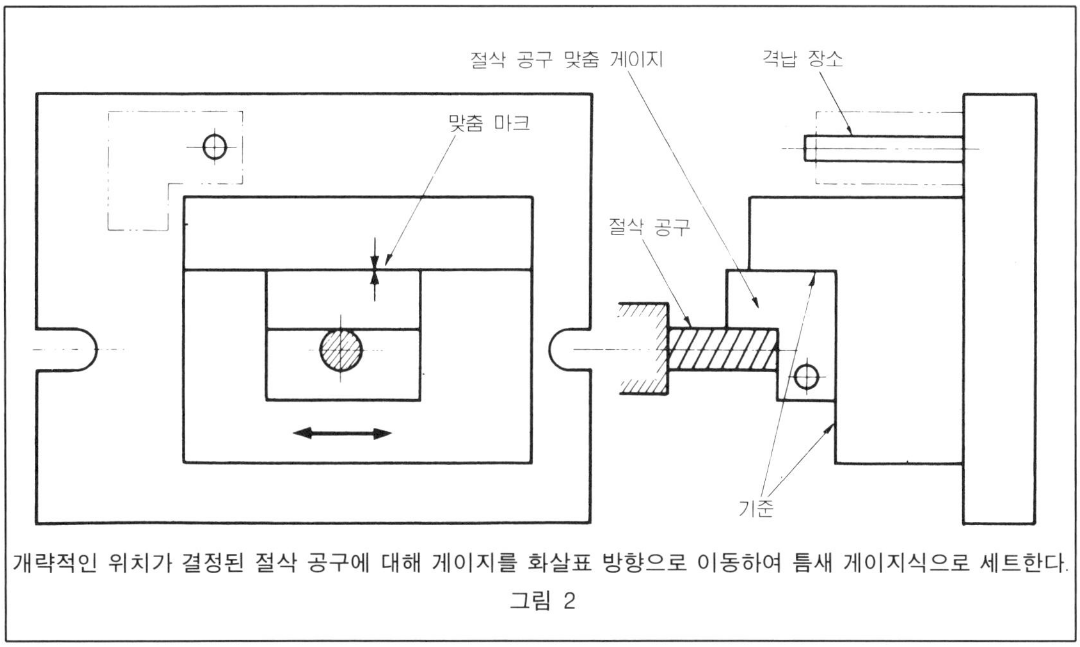

개략적인 위치가 결정된 절삭 공구에 대해 게이지를 화살표 방향으로 이동하여 틈새 게이지식으로 세트한다.

그림 2

(7) 설계의 효율화

지그 설계의 기획은 매번 구상이나 기구를 고안해 낸다면 설계 시간이나 기간이 길어지게 되어 적시 공급이 불가능하게 되고, 따라서 납기 관리도 어려워지게 된다.

그래서 과거의 지그 도면을 유효하게 이용한다든지, 지그 설계 자료의 작성과 지그 설계의 표준화가 중요하게 된다.

◁◁ 설계 요령 ▷▷

(1) 지그의 원칙

지그를 구성하는 요소는 크게 나누면 「위치 결정 기구」와 「클램프 기구」의 2 가지이다.

① 위치 결정 기구

가공물의 운동은 X, Y, Z 의 3 축 방향과 이 3 축을 중심으로 회전하는 운동이 6 가지의 운동 방향으로 이루어지며 위치 결정은 이 6 가지의 운동을 제한하는 것이다.

가공물이 움직이고자 하는 점을 제한하는 위치가 적절하지 못하면 그 점을 6 개 이상 설치해도 운동을 완전히 제한할 수 없으며 점의 수를 그 이상 늘려도 의미가 없다. 또한 경우에 따라서는 오히려 목적에 반대하여 방해가 되는 수도 있다.

지그의 밑면이 3 점 접촉인 경우에서는 각각에 다소의 단차가 있어도 매우 안정적이다. 그러나 4 점 접촉인 경우는 1 점에 약간의 차이만 있어도 불안정하게 된다.

이 경우는 역으로 3 점 접촉은 제작 정밀도상 불량이 있어도 그것을 알아채지 못하게 되어 매우 위험하다.

가공물의 위치 결정에는 면접촉, 선접촉, 점접촉 중 원칙적으로 점접촉을 사용한다.

그 이유는 형상이 간단해지기 때문에 구조도 간단하게 되고 조임력도 낭비가 없어 효율적이기 때문이다. 그러나 절삭 저항에 견딜 수 없다든가 마모되기 쉬운 경우는 적절히 판단하여 면접촉 또는 선접촉으로 한다.

② 클램프 기구

클램프는 가공물을 지그의 기준면에 밀착시켜 고정함과 동시에 절삭 저항에 맞서 지그에 가공물을 고정한다. 그리고 약하게 한다든가 느슨하게 하는 일은 절대로 피해야만 한다. 조임력의 계산은 충분히 고려해야 할 사항이다.

그러나 너무 강하게 하면 가공물을 휘게 한다든가 손상을 입힐 수가 있으며 트러블의 원인이 되기도 한다. 또한 조임력 이외에 조임 부분의 재료에 관해서도 가공물의 재질에 맞추어 선택해야만 한다.

(2) 지그 설계에 있어서의 중점 항목

• 설계시 마음의 준비

① 가공 방법, 가공 조건을 잘 알고 있을 것

② 자기의 지식이나 판단에만 얽매이지 말고 다른 견해도 수용할 줄 아는 유연성을 가질 것

• 후공정에 대해 고려할 점

① 사용하는 입장에서 설계한다.

② 지그의 좋고 나쁨은 가격이나 정밀도가 아니라 가벼워서 간편한 취급성과 내구성에 있음을 명심한다

• 설계 중점 항목

① 단순할 것

② 표준품(시판품, 사내 규격품 등)을 많이 사용하며 특수품은 가능한 한 피할 것

③ 클램프는 가공물과 조건에 맞는 충분한 강성을 가질 것

④ 세팅성을 충분히 고려할 것(표준품)

⑤ 안전 제일을 고려할 것

⑥ 기준면, 기준점의 설정에 주의하여 전후 공정에서의 모순을 없게 하여 일관성을 취할 것

⑦ 가공물의 중간 치수와 공차는 확실하게 체크할 것

⑧ 칩 처리를 고려할 것

⑨ 조작이 잘못 되어도 안전에 이상이 없도록 설계할 것

⑩ 조작자의 불필요한 동작을 고려하여 취급 기구의 조작성 향상을 꾀할 것

⑪ 사용 빈도와 마모의 관계상 내구도(부품의 담금질 등)를 고려할 것

(3) 지그 설계(조립도 작성) 작업

지그를 설계하는데에 있어서는 앞서 열거한 시방이나 조건을 충분히 이해함은 물론이지만 설계 작업에 대한 제한으로서 고려해야 할 것이 출도 납기와 설계 공수가 있다.

출도 납기를 설정할 때는 앞 공정에서 세운 생산 계획에 근거하여 설계 일정 계획을 수립해야만 한다. 뒷받침이 확실한 데이터로 계획하지 않으면 항상 출도 납기가 지연되어 버리는 경향이 있어 할 수 없이 설계자가 전부를 뒤집어 쓰는 결과로 된다.

그래서 예를 들어, 다음과 같은 절차로 작성한 자료를 근거로 계획을 세우면 설계 관리도 원활하게 된다.

① 과거의 유사 설계 데이터

② 유사 설계의 그룹 테크놀로지(GT)화

③ GT의 그룹별 랭크 부여 일람표 작성(**표 1**)

설계 공수에 관해서도 동일하다고 할 수 있다. 설계 계획용 자료와 마찬가지로 설계 공수 마스터 테이블(**표 2**)을 만들고 각종의 신규 설계 의뢰에 맞추어 공수를 견적하고 설계 효율 관리를 실시할 것을 권한다.

설계 납기와 설계 공수 견적이 설정되면 그것을 시작으로 설계 작업에 들어간다.

설계 담당자의 수가 많으나 적으냐에 상관없이 반복성이 있는 작업을 정리하여 설계 작업 표준서를 만들어 운용하면 좋을 것이다. 사람이 달라짐에 의한 차이를 줄이고 설계 업무에만 능력을 집중하여 아이디어를 창출하는 시스템의 확립이 중요하다.

(4) 지그 조립도 설계 작업 표준서

● **구상 및 조사**

① 합의, 합의 시방서, 공정표, 제품도, 소재도, 설계 자료, 기존 설계도, 도해집 등으로부터 밑그림을 그릴 준비를 한다.

표 1　설계 일정표

공정 No.	설계 공정 항목		표준 일수 랭크 부여				비 고
			A	B	C	D	
1	설 계 공 수 견 적 일 수						
2	설 계 자 확 보 일 수						
3	합 의 및 준 비 일 수						
4	설계 일수	조 립 도 설 계 일 수					
		조립도 제 3 자 검 도 일 수					
		부 품 도 확 보 일 수					
		부 품 도 분 해 일 수					
		부 품 도 검 도 일 수					
5	출도 준비 일　수	복 사 일 수 (준비 포함)					
		출 도 준 비 일 수					
		출 도 사 무 소 속 일 수					

② 주로 포인트가 되는 클램프 부분이나 기준 부분, 가동 부분 등에 대하여 메모 등으로 간단한 그림을 그려 검토한다.

③ 시방의 내용이 불분명한 점은 계속 질문하여 불필요한 시간은 줄인다.

● **작도의 순서**

① 정면도, 평면도, 측면도의 밑그림을 거의 동시에 그려 두고 최종적으로 각각의 투영도를 동시에 진한 선으로 트레이스하여 완성한다. 밑그림을 그리는 것은 불필요하다고 생각할 수도 있으나 복잡한 도면의 경우, 정확도나 보기 쉬움, 그리고 시간적인 면에서도 상당한 이점이 있다.

② 정면도를 먼저 완성해 두고 나서 평면도, 측면도를 완성해 가는 방법은 비교적 흔한 방법이며 정면도만 확실히 완성해 두면 후에 그 깊이를 다른 투영도로 표시함으로써 입체를 표현할 수 있다고 하는 논리에 따른 그리기 방법이다.

그러나 이 방법은 입체가 전부 머리에 들어가 있어 밑그림을 그릴 필요도 없는 숙련자가 흔히 사용하는 방법이다. 미숙련자에게는 별로 권할만한 방법이 못된다.

③ 도면 전체의 레이아웃을 생각한다.

표 2 설계 견적 공수 마스터 테이블

No.	대분류	No.	중분류	소분류(랭크)					비 고
				S_1	S_2	A	B	C	
1	시방서 작 성	−1	합 의						
		−2	시 방 서 작 성						
		−3	시방서 합의, 승인						
2	조립도	−1	구 상						
		−2	작 도						
		−3	계 산						
		−4	인덱스, 치수, 공차, 정밀도 항목 기입 등						
		−5	라 인 합 의, 승 인						
		−6	조 립 도 검 도 (자기)						
		−7	제 3 자 검 도 (직제)						
3	부품도	−1	수 배 (준비 등)						
		−2	작 도, 자 기 검 도						
		−3	부 품 도, 검 도						
4	출 도 수 배	−1	출 도, 준 비, 수 배						

④ 시방에 맞추어 가공물의 모양을 그린다. 공정(완성, 중간), 치수, 형상을 확인한다(스케일링). 치수는 정확하게 경우에 따라서는 가공도를 베끼는 것도 좋을 것이다.

투영도의 경우는 겉과 속 그리고 모양간의 틀림이 없도록 주의한다.

⑤ 가는 실선으로 밑그림을 작성한다. 구멍 지름, 나사 지름은 검토, 판단할 수 있을 정도로 작도하고 원칙적으로는 중심선만으로 한다.

볼트의 작도는 외형선만으로 하며 외형선은 형상을 판단할 수 있는 최소한의 작도에 그치며 2도(度) 그림의 낭비는 피하도록 한다.

⑥ 조립도 체크 시트의 중점 항목을 발췌하여 밑그림의 셀프 체크를 한다.

⑦ 결제 라인의 중간 체크에 의해 지도를 받는다.

◁◁ 작도 작업 ▷▷

(1) 방법과 절차

① 밑그림을 기초로 하여 세부를 추가로 그려 넣고 실선, 점선, 중심선을 분명히 표시한

다음 부분, 보조, 단면 등 투영의 추가 작도를 한다.

② 밑그림에 불필요한 선이 없으면 XY 방향, 컴퍼스 작업과 연속 동작 작업으로 나눌 수가 있어 작도 공수를 단축할 수 있다.

(2) 치수 기입 작업

① 가공물 치수(중간, 완성), 기준 치수, 설정 치수, 끼워 맞춤 치수 등 각 공차 숫자 등의 절대 기입 치수를 적어 넣는다.

② 후공정(분해도 작업, 검도, 제작 다듬질)이 편리하도록 그리고 오류를 적게 하기 위해 참고 기입 치수를 적어 넣는다.

(3) 문장 기입 작업

① 지그 번호의 각인을 표시한다.

② 기준면, A면 등은 인출선으로 「기준」, 「A」로 기입한다.

③ 주기(注記) 등의 필요가 있는 경우는 도면 중의 테두리선 가까이의 빈 곳에 "주기"라는 스탬프를 찍고 기입한다.

(4) 풍선(風船) 띄우기 작업(부품도를 필요로 하는 부품)

① 컴퍼스를 사용하지 않고 스탬프를 사용한다.

② 인출선을 긋는다(준비 누락에 주의). 도면의 이면에서 각 도면의 형상을 잘 나타내고 있는 그림으로부터 인출하여 풍선과 연결한다.

③ 부시, 메탈, 핀 등의 때려 박음(打込), 끼워 맞춤의 지름 치수, 공차의 치수는 풍선의 아래에 기입한다.

④ 풍선 내에 일련 번호를 넣는다.

　예를 들면, 조립도 A, B, C가 있으면 A−1, A−2라고 하는 것이다.

⑤ 구입품용의 풍선 내는 숫자가 아니라 알파벳으로 기입한다.

　그 후 정밀도 항목의 기입이나 인덱스(색인)란을 기입하고 다시 검토를 한다.

이와 같이 지그를 설계하기 위해서는 지그 설계 이외에 해야만 하는 준비 작업이 많이 있으며 이것들 또한 중요한 것이다.

대형물 가공용 고정구의 포인트

⬆ 롤러 컨베이어 장착 고정구

　전장 3 m를 넘는 가공물을 많이 취급하는 경우, 그 기계 가공이나 용접을 하기 위한 고정구도 당연히 대형이 된다. 그리고 대형 고정구는 복잡하고 중량도 크고 고가이며 일반 고정구와는 다른 이미지를 많이 가지고 있다.

　그러나 고정구는 그 자체가 단독으로 존재하는 것이 아니라 어디까지나 일련의 생산 시스템의 일환에 불과하기 때문에 그 의미면에선 대형 고정구라도 기본적으로는 다른 고정구와 아무것도 다를 것이 없다.

　그렇지만, 고정구가 대형화함에 따라 취급상, 사용상, 설계상의 다양한 문제가 발생하는 것은 사실이다.

◐ 대형 가공물

　대형 가공물은 그 대부분이 용접 구조이다. 또한 그러한 대형 가공물은 대개 머시닝 센터(MC)로 가공된다. 용접 구조이므로 용접 공정에서의 뒤틀림이나 변형은 숙명적으로 회피할 수가 없다. 따라서 기계 가공 공정의 전단계로서 스크라이브(금긋기) 공정을 두는 경우가 일반적이다.

　이 공정에서는 용접을 완료한 제품을 스크라이브 지그에 부착하여 기계 가공부의 가공 여유 유무를 체크한다. 그리고 필요하다면 이들 가공 여유를 균일화하기 위하여 가공물의 위치를 조정한 후, 고정구에 부속된 소형의 밀링 유닛으로 가공물의 로케이터(위치 결정) 부분을 가공한다.

　이 공정은 이상적으로 말하면 용접 공정의 안정화에 따라 필요없게 되지만 새로운 가공물이나 용접 뒤틀림을 일으키기 쉬운 강성(剛性)이 낮은 가공물 등에 대해서는 어느 정도

부득이한 것으로 보고 있다.

　단, 스크라이브 공정의 생략 또는 간소화의 노력은 언제나 이루어져야만 하며 가공물의 로케이터를 용접 공정에서 기계 가공 공정까지 일관하여 동일한 부분을 사용하는 것은 물론, 스크라이브 공정에서 얻어진 데이터를 용접 공정으로 피드백함으로써 가공 여유를 가능한 한 적게 하거나 또한 안정화시켜야만 한다.

◗ 대형 고정구 설계의 포인트

(1) 로케이터 및 클램프

① **로케이터부의 착좌 확인**……대형 가공물에서는 위치 결정용 로케이터를 작업자가 보기 어려운 경우가 많고 클램프 후에도 확실하게 위치가 결정되어 있는지를 확인하기 어려운 경우가 많다.

　그래서 **그림** 1과 같이 에어를 이용한 착좌 확인 방법을 사용하는 경우가 많다. 이 방법에서는 공기압을 압력 스위치로 감지하여 그 신호를 공작 기계의 기동 조건으로 하고 있다.

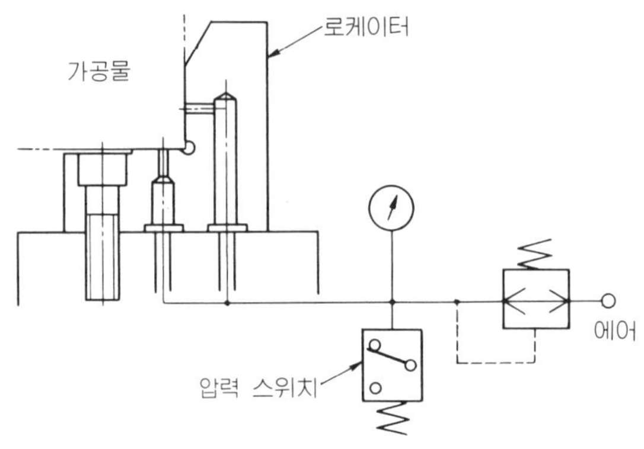

그림 1　착좌 확인

　에어 계통은 예를 들어 상하 방향 로케이터, 좌우 방향 로케이터의 2계통으로 나누어 착좌가 충분하지 않는 로케이터 부분을 판별할 수 있도록 되어 있다.

　또한 이 방법은, 절삭 저항이나 유압 계통의 고장으로 가공중에 로케이터로부터 가공물이 이탈된 경우의 기계 정지용으로서도 이용되고 있다.

② **용접 뒤틀림에 대한 대응**……용접 뒤틀림이 있는 가공물을 위치 결정하는 방법의 일례로서 이퀄라이저(equalizer)식 로케이터가 있다(**그림** 2).

　시소형의 암은 그 양단 부분에 얹힌 가공물의 뒤틀림에 따라 이퀄라이즈(동등하게 하다)하여 가공 뒤틀림량의 절반의 오차로 위치 결정을 한다. 그 후, 수동 또는 유압 등으로 잭을 로크하여 로케이터를 고정시킨다.

③ **파워 클램프**……대형 가공물에서는 클램프나 가공용 채터링(chattering) 방지구의 수

가 많아지며 이것들을 조작하는 작업자가 움직이는 거리나 작업량, 가공물의 세팅 시간이 길어진다.

또한, 클램프나 채터링 방지구를 설치하는 장소가 가공물이나 고정구의 내부에 있는 경우는 조작이 어렵고 안전상의 문제도 야기된다.

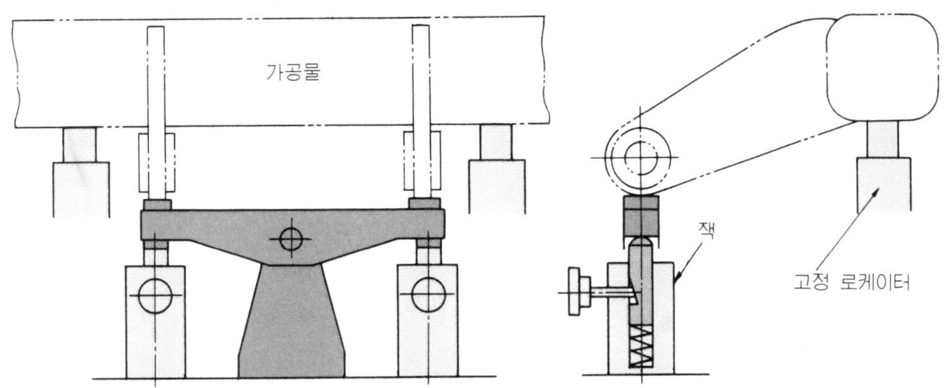

그림 2 이퀄라이저식 로케이터

그래서 작업자의 피로 경감이나 시간 단축, 안전 작업 등을 목적으로 하여 주로 유압을 이용한 파워 클램프가 사용되고 있다. 최근의 설비 기계는 대부분 고정구가 유압원을 내장하고 있다.

④ **클램프(에 의한) 뒤틀림의 방지**……용접 구조 가공물은 중공(中空) 구조가 많기 때문에 적절한 클램프 위치를 선택하여 클램프 뒤틀림에 의한 가공 정밀도 불량을 방지할 필요가 있다.

원칙적으로 위치 결정한 가공물의 구성 부재 그 자체, 즉 1매의 판재나 블록 등 소위 "단단한 부분"을 클램프하고 부가적으로 보조 클램프나 채터링 방지구를 설치하는 것이 일반적이다. 적당한 클램프 장소가 없는 경우는 위치 결정 클램프용의 블록을 일부러 용접하여 사용하는 경우도 있다.

⑤ **채터링 방지구**……기계 가공의 진동에 의한 공진 방지를 위해 채터링 방지구를 사용하는데 이 때는 적절한 설치 장소를 선택함과 동시에 유압 등을 이용할 경우는 가공물에 변형을 일으키지 않도록 구조적으로 연구할 필요가 있다.

그림 3(a), (b)는 유압을 이용해 흔히 사용되는 채터링 방지구의 구조이다. 또한, 시판되는 콜릿식 채터링 방지구도 제법 많이 사용되고 있다.

(2) 대형 가공물의 취급

① **러프(rough) 가이드**……대형 가공물은 현재, 대부분이 천정 크레인으로 이동 또는 고정된다. 따라서 비교적 형상이 복잡한 고정구 위로 큰 가공물을 내리기 위해서는 상당한 높이에서 이용할 수 있는 러프 가이드를 설치할 필요가 있다.

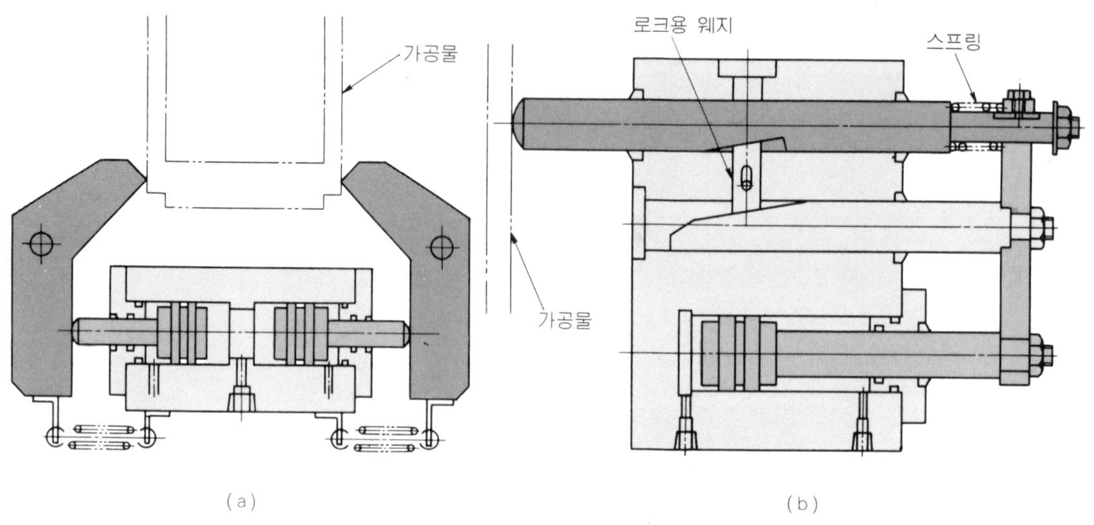

그림 3 유압식 채터링 방지구

이 러프 가이드에 따라서 가공물을 내리면 고정구 로케이터에 쉽게 접근시킬 수가 있다.

또한 고정구의 각부에 가공물을 부딪치는 일도 없어 중요 부품을 보호하기 위해서도 유효하다.

② **가공물의 핸들링**……크레인을 이용한 핸들링은 가장 일반적인 방법이지만 중량물인 경우는 작업자의 안전면에서 문제가 많다고 할 수 있다. 그래서 가공물의 핸들링 개선이 요구되고 있으며 그 하나의 방법으로서 롤러 컨베이어를 사용한 가공물의 반입, 반출 방식이 증가하고 있다. **컷 사진**은 그 일례이다. 이 경우는 유압 모터로 롤러를 구동하고 있다.

한편, 컨베이어 등을 고정구에 부착하는 일은 고정구 그 자체의 구조나 전후 공정과의 관계에서 상당한 제약을 받는 것이 확실하며 실제로 이 방법을 사용할 경우는 장기적이고도 근본적인 생산 형태의 계획을 세울 필요가 있다.

(3) 고정구의 교체 세팅

①**고정구의 기계에의 고정, 해체**……대형 고정구는 아무래도 중량이 많이 나가기 마련이다. 따라서 크레인으로 기계의 베이스 위에 세팅하는 경우, 크레인의 능력이 충분치 못하면 내릴 때에 상하 이동이 원만치 못하여 기계 테이블의 키 홈과 고정구 키의 끼워 맞춤이 매우 어렵게 된다. 경우에 따라서는 키 홈의 파손이나 교체 세팅 시간이 늘어나는 경우도 있다.

그래서 고정구를 빈번히 교환할 때는 테이블의 끝면에 설치된 플레이트에 고정구를 살짝 부딪치게 하여 고정구 위치를 결정하는 방법을 이용한다. 그 후, 볼트로 수평 방향으로 잡아 당기거나 또는 밀어 붙여 고정한다.

② **공용 고정구의 교체 세팅**……고정구를 다종류의 가공물에 공동으로 사용할 때는 고정구의 자(子)부품도 교체 세팅이 필요하게 된다. 로케이터나 클램프, 브래킷(보조판)류의 교환이나 이동 등이 이것에 해당하지만 대형물 가공용 고정구의 경우는, 이것도 또한 일반적으로 대형이며 교체 세팅 시간에 영향을 미친다.

중량이 큰 부품을 이동할 때는 교체 세팅용 슬라이드면이나 이송 나사(feed screw)를 설치하여 간단하면서도 신속하게 처리될 수 있도록 해야만 한다. 또한 고정구의 로케이터 블록을 각 가공물마다 교환하는 경우는 그 치수 차이가 작으면 한 눈으로 식별하기 어려워 이로 인한 고정 미스로부터 가공 불량으로 이어지는 수도 있다.

이러한 착오를 없애기 위해서 **사진** 1과 같은 로케이터 수납 박스(收納箱)를 설치하고 있는 기계도 많이 있다.

각 가공물용의 로케이터는 수납 박스의 정해진 위치에 세팅될 수밖에 없어 기계 가공을 하고자 하는 가공물용의 로케이터만이 수납되어 있지 않고 다른 가공물용의 로케이터가 이미 수납되어 있다는 것을 전기적으로 검출하여, 그 신호를 기계 시동 조건으로 하여 인터록(2 가지의 동작이 동시에 가능하도록 하는 것)하고 있는 것이다.

사진 1 로케이터 수납 박스

(4) 고정구의 정밀도

수 m나 되는 대형 고정구를 조립후에 검사할 때는 대형 측정기나 레이아웃 정반 등이 필요하게 되지만 이들 설비는 일반적으로 거의 보유하지 않고 있다.

이것을 대신할 수단으로서는 공작 기계에서 측정하는 방법도 있지만 현실적으로 고정구의 베이스나 브래킷류 단체의 정밀도를 확보하는 것만으로 끝내며 조립후의 정밀도 검사를 생략하고 있다.

또한, 첫회의 가공물에 대하여 가공 후의 정밀도를 보고 고정구의 정밀도를 간접적으로 체크하는 방법도 있다.

(5) 고정구의 개수 (改修)

가공물의 설계나 가공 공정의 변경, 유사 가공물의 추가 또는 고정구의 개선 등에 의해 개수가 필요하게 되는 사례는 매우 많이 있다.

특히 대형 고정구의 경우는 개수가 매우 어려울 수가 있고, 또한 개수가 가능하다 해도 시간이 너무 소요되어 생산 라인에 지장을 미치는 경우가 있다. 그래서 최초의 설계 시점에서 이러한 점을 충분히 고려한 형상으로 해두어야만 한다.

예를 들면, 고정구의 베이스 위에 위치 결정용 브래킷을 고정하는 경우, 베이스와 브래킷 양쪽에 키홈 또는 녹 핀 구멍을 동시에 가공하여 현물 맞춤으로 하는 일은 가능한 한 피해야 한다. 즉, 고정구의 정밀도 면에서 더 중요한 부품의 기준을 확실히 해. 둠으로써 개조 설계 및 실시를 효율적으로 할 수 있다. 다른 방법으로서는 고정구를 2, 3개로 분할하여 1개를 1.5 m각 정도로 해버리면 개수가 간단하기 때문에 흔히 사용되고 있다.

(6) 칩 처리

대형 고정구는 면적도 넓고 위치 결정이나 클램프용의 브래킷류가 수풀처럼 늘어서 있는 것을 많이 볼 수 있다. 파워 클램프를 사용하는 경우는 이 외에도 공압 배관, 밸브류가 추가된다. 따라서 절삭에 의한 칩을 제거하는 작업은 간단하지가 않다. 특히 강의 칩은 길이가 길어지기 쉬워 툴링을 잘 선택할 필요가 있다.

고정구측에서의 대책으로는, 배관 등이 가능한 한 고정구의 내부 또는 외연(外緣)부를 지나게 하고, 칩이 중앙 부분에 모이지 않도록 경사진 커버를 붙인다. 그리고 절삭유제의 일부를 고정구 위에 설치한 노즐로부터 분출시켜 칩이 씻겨 내려 가게 하는 방법도 있다.

사진 2는 칩 대책을 보여 주는 일례이다.

사진 2 고정구의 칩 대책

(7) 고정구의 제작 가격

고정구가 대형화함과 더불어 그 가격도 높아지고 있다. 천만원이 넘는 고정구도 많이 있으며 가격을 내릴 노력이 필요하다. 가격의 내역은 시방 검토를 포함한 설계 비용과 제작 비용으로 나누어지지만 저가격화에서 설계 시점이 차지하는 비중이 매우 크다고 할 수 있다. 장난으로 엄격한 공차를 넣어서는 안되며 각 요소의 기능을 충분히 이해하여 전례나 관습에 얽매이지 않는 설계를 하는 것이 중요하다. 또한 설계자가 고정구 제작 현장의 가공 방법을 잘 연구하여 도면에 반영시키는 것도 필요한 일이다.

그림 4는 대형 고정구 베이스의 표시 방법의 일부이다. 베이스의 구멍 가공에서 X, Y 기준을 설정하고, 이것으로부터 절대값 방식으로 구멍 위치 치수를 기입한다.

이 표시 방법을 사용하면 도면의 작성 시간을 대폭 단축할 수가 있다. 또한 고정구 제작 현장에서도 이 수치를 지그 보링 머신이나 보링 머신의 디지털 표시에 맞추기만 하면 가공이 되며 제작자가 계산하여 구멍 위치를 산출할 필요가 없어 계산 미스도 방지할 수 있다.

50개의 구멍 가공수에 대해 30분이나 시간을 단축할 수 있다는 예가 있는데 도면 그리는 법 하나로 큰 가격 저감을 한 좋은 예라고 볼 수 있다.

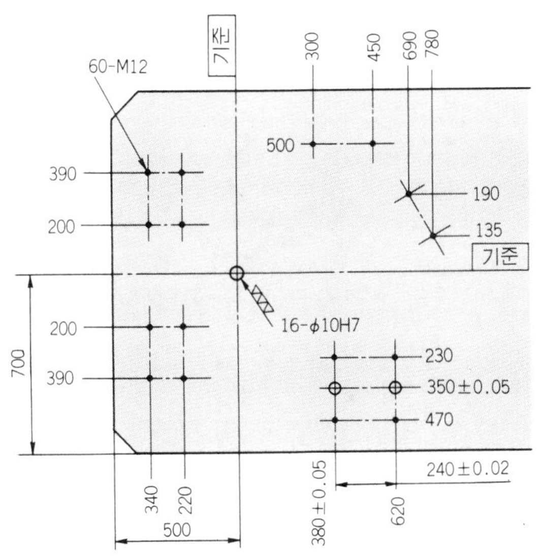

그림 4 치수 표시법

(8) 공구에 대한 배려

가공할 때, 공구의 접근성을 좋게 한다거나 최적의 공구 경로를 얻는 것은 가공 시간 단축이나 공구 수명을 연장하는 데에 있어서 중요한 요소가 된다. 이 점을 충분히 이해하여 대형 브래킷류의 위치를 결정하는 것도 중요하다.

특히 유압 배관은 도면상에 지시하기가 어려워 대부분은 제작 파트에 일임하는 것이 보통이지만 공구의 간섭 등이 일어날 염려가 있을 때는 가능한 한 도면에 주기(注記) 등의 지시를 하여 필요하다면 설계자 자신이 직접 입회할 필요도 있다.

지그·고정구 설계의 주의점

생산 현장에서의 제품 가공은 도면에 표시된 것을 어떻게 정확하게 능률적으로 처리하는가 하는 것이 중요하다. 그리고 지그 및 고정구는 다수의 제품을 능률적으로 가공할 수 있고, 미숙련자도 균일하고, 호환성이 높게 가공할 수 있는 것이어야만 한다.

또한 제품의 수가 적더라도 지그나 고정구, 보조구 등을 사용함으로써 정밀도를 내기 어려운 까다로운 작업도 편안하게 할 수 있다는 이점이 있다.

최근 기계의 NC화, 자동화가 진행되고 있지만 이와 더불어 지그, 고정구가 생산성의 향상을 위해 담당하는 역할은 점점 커져 가고 있다. 지그, 고정구의 적합·부적합으로 제품의 정밀도가 좌우되고 가공 시간에도 큰 영향을 미친다.

그리고 그 설계, 제작에 있어서는 사전에 충분한 검토를 하는 것이 중요하다. 다음에 그 검토 사항을 열거해 본다.

① 경제성을 검토한다.

② 가공물의 형상을 세밀히 조사하여 가공 방법(공정)을 충분히 검토한다.

③ 가공물의 기준면을 정확히 파악한다.

④ 조임 장소는 가능한 한 적게 한다.

⑤ 가공물 지지 부분이 가능한 한 외부로부터 볼 수 있도록 한다.

⑥ 지그, 고정구의 각 코너에는 전부 라운딩을 붙인다.

⑦ 조임 압력이나 절삭 저항에 의해 지그나 고정구, 가공물이 변형되지 않도록 한다.

⑧ 작업자가 지그나 고정구를 취급할 경우에 이동해야만 하는 설계는 피한다.

⑨ 가공물의 고정, 해체가 간단하면서도 빠르도록 한다.

⑩ 가능한 한 규격품을 사용한다.

⑪ 칩 처리를 감안하고 청소하기 쉽도록 한다.

⑫ 지그, 고정구가 여러개의 부품으로 구성되어 있는 경우는 녹 핀을 사용하여 확실히 고정한다.

⑬ 흑피 부분을 수용하는 지그, 고정구는 위치 결정 부분을 가동식으로 한다.

⑭ 가능한 한 범용성을 가지게 하고 약간의 부품을 교환하기만 하면 다른 가공물에도 사용할 수 있도록 한다

⑮ 안전성을 충분히 고려한다

대략 이러한 것이 기본적인 검토 사항이 된다. 여기서 ①의 경제성에 관하여 조금 구체적으로 계산식을 사용하여 생각해 본다.

● 경제성의 검토

지그, 고정구의 경제성을 검토할 때에 제작 비용(K), 상각 월수(I_m), 상각 후의 이익(Y)의 3가지로 나누고 각각을 식에 의해 구한다.

식에 나오는 기호의 의미는 다음과 같다.

K : 제작 비용(원)

T_1 : 지그를 사용하지 않을 경우의 가공 시간(분/개)

T_0 : 지그를 사용한 경우의 가공 시간(분/개)

N : 1년당 가공 개수(개/년)

ρ : 정수(원/분)

I : 상각 연수(년, 보통은 1년으로 계산)

(1) 제작 비용 K의 검토식

$$K \leqq \rho \, (T_1 - T_0) \, N \cdot I$$

경우에 따라서는 금리, 지그의 유지비 등을 고려할 필요가 있다.

(2) 상각 월수 I_m(월)의 검토식

$$I_m = \frac{K}{\rho \, (T_1 - T_0) \, (N/12)}$$

(3) 상각 후의 이익 Y(원/년)의 검토식

$$Y = \rho \, (T_1 - T_0) \, N$$

이들 3개의 식은 매년 결정하여 라인에 흐르는 가공품에 대해 적용되는 것이지만 돌발적인 것에 관해서는 식 (1)의 N을 그 때의 제작 개수, I를 1년으로 하여 계산한다.

PART ● 2

선반용 고정구

선삭에 있어서의 가공물의 고정과 고정구

** 고정구에 요구되는 기본 사항 **

선삭 가공에서 고정구가 지향하는 최종적인 목표는 주축이 가지는 강성(剛性)을 어떻게 손실없이 가공물과 공구의 접점까지 안내해 가는가 하는 것으로 집약될 수 있다.

주축에 가공물을 직접 볼트로 고정하면 대개의 경우, 목적은 달성되지만 이렇게 되면 고정구가 끼일 여지가 없어 능률이 매우 나빠진다. 바꾸어 말하면, 이 볼트에 상당하는 것을 신속하면서도 능률적으로 조작할 수 있도록 고안하는 것이 "고정구를 설계한다"는 것이 된다.

선삭 가공은 바이트에 의한 내외경의 절삭, 드릴을 사용한 구멍 뚫기, 탭핑 그리고 이것들을 복합 가공으로 분류할 수가 있다. 그리고 이들 가공이 가공물에 미치는 힘은 주축 둘레의 모멘트 M_h 와, 주축에 직각인 모멘트 M_v 의 2 가지로 정리할 수가 있다.

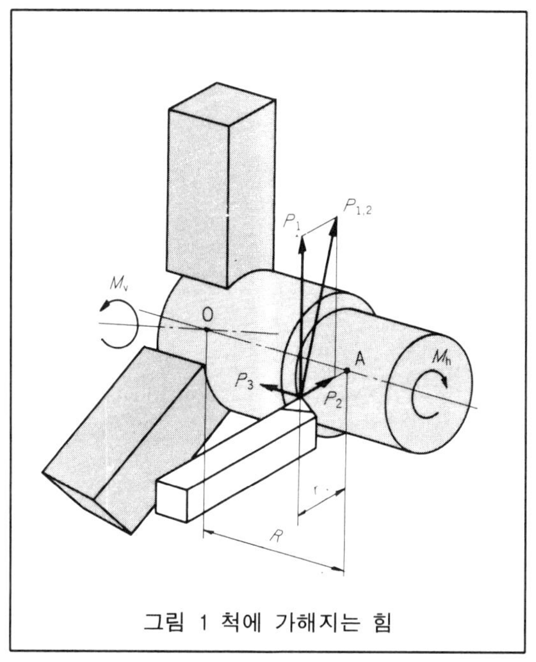

그림 1 척에 가해지는 힘

이 관계를 3조 척(三爪-, three jaw chuck)을 사용하여 가공물을 파지(把持)하고 1개의 바이트로 절삭하는 경우에 관하여 도해하면 **그림** 1과 같이 된다. 바이트가 발생하는 주분력 P_1 과 절삭 반지름 r 의 곱이 M_h, 주분력 P_1, 배분력 P_2 와의 합력 $P_{1.2}$ 와, 파지 부분(把持部分)의 가상 중심 O에서 축상의 절삭점 A까지의 거리 R 와의 곱이 M_v 로 된다(이송 분력 P_3 는 통상 다른 2분력에 비해 너무 작기 때문에 고려하지 않는다).

그리고 외경 절삭에 내경 절삭, 구멍 뚫기가 복합되는 경우는 각각 발생하는 모멘트를 벡터적으로 가산, 감산함으로써 간단히 M_h 와 M_v 를 구할 수 있는 것으로 알려져 있다.

또한, 이들 모멘트로부터 생기는 반력과 주축의 회전으로 생기는 원심력이 조(jaw)에 미치는 힘에 약간의 여유를 고려한 힘을 척이 발생할 수 있다면 가공물은 미끄럼짐이 없이 절삭될 수 있다고 알려져 있다.   ·

그러나 주축으로부터 가공물과 공구의 접점까지를 다시 한번 검토해 보면 척 기구나 척과 가공물과의 접점, 가공물 자체의 성질 등의 속에는 성가신 진동의 원인이 잠재해 있음을 알 수 있다.

척이 외력에 견딜 수 있을 정도의 힘을 발생해야만 하는 것은 당연하지만 가공물에 따라서는 마음대로 큰 힘이 가해지지 않는 경우도 있다.

예를 들면, 형상적인 제약으로부터 파지 부분이 기준면 또는 기준 지름으로부터 상당히 멀리 떨어져 있어 범용 스크롤 척(scroll chuck)이나 파워 척으로는 충분히 힘을 전달시키지 않는 것, 파지 뒤틀림이 가공 정밀도에 직접 영향을 미치는 것, 파지부에 홈이 생긴 경우 등이다.

이와 같은 조건을 만족시키기 위하여 파지력이나 강성을 희생해야만 하는 경우도 일어날 수가 있다.

✱✱ 고정구의 종류와 선정 ✱✱

여기서, 예를 들어 1개의 가공물을 가정하여 그 처킹에 관한 문제점과 그 해결 방법에 관하여 생각해 본다.

예를 들면, **그림 2**와 같은 가공물의 ϕA 부 끝면을 기준으로 잡고 ϕA 부분의 외경을 파지하여 ϕE 부분을 절삭한다고 하면 특별히 어려운 문제는 없다. 가령 현재 보유한 척이 쐐기형 3조 파워 척이라고 하면 생조(生爪)를 성형하여 파지하거나 요구 정밀도에 따라서는 경조(硬爪)로 직접 파지하면 충분하다.

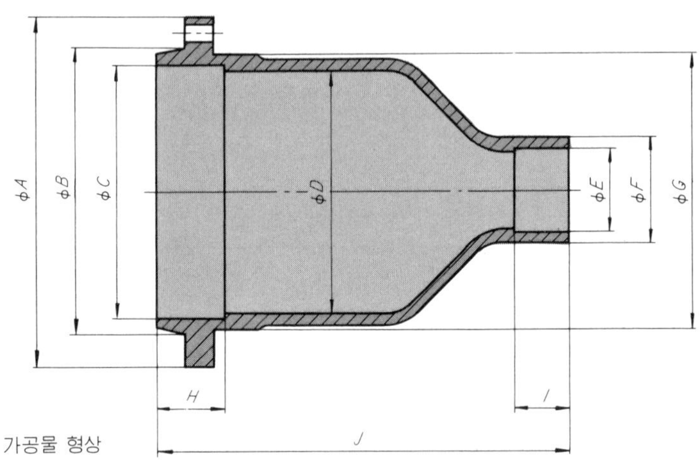

█████ 그림 2 █████

이와 같은 경우, 척의 조(爪, jaw)에 형성된 단을 축방향의 기준면으로 이용하는 것을 가끔 볼 수 있다. 그러나 이 방법은 조의 개폐시에 가공물이 조의 움직임에 따라 축방향으로 어긋나기 때문에 가능한 한 피하는 것이 좋다.

그래서 가공물을 축방향으로 위치 결정하는 최선의 방법은 높이나 고정 위치를 조절할 수 있도록 한 스토퍼를 별도로 제작하여 척면에 고정하는 것이다.

스토퍼를 고정하는 위치는 **그림 3**과 같이 조의 가까이가 좋고 가공물과의 접점은 외주 가까이가 안정하다. 또한, 칩의 배제를 고려하면 가공물과의 접촉 면적은 작을수록 좋다.

접점수는 3개소가 가장 인정되지만 이것만은 가공물의 형상에 의존하는 경우가 많으며 가공물의 실물이나 도면을 앞에 놓고 잘 검토하여 결정할 수 밖에는 없다.

ϕA 부분이 가공전에 거친 상태의 주물 표면인 경우는 조가 편(片)접촉을 일으켜 정확하게 물리지 않는 경우가 있다. 이러한 때는 조의 폭을 좁게 하여·3점 파지에 가깝게 함으로써 그 영향을 줄일 수가 있다.

그러나 파지에 의한 뒤틀림이 허용되지 않는 경우는 좁은 범위에 하중이 집중하는 이 방법이 사용되지 않는다. 그래서 조의 폭을 넓게 하여 파지력을 분산시킴과 동시에 조가 가공물에 균일한 힘을 전달할 수 있도록 요동 기구를 설치할 필요가 있다(**그림 4**).

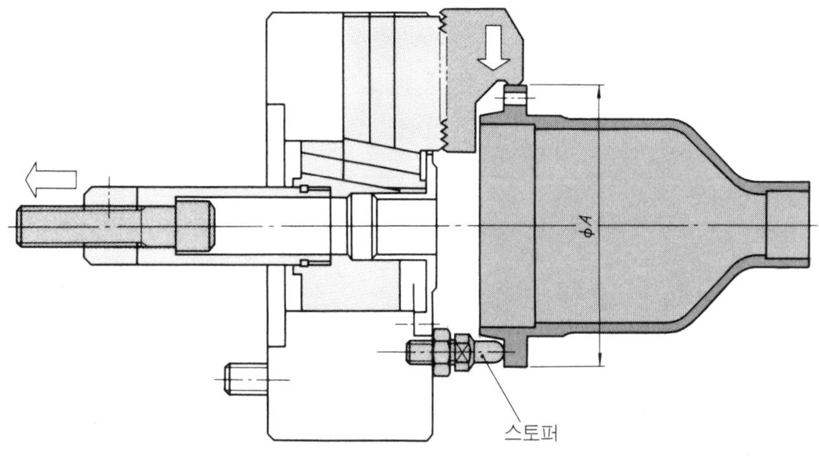

그림 3

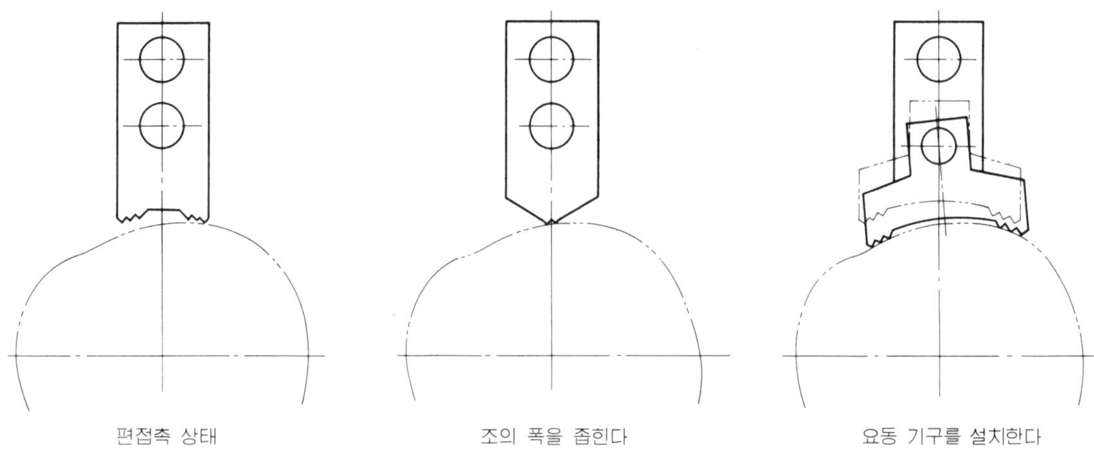

그림 4

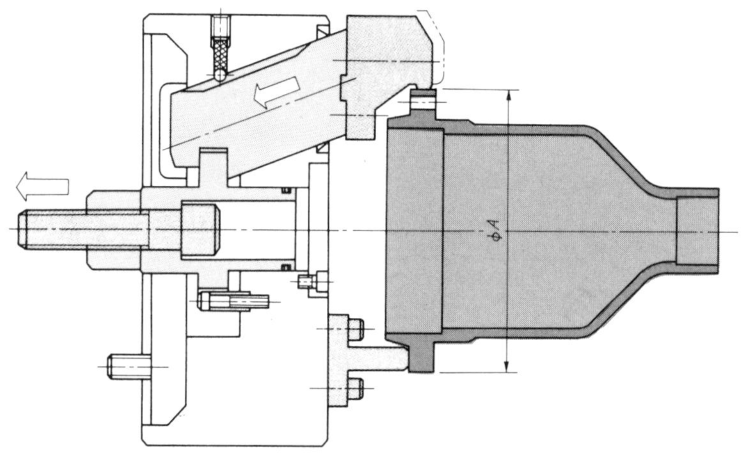

그림 5

여기서 이 가공물에 좌측 끝면이 스토퍼로부터 부상하는 것이 전혀 허용되지 않는다고 하는 조건이 가해졌다고 하자.

통상, 반지름 방향으로 설치된 홈을 어미조(親爪)가 슬라이딩 타입이 일반적인 척에서 물 때에는 조가 0.03~0.05 mm 정도 부상하기 때문에 여기서 가정한 조건을 만족할 수는 없다.

그림 5는 비교적 일찍이 개발되어 현재도 널리 이용되고 있는 인입(引入) 기구를 가진 척이다. 이 척은 회전축에 대해 경사지게 설치된 구멍에 원기둥형의 어미조를 슬라이딩이 가능하도록 삽입하고 파지 조(爪)는 가공물을 외주로부터 물면서 척 끝면에 당겨 붙이도록 되어 있다.

어미조는 척 본체의 구멍 속에서 소정의 각도만큼 회전이 가능하기 때문에 조에 특별한 요동 기구를 설치하지 않아도 파지 부분의 부정(不整)에 대응할 수 있다.

이 형식은 구조가 간단하면서도 슬라이딩 면적이 넓기 때문에 장기간 고정밀도를 유지할 수 있다는 특징을 가지고 있다. 그러나 한편, 기하학적인 제한으로 파지력을 크게 할 수가 없어 중절삭에는 적합하지 않다.

또한, 만약 파지부가 ϕA 부가 아니라 ϕB 부로 지정되면 조를 열 때에 조의 상면이 ϕA 부에 닿아 버린다.

이러한 문제점을 해결하기 위하여 개발된 것이 구면좌(球面座)를 지지점으로 갖는 형식 척이다(**그림** 6).

구면의 지지점은 축방향으로 간극을 가지며 가공물을 물지 않은 상태에서는 암은 스프링에 의해 우측으로 밀어 붙여져 있다. 쐐기 기구에서 암이 요동하며 조가 가공물에 어느 정도 파고 들면 암은 이 간극만큼 좌측으로 이동하여 가공물을 스토퍼에 강제적으로 밀어 붙인다.

그림 5의 원기둥 어미조 형식에서는 가공물의 테이퍼 각도가 어미조의 경사 각도에 가까와짐에 따라 파지 안정성이 상실되어 버린다. 그러나 이 형식에서는 그와 같은 제약이 없어 주물의 빼기 구배 가공과 같은 기계 가공을 생략할 수 있다.

또한, 암이 요동하는 형식이기 때문에 조의 상면이 파지 전에 가공물과 간섭을 일으키는 일도 없고 증력 기구에 쐐기를 사용하기 때문에 증력비를 자유롭게 선택할 수가 있다.

이와 같이 특징을 열거해 가면 좋게 얘기해 달라고 부탁이라도 받은 것같지만 원기둥 어미조 형식에 비해 구성 부품이 많기 때문에 기구를 충분히 이해하지 않고 사용하면 파지 정밀도에 문제가 생기는 경우가 있다는 점도 덧붙여 둔다.

그런데 예로서 든 가공물의 ϕB 부에는 편측으로 10° 정도까지의 구배가 붙어 있어 이 부분을 파지하도록 지정된 경우에는 파지 홈과 다소의 파지 뒤틀림이 허용되는 경우에 한해 이 형식이 유효하다.

여기서 이 가공물에 매우 귀찮은 조건이 붙어 있다고 하자. 하나는 ϕE 부분을 가공할 때 원주 속도를 올리기 위해 회전수가 매우 높아진다고 하는 점이고, 다른 하나는 ϕG 부분을 다듬질 가공할 때 파지 뒤틀림이 허용되지 않는다고 하는 점이다.

이들 2가지 조건을 만족시키기 위해서는 파지 뒤틀림을 작게 하기 위하여 파지력을 적게 하고 조폭을 넓혀 힘을 분산시킨다는 것, 즉 조의 중량을 크게 한다는 것과 고속으로 회전하고 있을 때 조에 가해지는 원심력에 대항하기 위해 파지력을 크게 하고 조를 경량화한다고 하는, 서로 대립하는 2요소를 조정할 필요가 있다.

이를 해결하기 위해서는 회전중에 조의 크기를 변화시킬 수가 없는 한, 가공 부위에 따라서 파지력을 변화시키는 것과 뒤틀림이 발생하기 어려운 파지부를 찾는 것 밖에는 달리 방법이 없다.

후자에 대해서는 「특수 척」항에서 거론하기로 하고 여기서는 파지력을 변화시키는 방법에 대해 생각해 본다.

일반적으로 파워 척은 일단 가공물을 물어 버리면 외부 구동원(예를 들면, 유압이나 공압 실린더)의 입력 변화에 매우 둔감해진다.

예를 들면 **그림 7**은 쐐기형의 3조 파워 척의 실린더 추력(推力)과 파지력의 관계를 나타낸 것이다.

일단 가공물을 파지하면 실린더 추력을 약간만 줄여도 파지력에는 거의 변화가 없다는 것을 알 수 있다.

이런 특수한 요구에 대응하여 개발된 것이 **그림 8**과 같은 형식의 척이다. 이 형식은 증력 기구 중에서 슬라이딩 부분이 거의 없으며 입출력의 상승, 하강과 더불어 파지력은 **그림 9**와 같이 거의 직선적으로 비례한다.

이것을 문제의 가공물에 적용하면 ϕB 부를 높은 파지력으로 물고 ϕE 부의 황삭 가공과 다듬질 가공, ϕG 부의 황삭 가공을 단숨에 할 수 있다. 그후 주축을 정지시키지 않은 상태로 유압 또는 공압을 저하시켜 파지 뒤틀림을 충분히 작게 하면서 ϕG 부분의 다듬질 가공을 하는 세팅이 된다.

이 형식은 파지력의 절환을 주목적으로 하여 설계되어 있기 때문에 그 밖의 점에서는 몇 가지의 제약이 있다. 예를 들면, 지지점 핀보다 더욱 척의 중심 가까이에서 가공물을 파지하지 않으면 당겨 붙이는 힘이 발생하지 않는다는 점, 요동 기구를 갖지 않는다는 점, 과도한 중절삭에는 견딜 수 없다는 점 등이다. 그러나 목적을 국한하여 사용하면 이용 가치가 큰 척이다.

다음에 이 가공물의 오른쪽 끝면을 기준으로 하고 ϕA 부를 파지하여 ϕC 부분을 가공하는 경우에 대하여 생각해 본다. 우선, 기준면과 파지부가 멀리 떨어져 있음을 알 수가 있다. 여기에 현재 보유하고 있는 쐐기형 3방 파워 척을 사용하면 조의 높이가 매우 높게 되어 힘이 충분히 전달되지 않을 뿐만 아니라 척의 수명을 현저히 단축해 버린다.

그래서 척의 표면에 **그림 10**과 같은 지그를 부착하여 어미조에 가해지는 모멘트를 경감할 수가 있다.

마찬가지의 조건으로 ϕC 부분을 가공할 때 파지 뒤틀림이 문제가 되는 경우는 **그림 11**과 같이 조에 세레이션을 판다든지, 초경 팁을 매입하거나 하여 가공물과 조와의 마찰 계수를 증가함으로써 파지력을 경감시킨다.

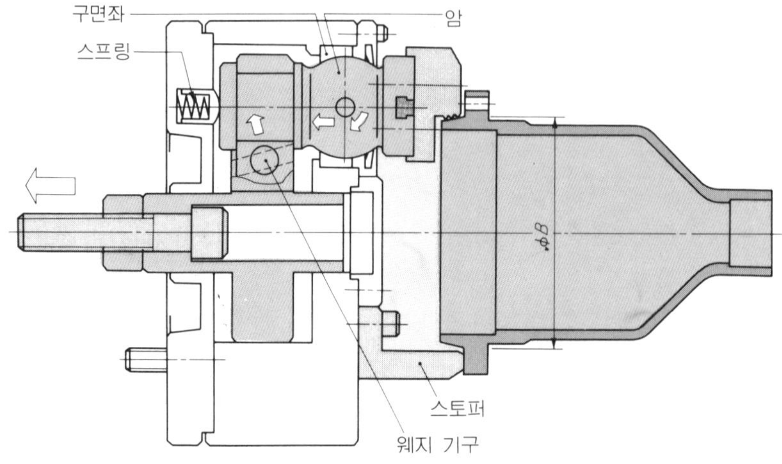

그림 6

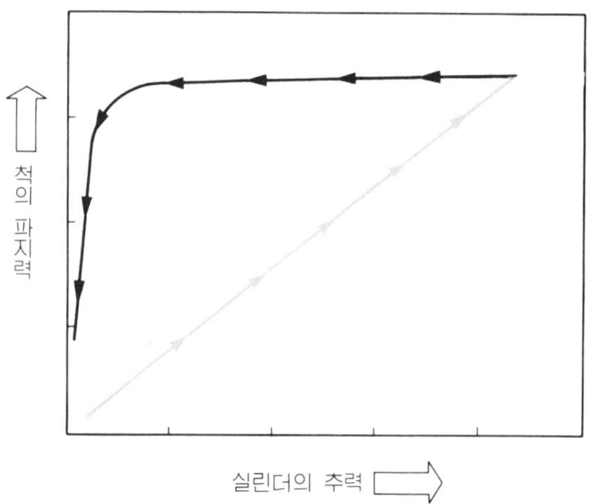

그림 7

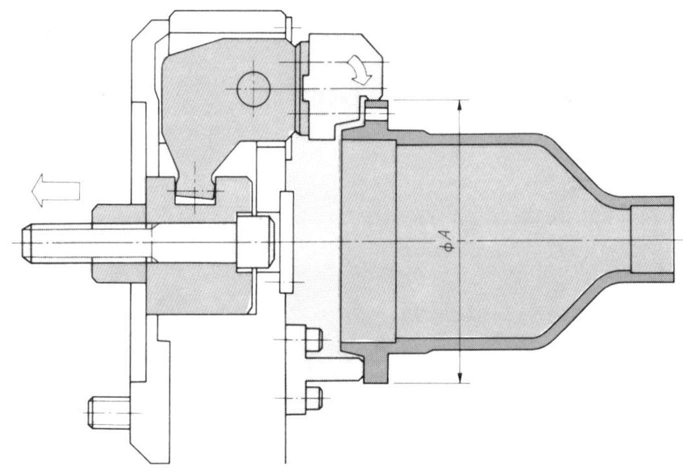

그림 8

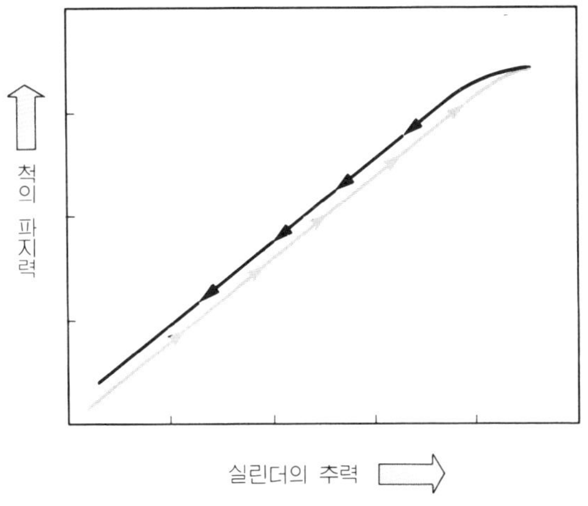

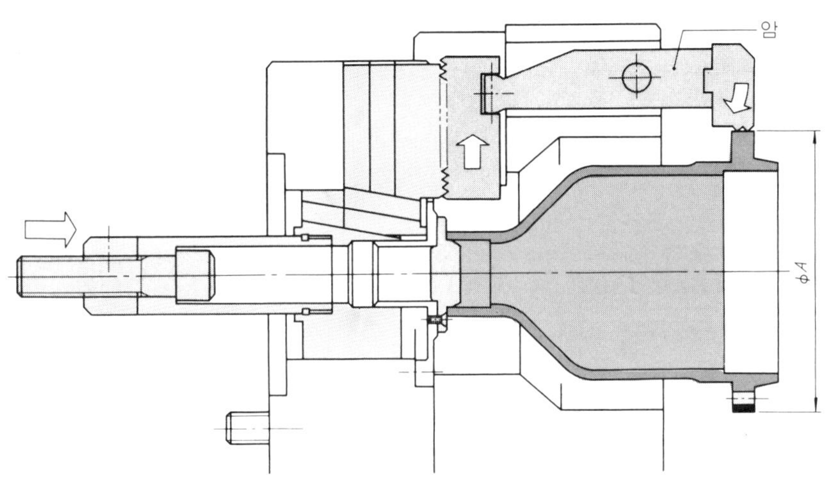

　동시에 조의 폭을 넓게 하여 가공물에 가해지는 힘을 넓게 분산시킨다든지, 필요에 따라 요동 기구를 추가함으로써 어느 정도까지는 해결할 수 있다는 것은 앞서 언급한 바와 같다.

　그리고 가공물에 흠이 생기는 것이 허용되지 않는 경우에는(운이 좋게도 이 가공물의 ϕA 플랜지부에는 구멍이 뚫려져 있기 때문에) 이 구멍에 토크 핀을 끼워 절삭 토크를 흡수함으로써 파지력을 경감하고 있다(**그림 12**).

　지금까지 사용한 지그는 암이 요동하기 때문에 암의 지지점이 가공물의 파지 지름 ϕA 보다 외주에 있으며 이러한 예에서는 조의 힘이 척 끝면 방향의 성분을 가지며 가공물은 척 끝면에 당겨 붙여지게 됨으로써 좌측에 기준면을 갖는 이 가공물에는 매우 적합하다고 볼 수 있다.

　마찬가지의 기준면에 대하여 다시 조건을 바꾸어 생각해 보자.

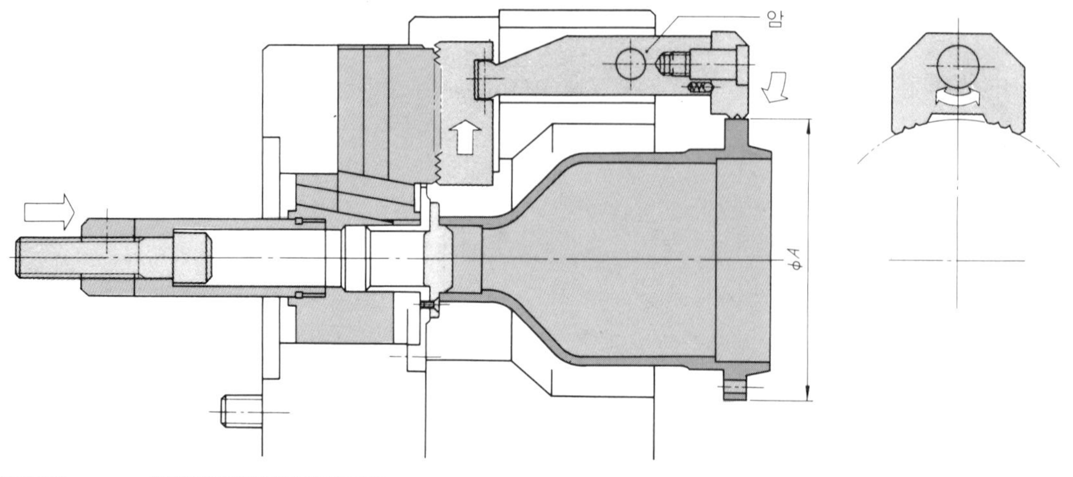

그림 11

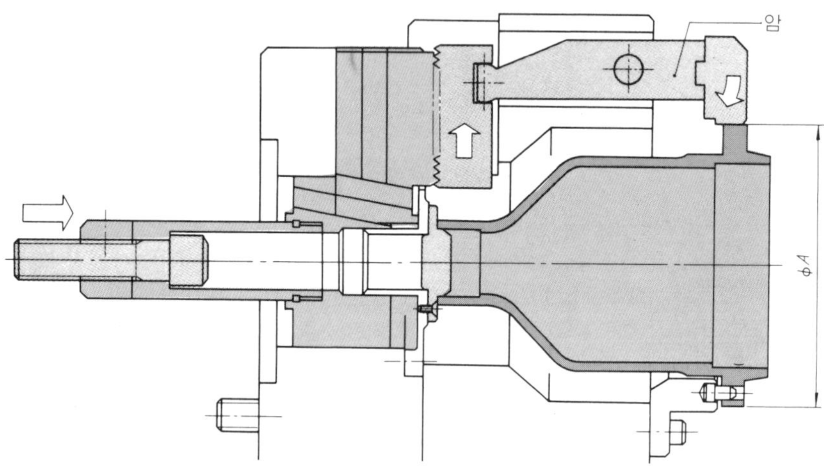

그림 12

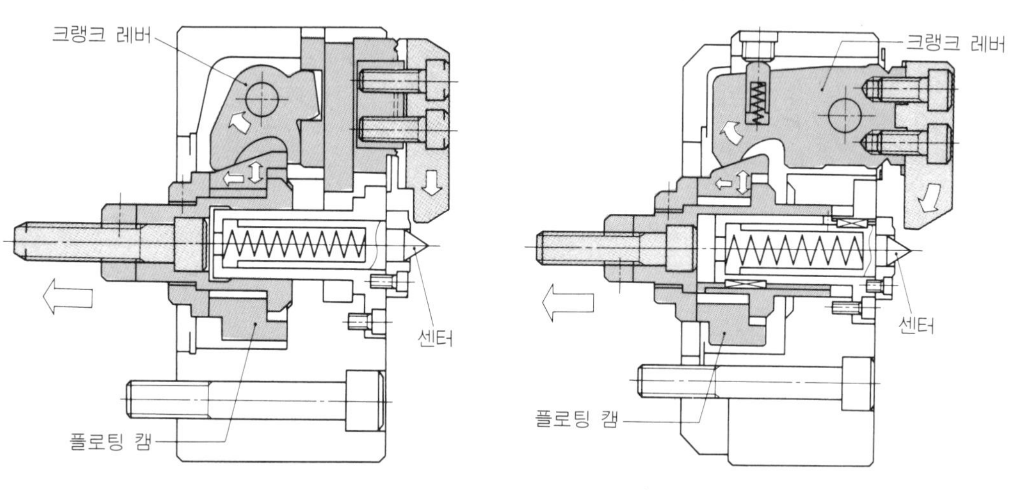

그림 13

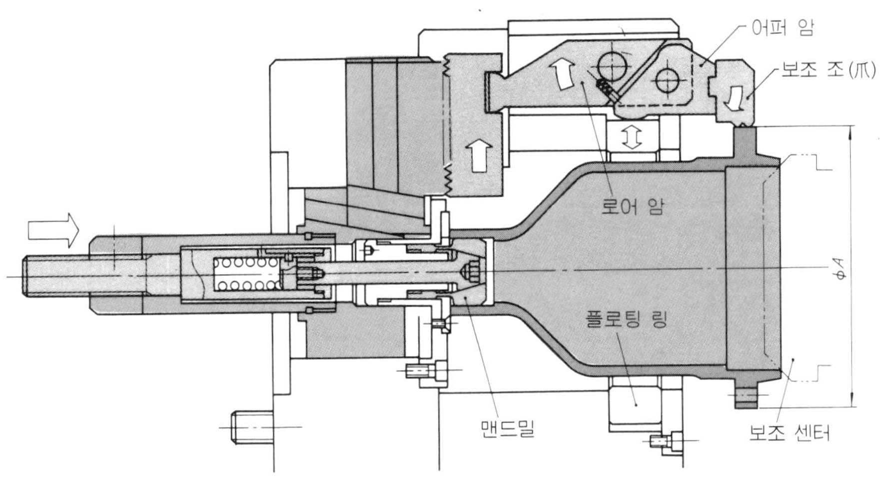

그림 14

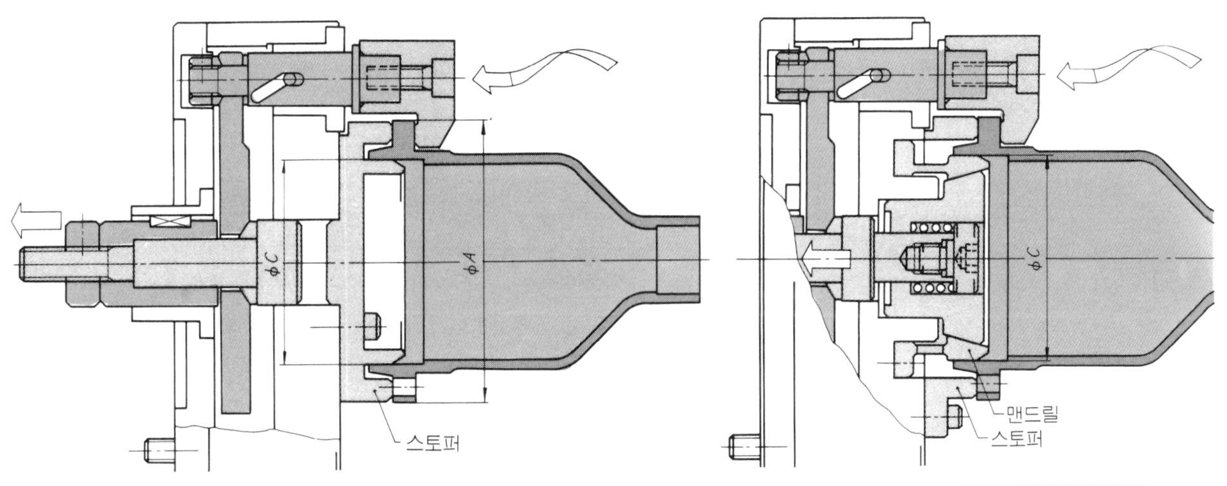

그림 15

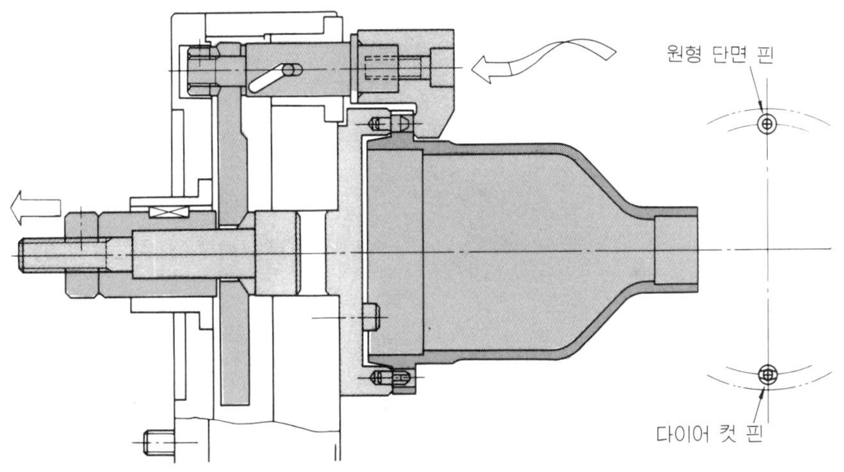

그림 16

이제까지는 축 방향만의 기준면을 생각해 왔으나 이 외에 ϕE부가 가공 완료의 기준 지름이라 하면 조는 보정 기구를 가져야만 한다.

그림 13은 양 센터간의 축 중심에 유지되고 있는 주로 봉상(棒狀)의 가공물을, 가공물의 편심이나 부정(不整)에 적응하여 파지하는 컴펜세이팅(보정) 척의 구조를 보여 주고 있다.

플로팅 캠은 축 방향으로 이동함과 동시에 반지름 방향으로 움직이는 것도 어느 정도 허용되기 때문에 그 경사면으로 크랭크 레버를 밀어 벌림과 동시에, 가공물의 편심에 따라 반지름 방향으로 미끄러져 조를 보정한다.

이 형식은 보정 기능이 작용하기 시작하고 나서 파지를 종료할 때까지 3개의 조가 가공물에 미치는 힘이 각각 달라 기준이 되는 부분을 예를 들어, 센터 구멍이나 기준 지름과 파지부가 축방향으로 멀리 떨어져 있으면 파지를 종료할 때까지 가공물이 특정의 방향으로 밀려 넘어져 버리는 경우가 있다.

여기서 말을 바꾸어 예로 든 가공물로 되돌아 가면 기준 지름과 파지부가 멀리 떨어져 있기 때문에 보통의 컴펜세이팅 척은 사용 불가임을 알 수 있다. 그래서 쐐기형 3조 파워 척을 사용할 수 있는지의 가능 여부에 대해 생각해 보았다.

그림 14는 가공물의 기준 지름 ϕE부를 맨드릴로 파지함과 동시에, ϕC부를 보조 센터로 지지한 후 보정 기능을 가진 보조 조(補助爪)로 가볍게 무는 구조로 되어 있다.

그러나 실제 문제에 있어서는 현재 보유하고 있는 척에 여기까지의 개조를 하기보다 전용 고정구를 만들든가, 가공 공정을 재검토하는 쪽이 더 간단히 해결될지도 모른다.

＊＊ 특 수 척 ＊＊

이제까지 보아 온 가공물의 고정 방법은 시판되고 있는 척에 손을 본다든지, 용도가 한정된 척을 사용하여 왔다.

그러나 가공물의 형상이 크게 달라졌다거나 가공 조건이 특수한 경우는 이와 같은 방법으로는 대응이 불가능하다.

앞서 예를 든 가공물의 ϕA 플랜지부 부근의 두께가 매우 얇아 ϕC부가 가공 완료의 기준 지름이 된 경우는 이미 외경을 파지하는 것이 불가능하다.

이러한 경우는 요구 정밀도의 정도에 따라 워크 가이드 또는 맨드릴로 ϕC부를 중심으로 지지하고 ϕA 플랜지부를 핑거 척으로 고정하는 방법을 이용한다(**그림** 15).

ϕA 플랜지부의 구멍을 위치 결정 기준으로 하는 경우, 보통 척의 중심으로부터 가장 먼 구멍을 2개 선택하여 **그림** 16처럼 한쪽에는 원형 단면(斷面)의 핀을 다른 한쪽에는 다이아몬드 컷한 핀을 삽입한다. 핀은 가공물의 착탈(着脫)을 간단히 하기 위하여 가능한 한 짧게 하며 선단부에는 큰 테이퍼부를 만드는 것이 좋을 것이다.

핑거 척의 파지 모멘트는 그 자체가 증력 기구를 갖지 않기 때문에 비교적 작은 것이 보통이다. 따라서 가공물에 큰 절삭 토크가 걸리는 경우는 위치 결정의 필요가 없어도 적당한 장소를 선택하여 토크를 흡수하기 위한 드라이브 핀을 설치해야만 한다.

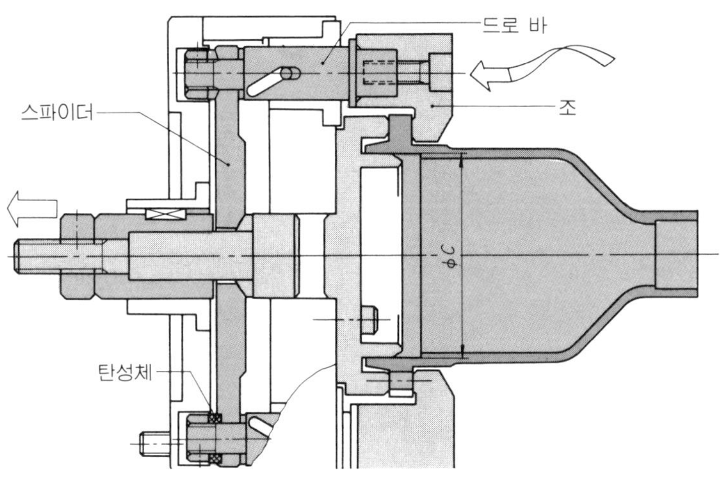

그림 17

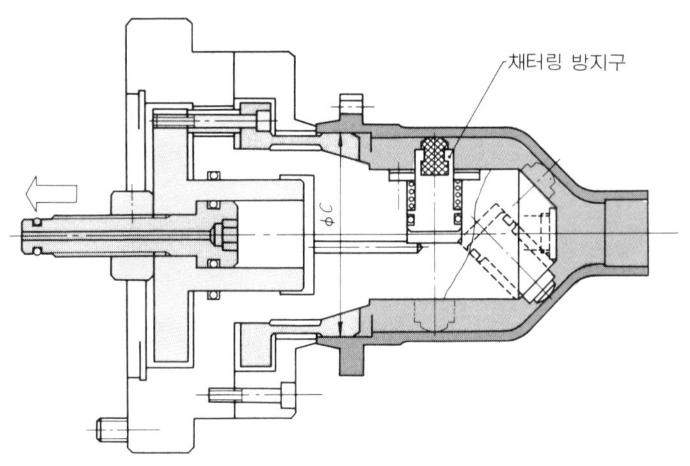

그림 18

핑거 척은 **그림** 17처럼 스파이더, 드로 바(draw bar), 조 그리고 스토퍼로 구성되어 있다. 드로 바는 스파이더에 당겨져 외경에 파진 리드에 따라서 소정의 각도를 선회한 후 가공물을 스토퍼에 밀어 넣는다.

스파이더는 가공물 두께의 불균일에 대응하기 위해 요동시킬 수가 있지만 1개의 스파이더에 고정되는 드로 바는 3개까지이며 그 이상 고정하여도 가공물에 접촉하지 않는 조가 나타난다.

가공물의 형상에 따라서 3개 이상의 드로 바를 필요로 하는 경우는 4개째부터의 드로 바와 스파이더 사이에 탄성체를 삽입하든가 복수의 스파이더를 사용하도록 설계해야만 한다.

가공물의 기준 지름 ϕC 부와 내벽 이외의 전체 부분을 가공해야만 하는 경우는, 핑거 척을 포함하여 가공물의 외벽을 파지하는 형식의 척은 일절 사용할 수가 없기 때문에 내경 파지용의 맨드릴을 사용한다.

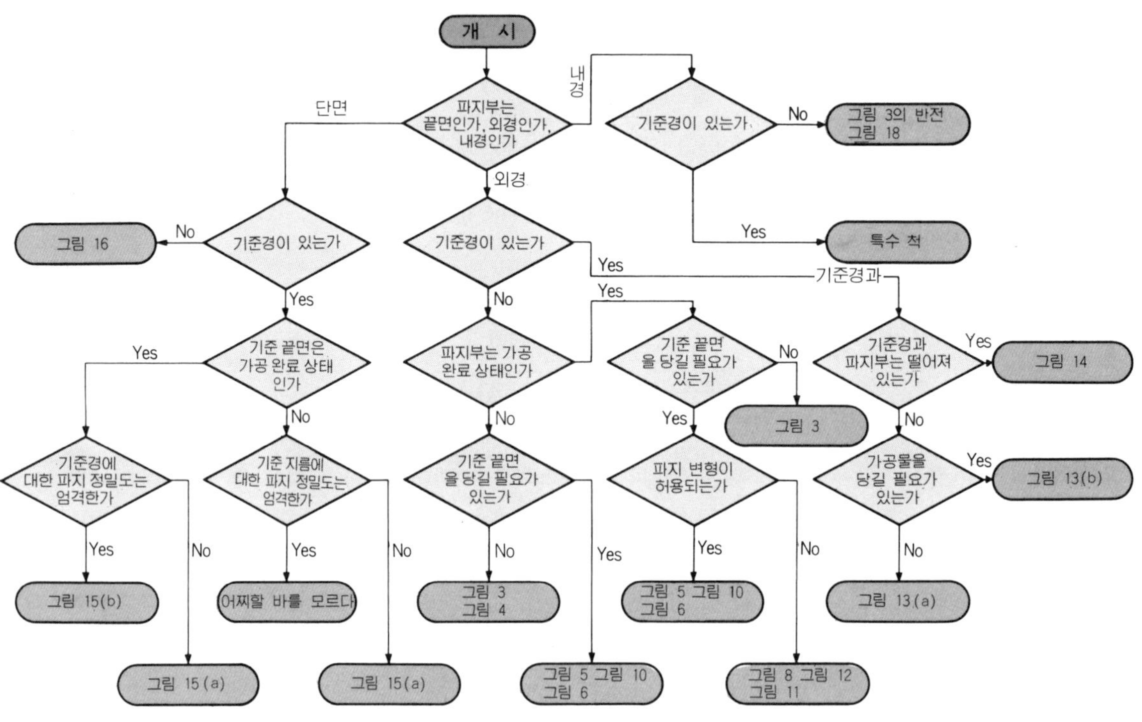

그림 19

맨드릴에는 강력 중절삭용, 저왜곡 경절삭용, 당겨 붙임 기능이 있는 것, 없는 것, 스플라인, 인터널 기어(내치차) 전용 등 실제로 많은 종류가 있다.

이 가공물의 경우는 뒤틀리기 쉬울 뿐만 아니라 길이가 길기 때문에 **그림 18**처럼 내벽을 지지하는 채터링 방지구를 가진 맨드릴을 예로 들어 보았다.

ϕC 부를 파지하는 맨드릴은 기준 끝면을 스토퍼에 당겨 붙임과 동시에 파지 토크를 전달한다. 채터링 방지구는 우레탄 고무를 이용하여 가공물 내벽에서 가장 약하다고 생각되는 부분, 수 개소에 밀착하여 진동을 흡수한다.

마지막으로, 이제까지 보아 온 고정구의 선택 방법을 **그림 19**에 플로 차트로 만들어 정리하였다.

선반용 척의 동향과 사용 방법

단순한 보지구(保持具)로서의 척의 수요는 감소하고 있다. 그 이유로는 산업의 공동(空洞)화 현상을 비롯한 제품의 플라스틱화나 신소재의 보급(세라믹, 엔지니어링·플라스틱), 정밀 단조에 의한 황삭 가공의 감소, 가공의 일부가 NC 선반으로부터 MC(머시닝 센터)로 이행, 복합 가공이나 복합 척의 침투(범용 파워 척의 몇 배의 수명) 등을 들 수 있다.

그러나 고정구로서의 척에 요구되는 기능은 더욱 다양화해지는 경향이 있다. 각각의 척 메이커는 공작 기계 업계와 마찬가지로 고도화된 유저의 요구에 대응하여 다양한 척의 개발을 진행하고 있다.

이번에 화제가 된 고속 대응 척(외경 파지가 전제)도 다양화되는 요구의 하나이지만 자동차 업계에서도 다량 생산 라인으로부터 다품종 생산 라인으로 교체가 진행되고 있는 현재, 척의 고속화만으로는 생산성의 향상을 도모할 수 없다고 하는 상황을 인식할 필요가 있다.

● 척의 고속화에의 대응

고속 회전(고절삭 속도)의 효과가 큰 것은 비디오 헤드로 대표되는 소형 알루미늄 부품 가공일 것이다. 단결정 다이아몬드 바이트에 의한 고속 절삭은 거울면과 같은 뛰어난 다듬질면을 얻기 위해서는 불가결의 조건이다. 물론, 다듬질면 이외에도 미크론급의 동심도나 진원도도 요구되고 있다.

이와 같은 가공에는 실린더 내장 초정밀 액추에이터에 경량 알루미늄제의 조를 부착한 것(**사진 1**)이 사용되고 있다. 종래에는 서구 제품이 사용되고 있었지만 최근에는 일본 메이커 여러 회사도 몇몇이 이 타입의 척을 제조하고 있다.

사진 1 초정밀 에어 척   사진 2 콜릿 척

그러나 일반 소형 NC 선반을 사용한 고속 절삭의 경우, 경제적인 콜릿 척이나 소형의 표준 척의 조를 경량화하는 것으로 충분히 대응할 수 있다.

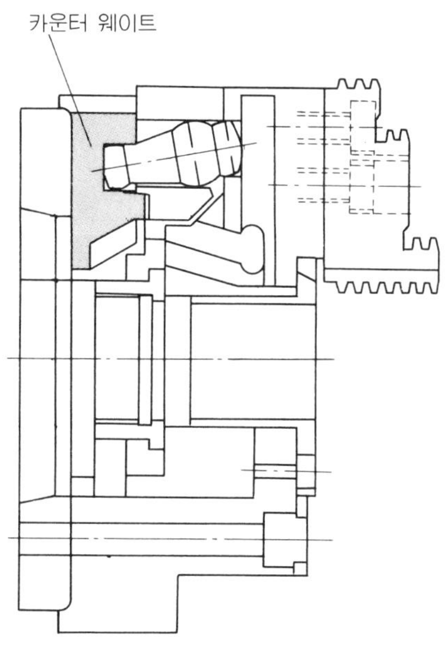

그림 1 표준 파워 척의 카운터 웨이트

공작 기계 메이커는 기계 성능을 향상시키기 위하여 주축의 최고 회전수를 높이는 경향이 있기 때문에 이에 대응할 범용 고속 파워 척이 필요하게 된다.

그래서 현재, 많은 메이커에서 채택하고 있는 카운터 웨이트에 의한 원심력 보정 척에 관해 소개한다.

표준 파워 척의 경우, 회전수가 올라 가면 조는 회전수의 2승에 비례하여 원심력이 증대하며 그 결과, 파지력이 극단적으로 저하한다. 그로 인해, **그림** 1처럼 카운터 웨이트를 작용시켜 원심력 보정을 한다.

이 척의 주의점은 조를 너무 가볍게 함으로써 파지력이 증가하여 가공물이 변형한다든지, 히스테리시스 현상(기계를 정지해도 카운터 웨이트에 의한 파지력이 잔류한다) 등으로 척으로부터 가공물이 떼어지지 않는 경우가 있다.

일반적으로 다양한 척을 사용하여 선반을 고속으로 회전시키는 경우, 다음과 같은 점을 배려할 필요가 있다.

① 조의 경량화(형상의 변경, 경합금화, 플라스틱화)를 꾀한다

② 조의 중심을 가능한 한 척 중심에 가깝게 한다(파지력 저하 방지 대책)

③ 가공 미스에 의한 가공물의 튀어 나감이나 척 부품의 파손을 고려하여 견고한 튀어 나감 방지용 커버를 부착한다(안전 대책)

④ 척 단체의 동적 밸런스의 수정

⑤ 가공물 언밸런스의 체크(기계 진동 방지 대책)

⑥ 척의 경량화(관성 모멘트의 경감)

또한 조가 외주에 노출되지 않는 콜릿 척(사진 2)이나 핀 아버 척 등은 보지부의 뒷면을

척 전체가 받아 주기 때문에 파지력의 감쇄가 어려워 현재 선삭의 대부분을 차지하는 300
~4000 rpm 정도까지의 회전에는 원심력 보정 척보다 사용하기 쉬운 경우가 많은 것같다.

핀 아버 척에는 외경용 핀 아버 척(**사진 3**)과 내경용 핀 아버 척(**사진 4**)이 있다.

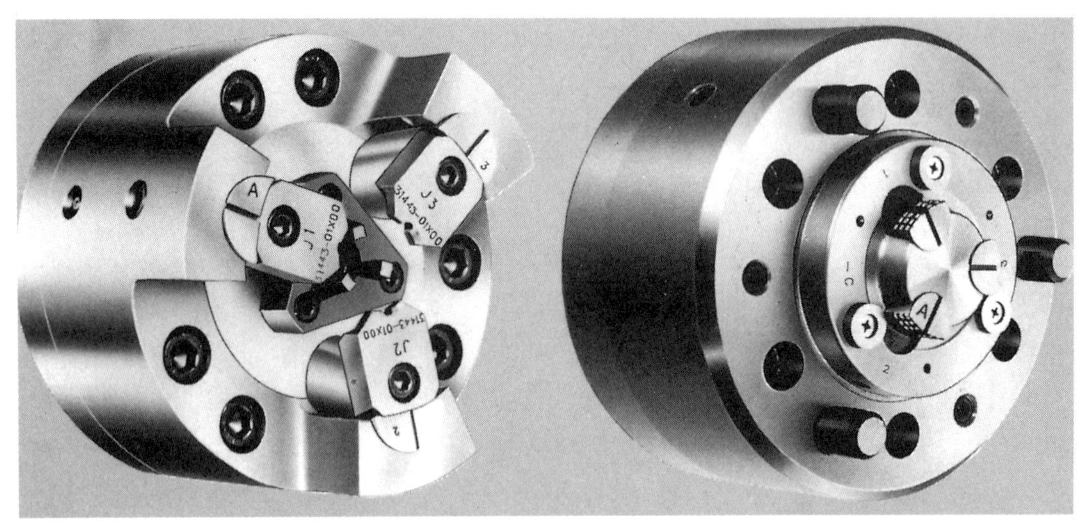

<table>
<tr><td>사진 3 외경용 핀 아버 척</td><td>사진 4 내경용 핀 아버 척</td></tr>
</table>

고속화에 대응하는 척으로서는 여러 가지가 소개되고 있지만 어느 것이나 일장 일단이
있다.

앞서 언급한 카운터 웨이트 기구를 삽입하여 원심력을 상쇄하는 방법을 취한 경우는,
히스테리시스 현상이라고 하는 귀찮은 것이 발생하며 그로 인해 박물(薄物) 가공, 진원도
를 필요로 하는 가공물에는 부적합한 것으로 되어 있다.

핀 아버 척의 경우는 척 본체 배면(背面)부(**사진 3, 4의 A부**)를 조가 비스듬히 상하로
슬라이드 운동함으로써 처킹, 언처킹(unchucking)을 하는 기구가 삽입되어 있기 때문에
고속 회전시의 파지력 감소를 본체 배면부에서 커버할 수 있어 고속 회전시의 파지력 증
감이 적어지게 된다.

또한, 정밀도면에서도 그 심플한 구조 이외에 배면이 서포트되어 있기 때문에 이에 의
해 반복 정밀도 10 μm 이내로 안정되어 있다.

● 다양화되는 가공물에의 대응

유저의 요구가 개성화, 다양화되고 있는 현재, 대부분의 기업이 다품종 소량 생산에 대
응할 수 있는 설비를 희망하고 있으며 세팅 시간 단축을 위해 퀵체인지 처킹, 또한 무인
화나 자동화에 대응할 수 있는 자동 교환 처킹을 요구하는 경향이 있다.

퀵체인지 처킹은 다양화하는 가공물 변경에 대한 처킹의 신속화를 고려한 것이며 다음
과 같은 방식이 있다.

(1) 자동 조 스트로크 변경 척

구조는 세레이션이 유압 구동으로 맞물림, 분리하는 웨지 부분과 대항하는 더브테일 홈 부가, 통상의 사용시에는 한 덩어리의 베이스 조로서 드로 바에 의해 개폐된다.

처킹의 범위를 큰 것에서 작은 것으로 변경하는 경우, 조를 오버 처킹 상태로 하여 유압을 걸고 웨지부의 세레이션을 분리하여 그대로 언처킹한다.

다음에 유압을 끊고 스프링 작용으로 세레이션을 결합시켜 맞물림을 소직경(小直徑) 파지 위치로 변경한다. 지름을 작게 하기 위해서는 이 동작을 몇 회 반복한다.

역으로 지름을 크게 하는 경우는 언처킹 상태로 하여 세레이션을 분리하고 오버 처킹하여 세레이션을 결합한다.

이들 일련의 조작은 제어 장치에 의해 자동 변경할 수가 있다.

이 척에 대한 주의점은 상조(上爪)는 단이 붙은 경조(硬爪)이기 때문에 조의 형상이 한정된다는 점, 스트로크가 크기 때문에 칩 대책이 확실해야 된다는 점, 또한 세레이션의 유효 치수가 적기 때문에 부품의 강도에 불안정하여 중(重)절삭에는 적합치 않다는 점이다.

(2) QJC(퀵 조 체인지) 척

수동에 의한 간편한 조 교환 시스템이 있다. 이 교환용 조(퀵체인지 조)는 **사진 5**처럼 매우 짧은 시간내에 간단히 교환할 수 있도록 설계되어 있다. 외(外)그립 (grip), 내(內)그립(**그림 2**)의 어느 것으로나 사용이 가능하며 하조(下爪)에 대해 정밀한 위치 결정을 할 수 있다. 또한, 일단 세팅하면 하조로부터 떨어지는 일이 없는 안전 구조로 되어 있다.

이 기구에서는 교환용 조를 하조에 고정하기 위한 볼트 구멍이 필요없기 때문에 교환용 조 본래의 기능인 처킹에 사용할 수 있는 부분이 넓다. 조는 잠금 나사를 시계 방향으로 1회전시킴으로써 고정·해체가 가능하기 때문에 동일한 척에서 조를 교환하기만 하면 지름 형상이 다른 어떤 종류의 가공물도 가공할 수가 있다.

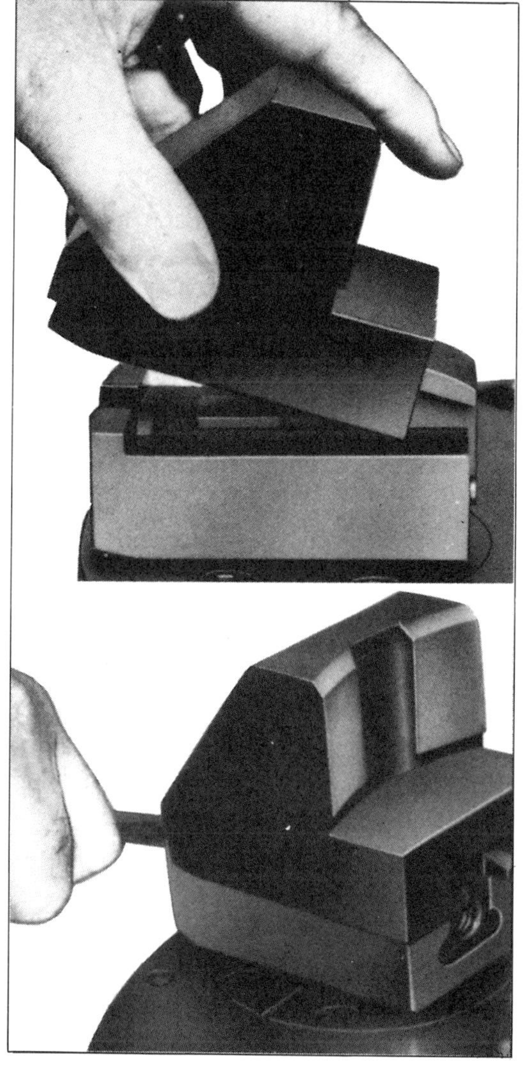

사진 5 퀵 체인지 조

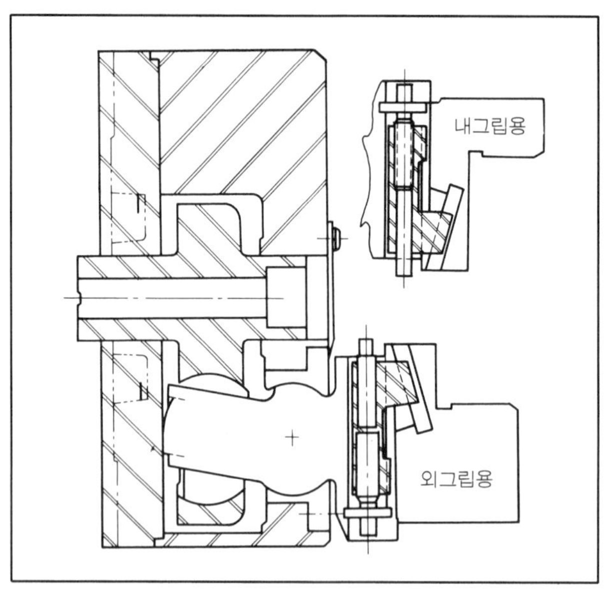

그림 2　교환용 조는 외그립, 내그립 모두 사용할 수 있다.

조의 교환은 하나에 약 20초, 전부 교환하는데에 1분밖에 걸리지 않는다. 이와 같이 단시간에 조를 교환할 수 있는 것은 소로트로 여러 가지의 가공물을 가공하는 다품종 소량 생산에 있어서의 코스트 절감에는 안성 맞춤인 교환 조라고 할 수 있다.

수동식 이외에 신속하고 확실한 자동 조 교환 수단으로서 카트리지를 사용하여 한번에 3개의 조를 교환하는 방식도 있다. 환물(丸物, 둥근 물체) 가공의 FMS에 대응하기 위하여 이 방식이 흔히 이용되고 있지만 이 척의 경우, 파지 정밀도를 확보하기 위하여 동일 척에서 기상 성형(機上成形)할 필요가 있어 조를 성형하기 위해 기계를 정지해야만 한다.

교환 조는 베이스 조에서 돌출한 돌기에 성형 조를 거는 방식이기 때문에 조 받침부의 변형이나 파손에 대한 배려가 필요하다. 또한 가공물마다 카트리지를 준비해야만 되며 조를 단독적으로 교환하는 경우보다도 코스트가 많이 든다는 것이 단점이다.

(3) QCC(퀵 척 체인지 시스템)

현재 선삭에 사용되고 있는 척에는 다양한 종류가 있으며 일반적으로 사용되는 표준 파워 척은 QJC 척을 포함하여 저가격으로 범용성이 높은 반면, 전체를 커버하기에는 상당히 역부족인 감이 있다.

실제로 테이퍼가 있는 소재나 치면 기준의 기어, 샤프트, 소직경의 내경 파지, 이형물, 박물 등은 각각 용도별 선반과 전용 척으로 대응하고 있다. QCC의 최대 장점은 현재 보유한 기계 설비로도 대상 가공물을 늘릴 수가 있다는 점이다.

특히 NC 선반의 경우, 프로그램이나 절삭 공구의 변경이 매우 짧은 시간에 유연하게 이루어지기 때문에 척 교환이 원활하면 가공물의 종류는 매우 많아지게 된다.

또한, 여러 대의 NC 선반이 동일한 QCC를 부착하고 있으면 척의 상태 불량이나 기계의 고장이 있어도 금방 다른 기계로 라인을 교체할 수가 있기 때문에 돌발 사고의 대책도 된다.

QCC에서 중요한 것은 신속성, 교환 정밀도, 안전성이다. 정밀도를 확보하기 위해서는 척과 QCC 면판의 동심을 내기 위해 커빅 커플링이나 쇼트 테이퍼를 사용한다. 커빅 커플링은 고정 정밀도 확보뿐만 아니라 회전 방향의 토크에 대해서도 유효하지만 약간 고가이다.

척의 고정과 드로 바와의 접속에도 여러 가지의 방법이 있다. 예를 들면, 현재 보유한 기계를 거의 개조하지 않고 QCC화할 수 있는 방법으로서 스크롤 척을 응용한 수동식 척 (**사진** 6)이 있다.

<table>
<tr><td>사진 6 수동식 QCC 방식 척의 접속부</td><td>사진 7 ACC 방식 척의 교환 접속부</td></tr>
</table>

드로 바의 접속부는 「人」자 모양의 조인트로 되어 있어 본체를 30° 회전시켜 접속하고 핸들로 조이면 6개의 핀이 나와서 척 본체 외주의 홈부 테이퍼를 밀게 된다.

척의 교환은 전용 핸들을 사용하여 1~2분이면 완료된다. 커빅 커플링을 사용하고 있기 때문에 정밀도가 높고 기존의 실린더를 그대로 사용할 수가 있기 때문에 기계의 개조도 거의 필요없다.

(4) ACC(자동 척 교환)

선삭 가공을 무인화하기 위해서는 이미 실용화되어 있는 AJC(자동 조 교환 장치)의 사용도 고려해 볼 수가 있는데 장래의 FMS화를 감안할 경우, 환물(丸物)에 한정된 AJC보다 대상 가공물을 대폭 늘릴 수 있는 ACC를 생각해 볼 수도 있다.

ACC의 경우도 여러 가지의 고정 방법이 고안되어 있지만 비교적 간단하면서도 저가의 교환 장치를 예로 들자면, 앞서 언급한 드로 바 접속법을 척 본체에도 적용한 **사진** 7과 같은 것이 있다.

척 고정용 드로 바를 +자형(45° 회전) 또는 *형(30° 회전)으로 하여 본체 어댑터에 접속한다. 이 경우, 더블 실린더를 사용한다. 가공물의 변경에 대해 미국의 자동차 메이커가 FMS 라인에 채택한 예를 보면, 수 종류의 가공물에 대해 로봇으로 대응하고 있다.

가공물을 변경하는 경우, 먼저 로봇의 암을 척 교환용 암으로 바꾸어 척을 교환하고 다음에 제2의 가공물 착탈용 암으로 바꾸어 기계 가공을 한다.

그러나 전체를 대형의 로봇으로 행하기 때문에 가공물의 반출입이나 착탈에 시간이 걸리는 것이 단점이다.

● 금후의 척의 과제

금후, 척에 요구되는 과제로서는 다음과 같은 것이 있다.

① 고속화에 대응하기 위하여 경량, 고강성(剛性)이면서도 내마모성이 뛰어난 재료를 이용한다

② 다양화하는 요구에 대응하여 QCC화를 촉진하기 위해 척 메이커가 QCC의 장착을 규격화하여 고정부(取付部)를 동일하게 만든다

③ 척에 다양한 센서 기능을 갖게 하여 무인 가공시의 척 미스 등의 트러블에 대응하고 또한 자동 조심(調心), 자동 밸런스 보정 등의 기능을 삽입한다

④ 유럽의 몇몇 세트 메이커사가 실린더 내장 척용으로 스핀들에서 유압을 공급하는 시스템을 발매하고 있는데, 이러한 예에서 볼 수 있는 바와 같이 스핀들에 유압 공급구를 만드는 것도 척의 복합 기능에 폭을 넓혀 주는 것이다.

그리고 장래, 척의 필요 대수가 감소할 것을 고려할 경우, **사진** 8, 9와 같은 다기능 척에 대한 기술적 대응이 필요하다.

다기능 척이란 1개의 척에 복수의 동작을 짜넣어 가공 공정의 집약을 목적으로 한 것이다.

사진 8은 밸브 가공용 인덱스 척으로서 1회의 처킹으로 전가공, 무인화 운전이 가능하다. 가공물의 조임 및 분할은 척 본체에 있는 유압 플런저로 한다.

2개의 고정 조(爪)는 가공물의 형상에 맞추어 1개는 인덱스측에, 또 하나는 클램프 피스톤측에 부착된다. 분할은 유압으로 각각 반대 방향으로 움직이는 2개의 플런저를 사용하여 로크(lock)하는 기구로 되어 있다.

사진 9는 콤비네이션 척의 하나로서 페이스 드라이버 척이다. 페이스 드라이버와 외경 파지용 척의 콤비네이션(조합)에 의해 양 센터 가공시의 레이스 도그(carriet)를 사용할 필요가 없어 드라이빙 센터만으로는 가공할 수 없는 중절삭을 1대의 척으로 축물(軸物) 가공물의 전가공을 행하고 있다.

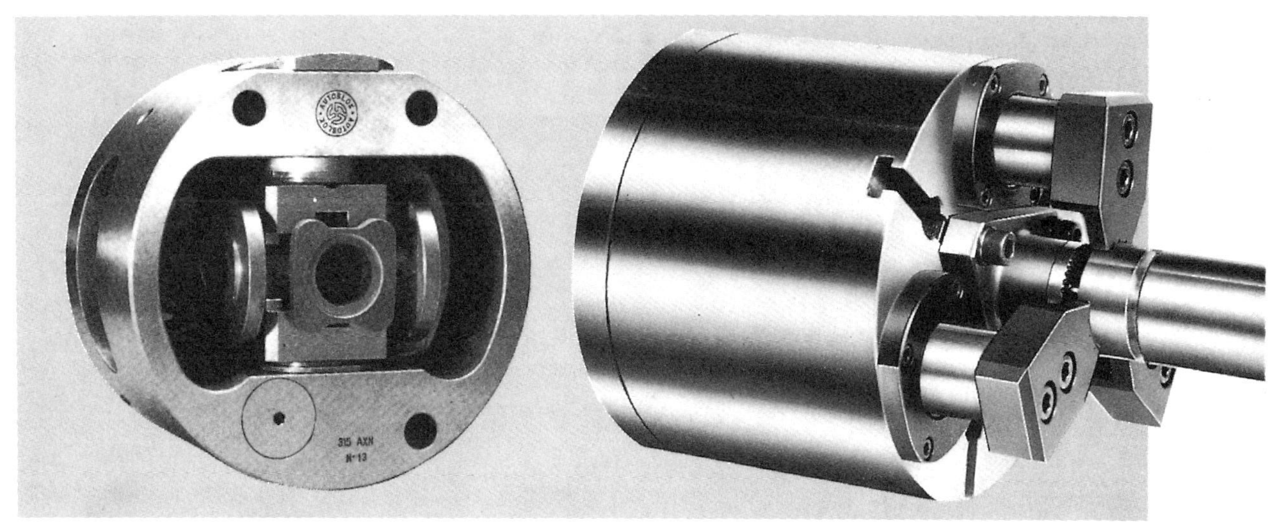

<table>
<tr><td align="center">사진 8 인덱스 척</td><td align="center">사진 9 페이스 드라이버 척</td></tr>
</table>

페이스 드라이버만으로 척 파지 부분을 가공한 다음, 척 조를 전진시켜 강력히 물고 전가공(중절삭)을 한다.

양 센터에 대한 동심도가 0.001 mm 이내의 높은 정밀도가 필요할 경우, 다시 조를 후퇴시켜 페이스 드라이버만으로 전다듬질 가공을 함으로써 보다 높은 정밀도를 얻는다.

컷 사진도 콤비네이션 척의 예로서 외주부와 중심부에 척 조가 있다. 토크 컨버터 가공용의 척에서 외주의 파지부가 작아 외주의 조(爪)만으로는 가공물의 파지력 부족이나 이탈이 예상되기 때문에 토크 컨버터 축부를 외경용 핀 아버 척으로 물도록 한 것이다.

이러한 특수 척의 경우는 척 이외의 주변 기기, 예를 들면 실린더 등도 특수한 것이 되며 이것들에 대한 대응도 필요하다.

콜릿의 특성을 알고 올바르게 사용하자

　　콜릿 척은 기계에 맞추어 설계하는 형으로 발달해 왔기 때문에 매우 수많은 종류가 있다. 그러나 콜릿은 가공물이나 주축의 형상에 따라 어느 정도 제한되기 때문에 선택하는데 그만큼 망설이는 것은 아니다.

　　그래서 콜릿의 기본적인 메커니즘이나 성능, 그것을 올바르게 사용하기 위해서는 어떻게 주의하면 되는지 등에 관하여 생각해 본다.

　　콜릿 척은 용도별로 보면 가공물을 고정하는 것, 절삭 공구를 고정하는 것 그리고 반송용 등으로 나누어지지만 여기서는 선삭용을 중심으로 콜릿의 특징이나 선택 방법, 실용적인 사용 방법에 관하여 살펴 보기로 한다.

콜릿 척의 종류

　　선삭 가공에 사용하는 콜릿 척은 형상에 따라 나누면 압출형, 인입(引込)형, 정지(靜止)형, 내장(內張)형이 있다. 이들 중 압출형, 인입형, 정지형은 가공물의 외경을 처킹하는 것이고 내장형은 가공물의 내경에 끼워서 콜릿을 벌려 내경을 지지하는 것이다.

콜릿을 제작면에서 보면 인입형이 가장 정밀도를 내기 쉽기 때문에 종류도 가장 많다. 그 다음으로 많은 것이 정지형, 가장 적은 것이 압출형인데 주로 터릿 선반에 사용되어 왔지만 현재는 거의 사용되지 않는다.

(1) 압출형

압출형은 **그림** 1과 같이 척 플런저로 콜릿의 후부 끝면을 밀고 주축의 선단에 고정된 스핀들 캡(앞 캡)의 테이퍼부를 밀면서 조여진다. 역으로 풀 때는 척 플런저를 당기면(후퇴시키면), 콜릿은 자신의 스프링 특성으로 벌어진다. 이 형식은 콜릿이 밀려져 테이퍼에 따라 가공물을 조이기 때문에 가공물의 지름이 고르지 않으면 콜릿의 돌출량도 달라지기 때문에 길이가 정확해야 하는 가공물의 경우는 조금 문제가 있다.

(2) 인입형

그림 2와 같이 콜릿 후부에 나사를 이용하여 드로 바에 의해 인입(당겨넣음)한 후 주축 또는 테이퍼 슬리브의 테이퍼를 이용하여 조이는 것으로서 가장 일반적인 기구라 할 수 있다. 바 워크(bar work) 등에서는 이 방법이 흔히 사용된다.

또한 이 형식은 압출형과 마찬가지로 가공물들의 지름이 고르지 못하면 그로 인해 인입량도 달라지기 때문에 콜릿은 독립적인 스토퍼를 붙이지 않으면 가공물의 돌출 길이가 불균일해진다. 길이가 정밀해야 할 때는 주의를 요한다.

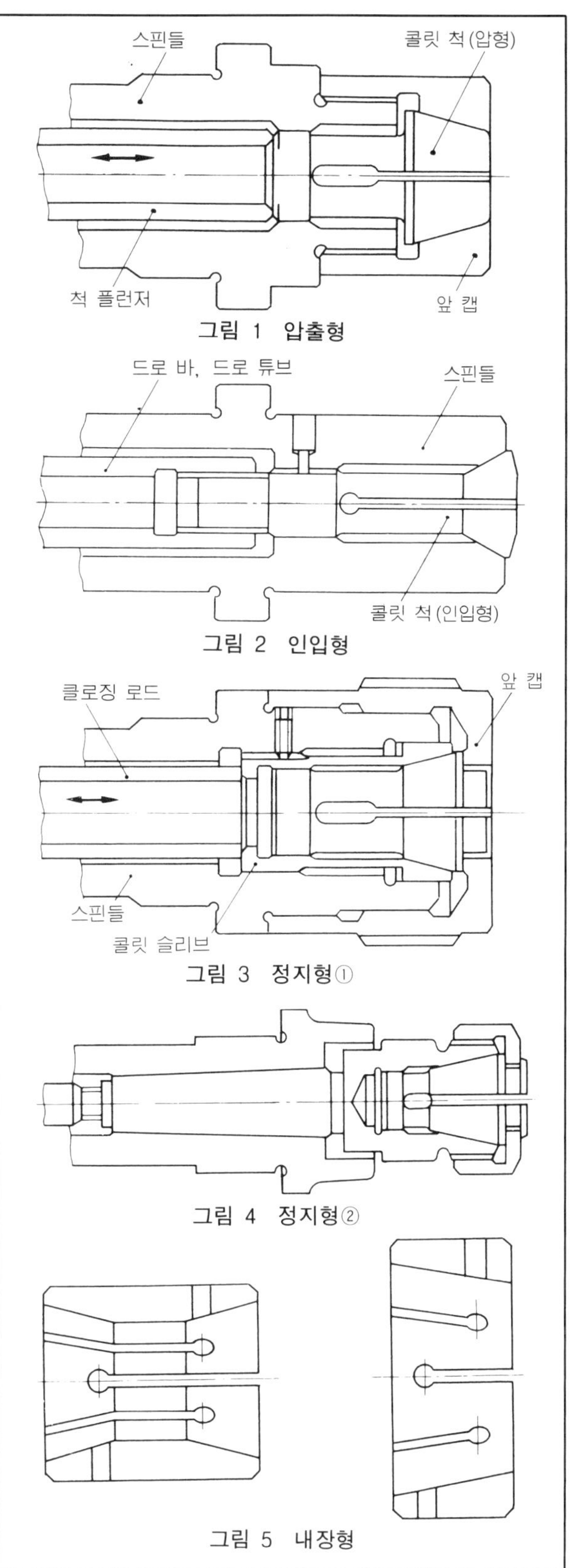

그림 1 압출형

그림 2 인입형

그림 3 정지형①

그림 4 정지형②

그림 5 내장형

제작상 특히 곤란한 문제는 없고 상당히 고정밀도의 것까지 제작이 가능하다. 그러나 나사의 편심이나 굽음이 있는 것, 대형 박육의 것 등은 나사부의 진원도가 변화한다거나 찌그러져서 정밀도에 큰 영향을 미치게 된다.

(3) 정지형

정지형은 **그림 3**과 같이 클로징 로드를 작동하여 콜릿 슬리브를 조이는 것이다. 이것은 압출형이나 인입형과는 달리, 콜릿 자체는 전혀 움직이지 않는다. 따라서 가공물들의 지름 불균일에 따라 가공물의 돌출 길이가 달라진다는 결점이 없다.

또한 콜릿에 직접 압축력을 가하지 않고 조여지기 때문에 콜릿의 내구성에 미치는 영향도 없다.

제작 공정에서도 사용시와 마찬가지 상태로 가공되기 때문에 매우 고정밀도의 것을 기대할 수 있다. 그러나 주축 내부에 콜릿 슬리브를 갖추어야만 하기 때문에 주축 내경에 비해 척 능력이 약간 제한된다.

이 정지형 콜릿을 밀링 머신이나 드릴링 머신 등에서 주로 절삭 공구용 척으로서 사용함으로써 자동 개폐 등이 필요없는 경우는, **그림 4**와 같이 어댑터내에 콜릿 척을 삽입하고 두부의 너트를 조여 사용하는 경우도 있다.

(4) 내장형

내장형에도 여러 가지의 형상이 있기 때문에 한 마디로 특징을 거론할 수는 없다. 그러나 공통적으로 말할 수 있는 것은 가공물의 내경을 인장하여 지지한다는 것이다.

그림 5와 같이 슬리팅이 양쪽에 모두 있는 것은 가공물의 내경 양쪽을 균일하게 지지할 수가 있어 한쪽으로 치우치지 않는 내경 인장 방식으로 고안되어 있다.

콜릿과 주축의 끼워 맞춤이 중요

콜릿의 적합 여부 판단 기준은 진동 정밀도와 내구성으로 대표된다고 할 수 있다. 이 내구성에 관해서는 사용 빈도 등의 조건에 따라 다르지만 진동 정밀도는 JIS에서 A, B, C급으로 규정되어 있다. 콜릿 메이커에 따라서는 AA급이라고 하는 더욱 고정밀도의 것까지 규격화하고 있다.

콜릿을 사용하여 정밀도를 정확히 내기 위해서는 콜릿의 정밀도만을 문제 삼아서는 헛일이다. 콜릿에 있어서 가장 정밀도가 요구되는 부분은 테이퍼부와 뒷쪽의 동경(胴徑)부인데 이것이 아무리 정확해도 기계 주축의 테이퍼와 동경부의 끼워 맞춤 부분의 정밀도가 양호하지 않으면 안된다.

콜릿은 테이퍼와 동경부를 기준으로 하여 실제로 가공물을 고정하는 것과 동일한 상태로 지그를 사용하여 내경부를 연삭하여 다듬질한다. 그러므로 콜릿 자체는 정밀도가 정확하다고 생각해도 좋다.

그러나 처음부터 주축과 콜릿 둘다 콜릿 메이커에서 만들면 좋겠지만 가공물의 지름이 변했다든가, 콜릿이 마모하여 새로운 콜릿으로 바꾼 경우에는 주축에 관계없이 결국 기계 메이커가 제작한 콜릿뿐만 아니라 양산용으로 만든 시판품을 사용하게 된다.

그러나 시판품은 JIS 규격에 근거하여 정해진 공차 내에서 제작되기는 하지만 때로 주축과의 매칭에 문제가 있어 정밀도가 나지 않는 경우가 있다.

정밀도를 정확히 내고 싶을 때는 콜릿만 양호한 것을 사용해도 허사이며 주축의 정밀도, 예를 들면 진동이나 치수 등을 체크한다. 다시 말해 조이는 것이므로 반드시 한쪽으로 치우쳐 마모한다든가, 진원으로 되어 있지 않는 경우가 많기 때문이다.

이러한 경우, 주축을 연삭할 필요가 있다. 그리고 경질 크롬 도금 등을 실시하여 정규의 치수로 다듬질해야 한다. 또는 주축을 연삭한 그대로의 치수를 콜릿 메이커에게 알려 줄 필요가 있다.

가공물의 치수가 고르지 않아도 결국 정밀도에 영향을 미친다. 적절한 지름의 가공물이면 정밀도가 나오지만 조금만 고르지 못해도 정밀도가 나오지 않는 수가 있다. C급의 콜릿을 사용하는 경우에도 가공물을 ±0.025 mm 정도의 범위 내로 불균일을 억제할 필요가 있다.

콜릿의 특성을 잘 알지 못해, 예를 들어 ϕ10 mm의 가공물을 고정하는데에 ϕ10.2 mm 구경의 콜릿을 사용해도 정밀도가 나오지 않는다. 기본적으로 콜릿의 구경은 가공물의 지름과 같다.

실제로는 제작상의 문제나 가공물의 치수에 불균일이 있기 때문에 공차가 정해져 있다. 그러나 지름면에서 0.05 mm 이내에 들지 않으면 정밀도를 기대할 수는 없다. 특히 AA급의 정밀도를 원하는 경우에는 가공물의 전가공을 정확히 하여 가공물 치수의 불균일을 억제하는 등 공차를 엄격하게 설정하는 것이 중요하다.

콜릿의 접촉 상태에 주의

일반적으로 테이퍼의 각도는 그림 6과 같이 콜릿이 30°±10′, 주축이 29°30′±10′으로 되어 있다.

테이퍼는 일반적으로 수 십%의 모든 접촉이 있어야 하지만 콜릿의 경우는 별로 상관이 없으며 테이퍼의 소직경쪽이 아니라 대직경쪽에서 접촉하게 되어 있으면 문제가 없다.

그림 7(1), (2), (3)을 보자. (1), (2)와 같이 테이퍼의 대직경부에서 접촉하고 있으면 중심 진동의 정밀도가 좋고 파지력도 충분히 나온다. 특히 신품일 때는 (2)와 같은 상태가 되며 어느 정도 사용하면 서서히 길들여져 (1)과 같이 접촉 면적이 넓게 된다.

그러나 **그림** 7(3)과 같이 소직경 부분에서 접촉하면 파지력도 없고 채터링 등의 원인이 된다.

육안으로 봐도 어느 정도 사용한 것이면 이러한 접촉 상태를 볼 수가 있다. 적정하게 사용되고 있는지 주의해서 보아야 한다.

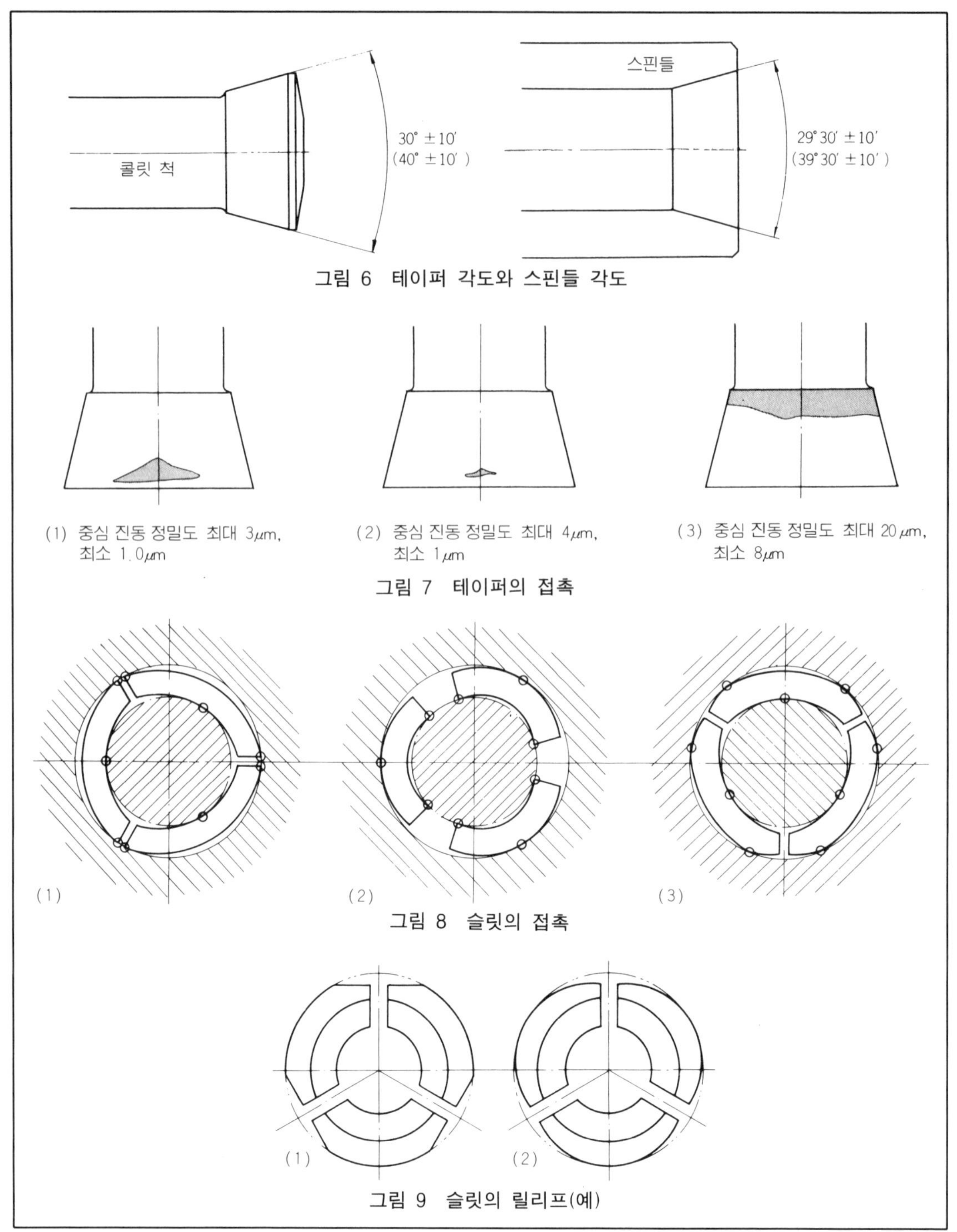

그림 6 테이퍼 각도와 스핀들 각도

(1) 중심 진동 정밀도 최대 3μm,
    최소 1.0μm

(2) 중심 진동 정밀도 최대 4μm,
    최소 1μm

(3) 중심 진동 정밀도 최대 20μm,
    최소 8μm

그림 7 테이퍼의 접촉

(1)

(2)

(3)

그림 8 슬릿의 접촉

(1)

(2)

그림 9 슬릿의 릴리프(예)

그림 7(3)의 상태는 콜릿의 구경보다 매우 작은 지름의 가공물을 무는 경우에 일어난다. 이 때는 콜릿을 끝면 쪽에서 보면 그림 8(1)처럼 슬릿 부분이 외주에서 스핀들과 접촉해 있는 것을 알 수 있다.

이러한 상태에서는 파지력이 거의 나오지 않는다.

 그림 8(2)도 콜릿 구경보다 소직경의 가공물을 물었을 때의 접촉 상태인데 (1)에 비해 외주의 슬릿 부분이 접촉해 있지는 않지만 가공물을 슬릿 부분이 물고 있기 때문에 역시 양호하지 못하다.

 그림 8(3)이 정상적인 접촉 상태이며 콜릿의 테이퍼나 가공물의 지름이 정상이면 이렇게 된다. 그래서 **그림 8(1)**처럼 슬릿 부분이 스핀들에 닿지 않도록 이 부분을 평면으로 하는 방법이 있다(**그림 9(1)**). 또한 클로버 연삭이라는 특수 연삭법으로 슬릿 부분을 클로버형으로 하여 이러한 접촉을 피해 가는 방법이 취해지고 있다(**그림 9(2)**).

 사진 1은 옆에서 보면 슬릿부로 갈수록 능선이 가늘어지고 있다. 클로버형으로 연삭되어 있기 때문이다.

사진 1 능선은 슬릿에 가까와짐에 따라 가늘어지고 있다

구경의 형상과 슬릿과의 관계

 콜릿의 기능을 최종적으로 크게 좌우하는 것이 척 부분이다. 조임성이나 정밀도, 내마모성 등에 크게 영향을 미치기 때문이다. 또한 가공물도 각각 상이한 재질, 형상을 가지며 지름도 불균일하기 때문에 콜릿 구경의 형상이나 치수 공차, 릴리프의 종류, 슬릿 방법 등의 선정에는 특히 주의해야만 한다.

 슬릿의 방법은 **그림 10**과 같이 구경 부분의 형상이나 크기에 따라 3분할, 4분할 등 여러 가지가 있다. 이것은 어느 것이 가장 좋다고 하는 것이 아니라 구경이나 파지력 등에 의해 여러 가지로 고안되는 것이다.

 예를 들면, **그림 10(2)**, (3), (4)와 같이 동일한 4각형이라도 슬릿을 (4)처럼 했을 때는 4각의 구경이 작아 각이 정확히 나오지 않으며, 이 경우는 (3)과 같이 변부분을 자르며 또한 (7)이나 (8)과 같이 구경부가 편심일 때는 기본적으로 슬릿의 중심을 (8)과 같이 맞춘다.

 그러나 구경의 크기나 편심량에 의해 구경부의 분할이 매우 부등분하게 될 때는 (7)과 같이 구경의 중심에 슬릿이 오도록 한다든가, 경우에 따라서는 고의로 부등분으로 하여 그 콜릿의 요구에 대응하여 여러 가지의 선택을 한다.

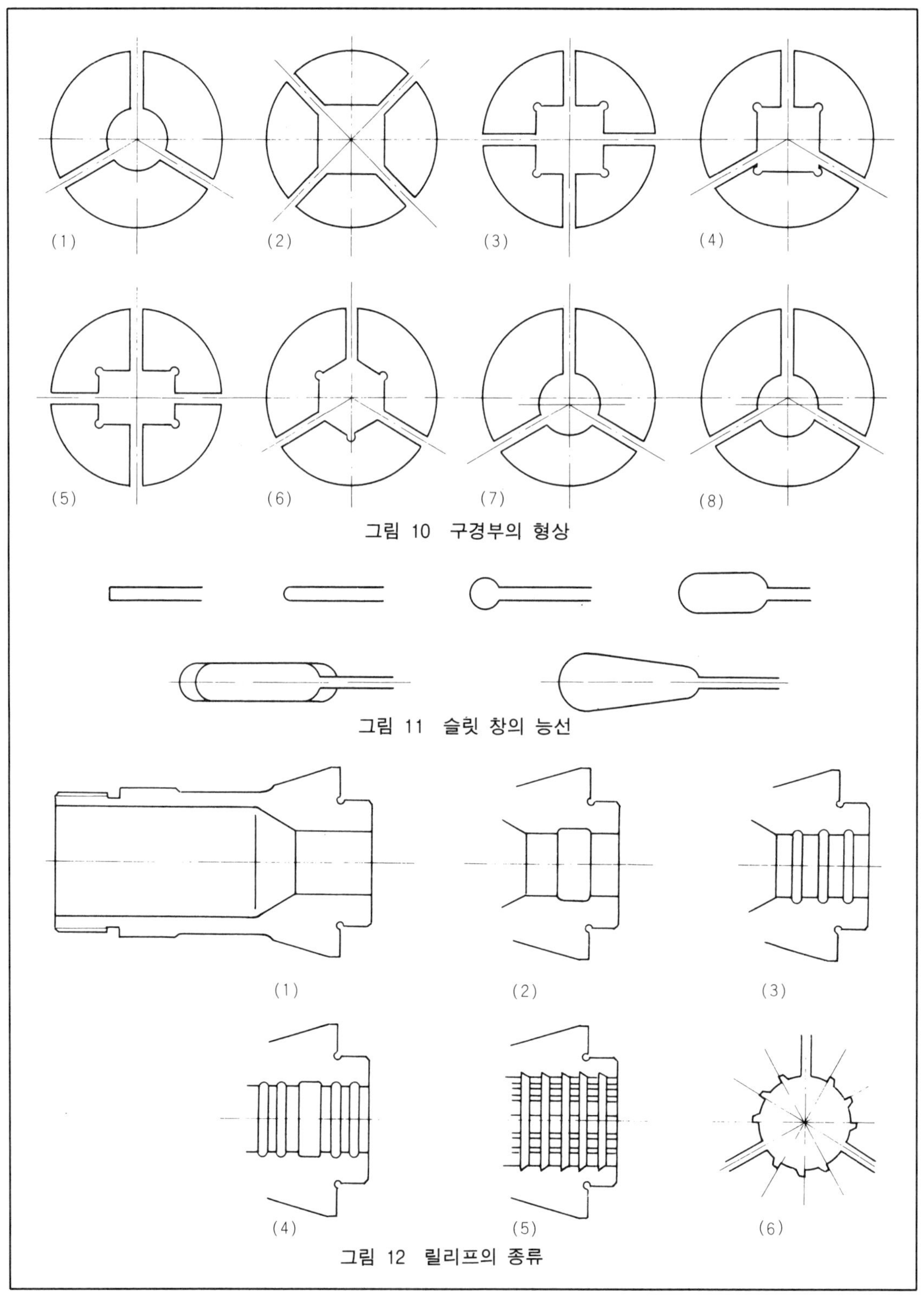

그림 10 구경부의 형상

그림 11 슬릿 창의 능선

그림 12 릴리프의 종류

분할의 수도 파지력에 따라 다르며 3개 또는 4개가 아니라 작은 힘으로 물기 위하여 10등분, 20등분하는 콜릿도 있다.

콜릿의 허리를 조절한다

이 파지력을 적정하게 하기 위해서는 슬릿의 수뿐만 아니라 기본적으로는 콜릿의 허리가 문제로 되는데 여기에 강한 것도 있고 약한 것도 있다. 담금질 경도도 구경부가 단단하지 않으면 곤란하기 때문에 HRC 40 정도와 스프링성을 갖도록 한다.

또한 경도뿐만 아니라 콜릿의 살두께(내경과 외경과의 차)도 두껍게 한다든가 반대로 얇게 하기도 하며 또한 **그림** 11과 같이 여러 가지 형의 슬릿 창을 뚫어 허리의 강도를 조절하고 있다.

콜릿의 개폐 횟수는 탄성 한도내에서의 사용시 피로 한도의 지수로부터 10^6(100만)회 정도까지는 괜찮다. 실제로 이 횟수 이상 사용한 예도 있지만 콜릿의 허리 부분은 인간과 마찬가지로 굽힘이나 인장, 비틀림 등 많은 힘이 작용하기 때문에 수명은 사용 방법이나 조건에 따라 다양하다.

구경의 릴리프를 취하는 방법

콜릿 구경부에서 또 하나의 중요한 것이 릴리프이다. 릴리프가 없으면 가공물들의 형상이 고르지 못한 경우나 이물이 들어갔을 때에 콜릿과 가공물이 접촉이 좋지 않아 파지력이 나오지 않는다든가 중심 진동의 원인이 된다.

이 릴리프를 취하는 방법도 여러 가지이다. **그림** 12처럼 여러 가지의 형상이 나와 있다.

이 형상도 가공물에 따라 달라지지만 예를 들면, **그림** 12(2)처럼 한 가운데를 릴리프하는 것은 제작상의 편리를 고려한 것이다.

또한 (3)이나 (4)처럼 가로 홈을 판 것은 축 방향으로 힘이 드는 가공을 하는 경우에 가공물이 기어 들어가지 못하도록 파지력을 증가하는 작용을 가지게 한 것이다.

이 홈의 수나 형상은 가공물의 재질이나 전가공의 상태 등을 고려하여 결정한다.

그림 12(5)와 같이 홈이 가로·세로로 파져 있는 것은 축 방향, 축과 수직 방향의 양방향의 파지력을 증가하기 위한 것이다. 이것은 중절삭용이며 일반적으로 흑피 가공물과 같이 콜릿의 조(爪) 자국이 남아 있어도 지장이 없는 것에 사용한다.

얇은 것을 선삭할 때의 고정사례

선삭 가공에 있어서의 작업을 크게 분류하면 고정, 절삭, 측정으로 나누어진다. 절삭의 경우에는 최근, 우수한 절삭 공구가 많이 나오고 있다. 예를 들면, 세라믹스, 다양한 코팅 스로어웨이, CBN, 다이아몬드 등이다. 이들 절삭 공구를 피삭재나 형상에 맞추어 선택하면 편리하게 절삭할 수가 있다.

또한 측정에 있어서도 디지털 표시로 숙련도에 상관없이 정확한 측정을 할 수가 있다.

그러나 고정에 있어선 재질이나 부품 형상에 따라 다양한 고정구나 고정 방법이 고안되지 않으면 요구 정밀도를 만족시키는 가공을 할 수 없다. 이로 인해 최근의 선삭 가공에서는 고정구나 고정 방법을 고안해 내는 기능이 중요하게 된다.

● 고정 포인트

동일한 기계 가공에서도 윤곽 절단기처럼 한 방향으로만 힘이 걸리고 또한 정밀도가 요구되지 않는 가공에서는 고정이 필요 없지만 선삭 가공에서는 고정하지 않고는 가공이 불가능하다.

그러면 어떤 점에 포인트를 줄 것인가?

① **확실한 고정** : 먼저 안전성을 생각한다. 회전시켰을 때에 가공물이 튀어 나오지 않을 것, 그리고 절삭 저항에 충분히 견디며 작업에 방해가 되지 않을 것 등을 생각한다.

② **변형(뒤틀림)이 발생하지 않는 고정** : 확실한 고정이더라도 필요 이상으로 강하다거나 고정 장소나 고정 방법이 나빠 가공물에 변형이 생기는 고정은 피해야만 한다.

③ **능률적인 고정** : 아무리 좋은 방법이더라도 고정, 해체가 어렵고 숙련을 요한다든가 능률이 나쁘면 많은 수의 가공에는 사용할 수가 없다

④ **저가로 만들 수 있는 고정** : 고정구를 제작하는 경우에 가능한 한 단기간에, 그리고 저코스트로 만들어야만 한다

이와 같은 점을 고려하면서 부품 형상에 맞는 고정을 생각해 내야만 한다. 여기서는 박물 가공의 대표적인 것으로서 박육(薄肉) 파이프상(狀)의 것과 박육 판상(狀)의 것을 예로 들어 가공 공정을 생각하면서 고정구와 고정 사례를 소개한다.

● 박육 파이프 모양의 부품

그림 1과 같은 알루미늄재의 부품이 100개 있으며 동일한 부품 가공을 하는 일이 종종 있다. 이 부품 가공에서 주의해야 할 것은 $\phi 58\,H\,6$과 $\phi 63\,f\,7$과의 동축도가 0.02 이하라고 하는 요구와 변형이 문제가 된다고 생각하는 $\phi 63\,f\,7$의 진원도를 0.01 이하로 요구하고 있다는 점이다. 거기에 박물 가공에 늘 따라다니는 채터링 대책도 필요하다.

(1) 소재의 고정

이와 같은 박물류의 가공에서는 부품에 일단 변형이 가면 그것을 제거하기가 어렵다. 제 1 공정에서는 소재를 처킹하기 때문에 특히 주의가 필요하다.

여기서 생각할 수 있는 처킹의 방법에는 3조 스크롤 척으로 무는 방법, 소재 외경을 조임 임시 보조구(이하 보조구라 한다)로 무는 방법, 소재 내경을 벌림 보조구로 무는 방법 등을 생각할 수 있다. 그러나 소재의 내경, 외경에는 0.3 정도의 변형이 있기 때문에 보조구를 사용해도 좋은 결과를 내기는 어렵다. 그래서 제 1 공정에서는 작업 능률을 고려하여 3조 척을 사용하여 고정하였다.

단, 3조 척에서는 변형이 크기 때문에 고안이 필요하다. 그래서 **그림 2**와 같이 코어(소재 내경보다 0.2~0.3 mm 작은 외경을 가진 튼튼한 것)를 넣고 처킹하면 변형량을 적게 할 수도 있고 조임의 일손 가감도 더 간단하게 된다.

또한 가공 장소는 척의 조(爪)로부터 가능한 한 먼 곳을 가공하기로 한다.

이런 식으로 소재를 처킹하는 박물 가공에서는 부품 치수로 다듬질하는 가공을 피하고 덧붙임 가공을 생각해 보는 것이 요령이다. 이 부품 가공에서는 소재 내경을 M59 P0.75의 덧붙임 가공을 하였다.

나사 절삭 횟수 2~3회로 토핑 체이서를 사용, 느슨하게 절삭하여 끝면과 동시 가공을 한다.

(2) 덧붙임 나사에 의한 고정

다음 공정은 덧붙임 나사에 의한 보조구 가공이다. 나사 보조구 작업에서는 절삭 저항이 큰 황삭 가공을 하면 나사가 조여져 부품의 제거가 어렵게 된다.

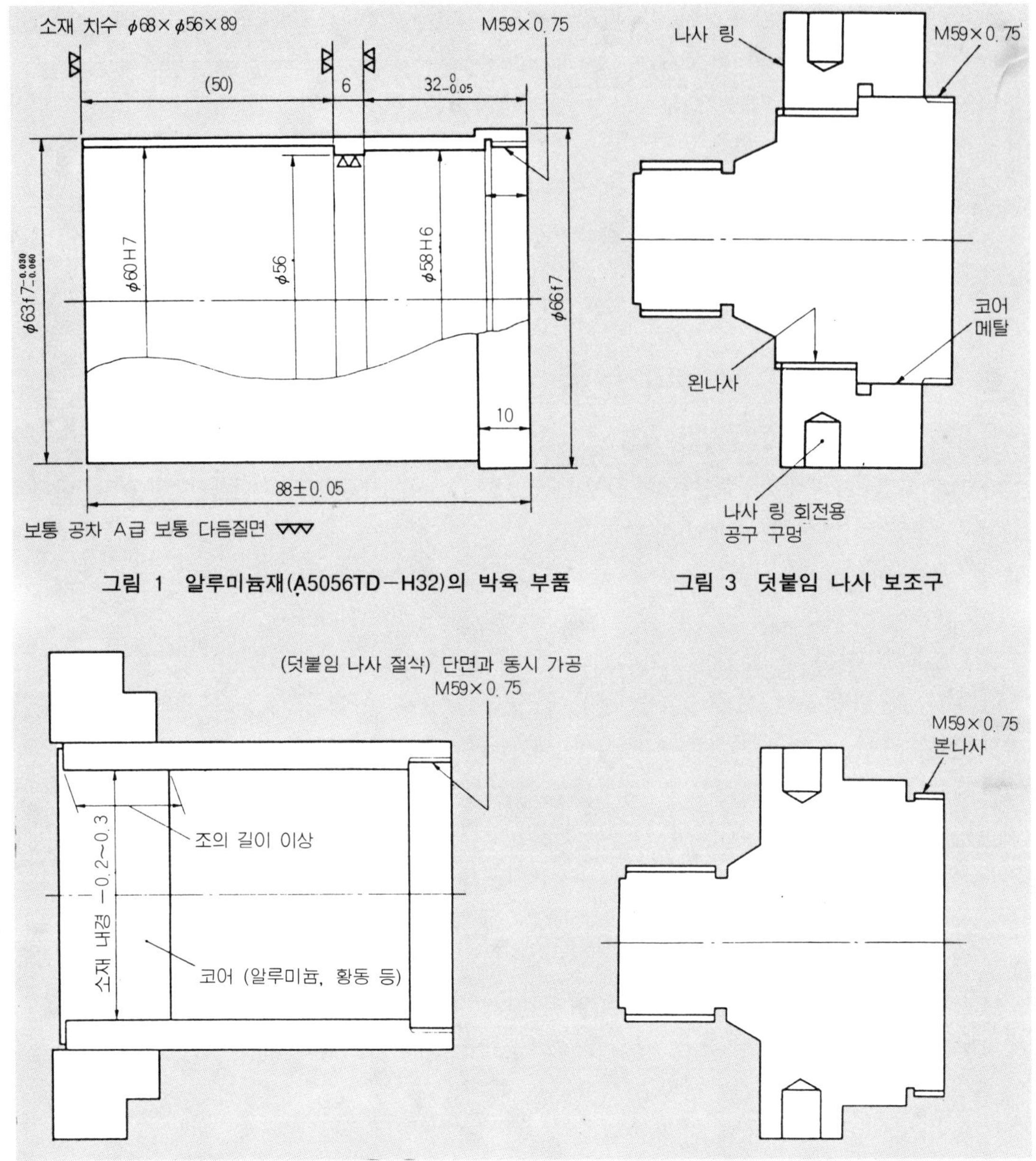

그림 1 알루미늄재(A5056TD−H32)의 박육 부품

그림 3 덧붙임 나사 보조구

그림 2 덧붙임 나사 절삭 「코어」

그림 4 본나사 보조구

그래서 고정, 해체를 용이하게 하기 위하여 여러 가지의 방법이 고안되어 있다.

① 유압, 공압 등을 이용하여 나사 끝면이 닿는 부분을 스러스트 방향으로 슬라이드시켜 간극을 둔다.

② 나사 부분을 유압이나 공압으로 슬라이드시키는 방법

③ 왼나사와 코어, 끝면을 이용하여 정밀도를 확보하면서 나사 끝면을 슬라이드시키는 나사 링을 이용하는 것

④ 나사 끝면이 닿는 부분을 링모양으로 하여 부품과 함께 링을 돌려 나사를 조이는 방법

이번의 부품 가공에서는 ③의 방법을 채택하여 **그림 3**과 같은 임시 보조구를 사용하였다.

(3) 덧붙임 나사 보조구에 의한 가공

덧붙임 나사 보조구를 사용한 가공에서는 M 59 본나사측으로부터 전체적으로 황삭을 해 두고 ϕ60H 부도 덧붙임 나사 바로 옆까지 황삭을 해 둔다.

다듬질 가공에서는 덧붙임 나사 변형의 영향을 가능한 한 받지 않도록 나사가 세게 조여지는 가공은 피한다. 확실한 보조구를 동원하면 중심 진동이 5 μm 정도 이내에 충분히 들어 갈 수 있기 때문에 동시 가공에서도 공정을 나누어도 문제가 없다고 생각한다.

단, M 59 본나사를 가공하는 경우는 나사와 끝면을 동시에 가공하는 편이 후공정에서 좋은 결과가 나온다.

(4) 본나사 보조구에 의한 가공 방법

반대측(ϕ60H7)의 가공에는 다음과 같은 방법을 생각해 볼 수 있다.

① M 59 본나사를 보조구로 처리하는 방법

② M 59 본나사와 ϕ58H6 내경을 코어 메탈로 한 보조구

③ ϕ58H6부를 벌리는 보조구

그러나 박육물 가공시에 조임 보조구나 벌림 보조구를 사용하면 부품이 보조구 등분할과 동일한 수의 4~8각형으로 다듬질되는 것을, 진원도 측정기로 측정해 보면 알 수가 있다.

또한, 코어 보조구를 사용해도 보조구 내경의 변형에 영향을 받아 진원도에 문제가 생기기 쉽게 된다.

여기서는 ϕ63 f 7 부분의 진원도 0.01 이하를 만족시키기 위하여 ① 의 본나사 보조구를 사용하는 방법(**그림 4**)으로 ϕ60 측의 다듬질 가공을 했다.

이와 같은 고정구를 사용했지만 이러한 보조구를 매번 만드는 것은 코스트면에서 문제가 있다. 그리고 동일한 부품 가공에 재사용 또는 응용할 수 있도록 보조구의 고정 부분에 나사와 테이퍼를 갖게 하여 재고정시의 보조구의 정밀도를 확보하고 있다.

이 나사와 테이퍼를 **그림 5**와 같은 원(元)보조구에 고정하도록 하고 있기 때문에 재사용의 고정 정밀도는 5 μm 이하이다.

(5) 채터링 대책

이 부품 가공에서는 고정을 나사 보조구로 했지만 나사 보조구는 조임 보조구, 벌림 보조구, 코어 보조구 등에 비해 보조구와 부품의 접촉 면적이 작기 때문에 부품의 대부분이 떠(浮)있게 된다. 따라서 박육 부품에서는 채터링이 생기기 쉽다.

잠시 채터링의 대책을 생각해 본다.

고무에는 진동을 흡수하는 성질이 있기 때문에 이 성질을 이용하여 외경 절삭시에는 부품 내경에 내유성의 두꺼운 고무를 넣는다.

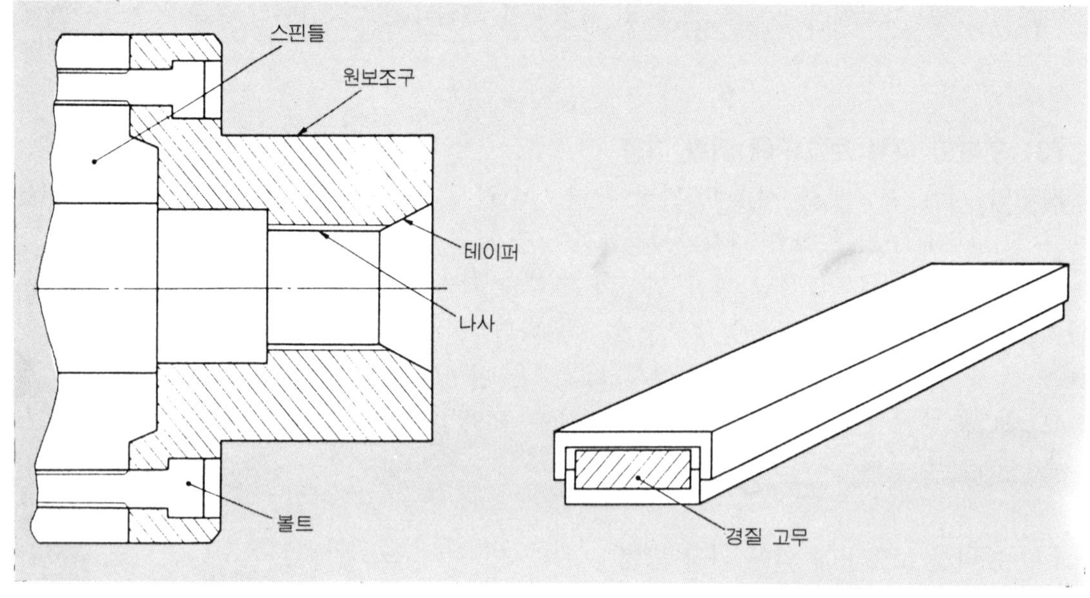

<table>
<tr><td align="center">그림 5　원(元)보조구</td><td align="center">그림 6　방진용 특수 라이너</td></tr>
</table>

　또한 내경 절삭시에는 외경에 고무를 감고 그 위에 비닐 테이프를 감아 사용한다. 이 방법은 여러번 사용할 수 있고 채터링 대책으로서도 유효하다.

　그 밖에도 바이트나 보링 홀더는 가능한 한 굵은 것을 사용한다든가, 초경 홀더를 사용하는 등의 대책이 있다.

　그림 6과 같은 경질 고무를 이용한 라이너(깔판) 등도 좋다.

　특히 박육물의 내경 가공에서는 채터링이 부품과 절삭 공구 양쪽에 생기기 쉽기 때문에 양쪽에 대한 연구가 필요하다.

● 박육 판상의 부품

　박육물의 또 하나의 가공에 박판상의 부품이 있다. 박판물의 가공에서도 변형(휨)과 채터링, 그리고 처킹의 어려움이 있다.

　여기서는 **그림 7**과 같은 부품을 두께 15 mm, 치수 200×200 mm의 알루미늄재를 사용하여 60개 가공한다. 외관에 흠이나 찍힌 자국이 없어야 한다는 조건이 붙어 있다.

(1) 소재의 고정

　소재가 4각 판이기 때문에 선삭에서 처킹하기 쉽도록 둥글게 하는 쪽을 생각해 볼 수 있다. 4각을 무는 방법에는 4조 단동 척의 사용, 2조 스크롤 척의 사용, 면판의 이용, 면조임(面締) 보조구의 사용, 전문 보조구의 제작 등 여러 가지의 방법을 생각할 수 있다.

　고정이 간단하여 센터링에 시간이 걸리지 않고 보조구 제작비를 감안하면 면조임 보조구가 적합하다고 생각된다.

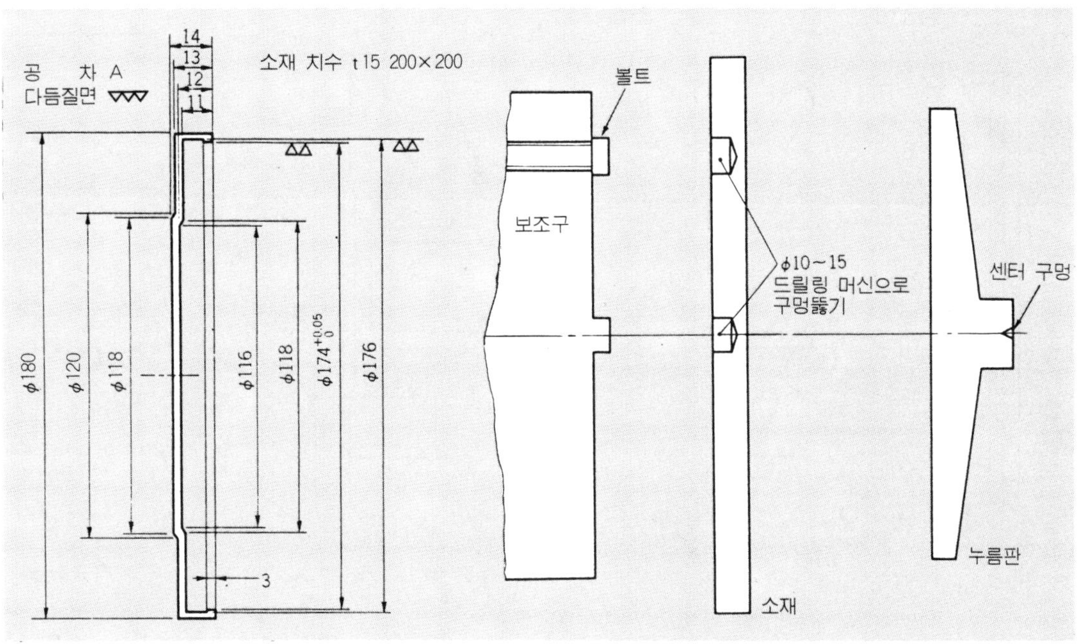

그림 7 박판(알루미늄판)의 가공   그림 8 면조임 보조구

(2) 면조임 보조구에 의한 고정

그림 8과 같은 면조임 보조구를 생각해 보았다. 경절삭이나 구멍이 뚫린 박판의 가공에서는 흔히 이용되고 있지만 이 부품 가공에서는 세로 돌파(축 방향의 돌파) 공정에서의 절삭 저항이 커서 처킹을 단단히 하지 않으면 공전해 버린다.

그래서 소재에 드릴링 머신으로 구멍을 2군데 뚫어 둔다. 중심에 ϕ10~15 mm, 깊이 8 mm 정도의 구멍, 외측(부품 내경내)에 또 하나의 구멍을 뚫어 둔다.

중심의 구멍을 면 보조구의 凸부에 넣어 센터링에 사용하고 외측의 구멍을 면 보조구의 볼트에 넣어 공전을 방지하게 한 후, 누름판을 대어 중심에서 누른다.

이 보조구로 세로 돌파를 한다. 이 때 주의해야 할 점은 세로 돌파 후의 폐재가 반드시 이어지도록 돌파 바이트의 폭을 정한다는 것이다.

다음에 ϕ180 mm에 다듬질 여유를 남기고 보조구용으로 중간 다듬질을 한다. 이 때 끝면 부분도 조금 절삭해 둔다.

(3) 조임 보조구에 의한 고정 ① (내측 황삭)

외경 ϕ180 mm를 조임 보조구로 물고 내측을 황삭한다. 가공 여유가 많기 때문에 보조구는 **그림 9(a)**와 같이 깊게 만들지만 이 보조구에서는 부품의 약한 부분이 세게 조여져 끝면의 변형(휨)이 크게 되므로 다듬질 여유는 변형량을 보면서 결정한다.

(4) 조임 보조구에 의한 고정 ② (외측 다듬질)

외측을 다듬질할 때는 휨과 다듬질면에 주의해야만 한다.

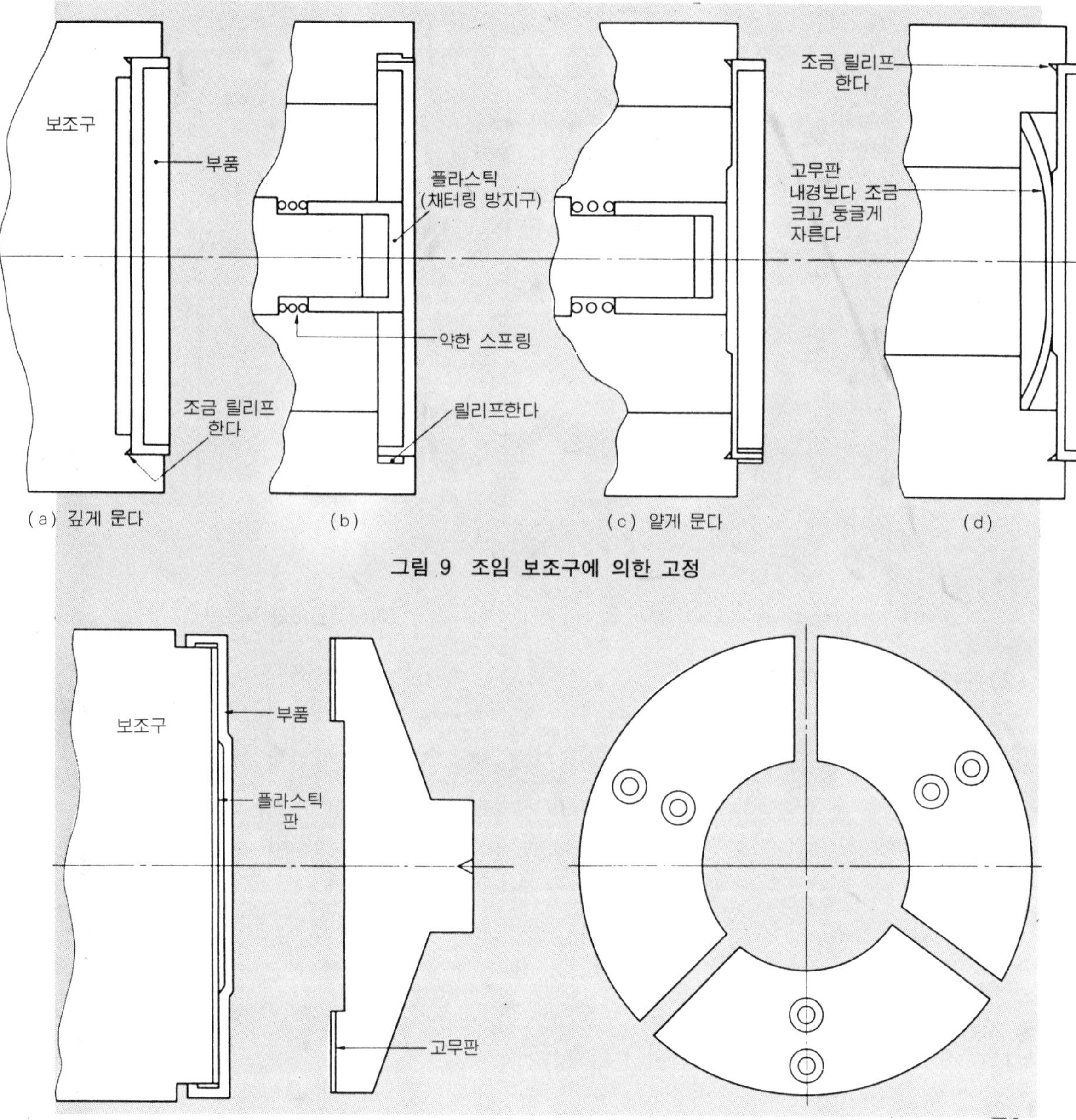

그림 9　조임 보조구에 의한 고정

그림 10　코어 메탈 면조임 보조구

그림 11　3조 스크롤 척 생조

　휨 문제에 대해서는 **그림 9**(b)와 같이 보조구를 깊게 파서 약한 부분을 보호한다. 또한 채터링 대책으로는 보조구의 중심부에 플라스틱 누름판을 만들어 붙이고 이 누름판을 약한 스프링으로 밀어 항상 부품에 닿도록 한다.

　절삭 공구의 형상이나 절삭날의 예리함도 휨이나 채터링에 영향을 미친다.

(5) 조임 보조구에 의한 고정 ③ (내측 다듬질)

　내측 다듬질 가공도 조임 보조구를 사용한다. **그림 9**(c)와 같이 얕게 하여 부품의 강한

곳을 보조구에 고정함으로써 가능한 한 변형이 생기지 않도록 고안한 것이다.

채터링 대책은 외측 다듬질과 마찬가지이다.

또한 간단한 채터링 대책으로서 두꺼운 고무판을 둥글게 잘라 **그림** 9(d)와 같이 보조구의 내경에 넣고 고무의 반발력을 이용해도 좋다. 단, 고무가 단단하여 반발력이 너무 세면 부품에 변형이 생기므로 주의가 필요하다.

(6) 코어 조임 보조구에 의한 고정

ϕ 180 mm의 외경을 다듬질하는 경우는 벌림 보조구나 코어 보조구를 생각해 볼 수 있다. 이 부품에서는 박육이며 약한 부분의 처킹이기 때문에 변형이 생기지 않도록 코어 조임 보조구를 사용하였다.

그림 10과 같은 보조구를 만들어 부품의 다듬질 부분에 흠이 가지 않도록 누름판에는 고무판를 붙였다.

*   *   *

선삭 가공에서의 고정구의 개념과 박육물 가공의 고정 사례를 언급하였다. 특히 박육물 가공에서는 소재의 변형을 제거하는 것, 부품에 가능한 한 변형이 생기지 않는 고정을 고안하는 것이다.

예를 들면 소재의 변형을 제거하기 위해서는 어닐링(열처리) 등이 좋다.

가공에서의 변형을 적게 하는 고정 방법은 최초의 공정에서 소재를 파지할 때에 대해 고안하면 후공정이 쉬워진다. 예를 들면, 3 조 스크롤 척의 생조(生爪)에도 **그림** 11과 같은 생조를 사용하면 좋은 결과가 나온다.

동일한 처킹 압력으로 소재를 물어도 조가 닿는 부분이 점접촉이면 처킹 압력은 매우 커진다. 그래서 조의 접촉을 선 또는 면접촉으로 하고 또한 그 면적을 크게 하여 처킹 압력을 분산시킬 수 있다.

또한, 가능한 한 가공물에 처킹 압력이 걸리지 않는 고정구나 고정 방법을 생각해 보는 것도 중요하다.

아무튼 선삭 가공에서 가장 중요한 고정은 스스로 고안할 필요가 있다.

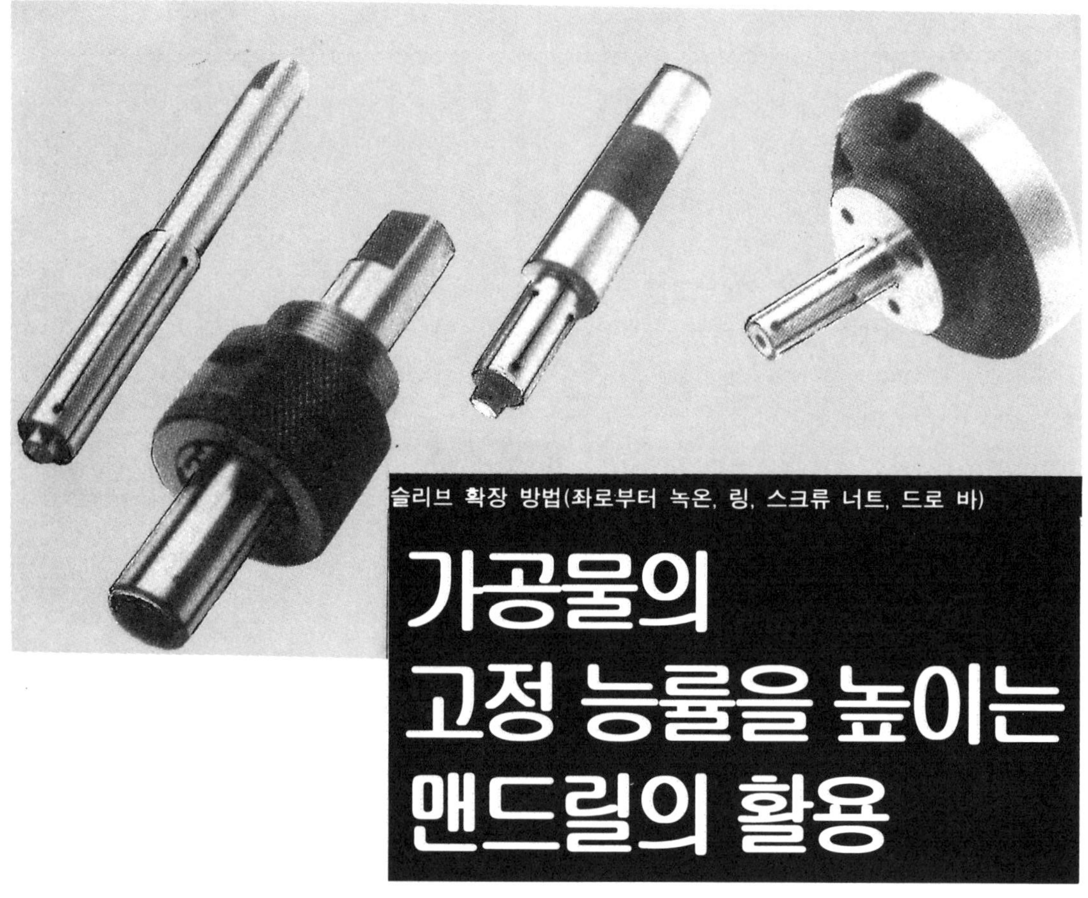

　기계 가공에서 절삭 시간 감소와 함께 큰 과제가 되고 있는 것이 세팅의 합리화이다. 가공물을 신속히 착탈하거나 또는 대량 생산시에 가공물을 신속하게 위치 결정하며 그리고 확실하게 물 수가 있다면 세팅 시간을 대폭 삭감할 수가 있다.

　여기서 소개하는 맨드릴은 파지하는 가공물의 가공 정밀도를 보증하면서 가공 순서를 간단하게 하고 또한 불량률을 저하시킬 수가 있어 세팅 시간의 단축에 대응할 수 있는 것이다.

맨드릴의 활용

　선삭에서 가공물을 고정하기 위해서는 척, 양센터, 솔리드형 맨드릴, 내장(內張)식 맨드릴 등의 방법이 있다.

　양센터 지지의 경우, 센터 구멍에서의 센터링이라는 간단한 조작과 그 다음 가공 중에 발생하는 회전 방향의 힘 받침대를 고정해 주기만 하면 된다. 그러나 1회의 세트업으로 가공물의 전장을 절삭할 수는 없다.

척에 의한 고정에서도 가공물의 외경 끝을 문다고 하는 조건때문에 1회의 조작으로 가공물 전장을 가공하는 것은 불가능하다.

또한 가공물을 반전하여 가공이 완료된 면을 물어야만 할 때가 있으며 이 때는 애써 가공한 가공면에 흠이 가지 않도록 충분히 주의할 필요가 있다.

또한 가공물은 일단 세팅 교체를 하면 중심이 틀어져 버리기 때문에 가공 정밀도가 저하하게 된다.

또한 척이 회전하면 원심력의 영향으로 조의 파지력이 저하한다는 문제점이 있다. 특히 고속 회전하는 가공물을 정확하게 가공하는 것은 상당히 어렵다고 한다.

솔리드형 맨드릴은 가공물의 내경에 맞추어 특별히 제작되어 있기 때문에 장기간에 걸친 생산에는 적합하지만 가공물의 축방향의 위치 결정이 거의 불가능하다는 문제점이 있다. 따라서 가공물을 교체할 때마다 절삭 공구의 위치를 바로 잡아야만 한다.

이와 같은 고정구에 비해 내장식 맨드릴은 대단히 합리적으로 고안되어 있다. 우선 가공물의 전장을 1회의 조작으로 가공할 수가 있기 때문에 세팅을 교체할 필요가 없고 높은 동심도가 얻어진다. 또한 세팅 시간을 절약할 수 있고 가공 정밀도의 향상이나 안정화라는 면에서 경제적인 효과를 발휘할 수 있다.

내장식 맨드릴의 원리는 **그림** 1과 같이 간단하다. 더블 슬릿이 파진 슬리브가 테이퍼 아버 위를 미끄러지면 슬리브가 벌어져 내경을 클램프하는 것이다. 슬리브의 확장량이 커서 가공물의 내경이 넓은 공차 내에서 변화하는 대량 생산에서도 파지할 수 있다.

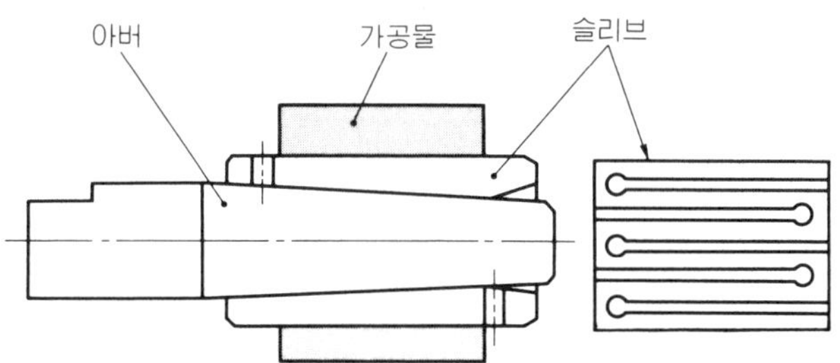

그림 1 내장(內張)식 맨드릴의 원리

맨드릴의 종류

먼저 표준 제품에 관하여 분류해 보면 기계상에서의 장착 방법의 차이에 따라 3가지로 나누어지는데 양센터, 모스 테이퍼, 플랜지가 그것이다.

양센터 타입은 아버의 양단에 센터 구멍을 갖는 것이고 모스 테이퍼 타입은 아버의 한쪽 끝이 모스 테이퍼 섕크로 되어 있는 것이며 그리고 플랜지 타입은 스핀들에의 고정이 플랜지에 의해 이루어지도록 아버의 한쪽 끝이 플랜지로 되어 있는 것이다.

슬리브의 확장 방법은 4가지이다. 컷 사진과 같이 녹온(knock-on), 링, 스크류 너트, 드로 바의 각 타입이 그것이다.

녹온식은 아버 끝부분을 목편(木片)에 박아서 가공물을 파지하는 것이다. 링식은 외주에 너링(knurling) 가공을 한 링을 돌려 슬리브를 후퇴시키면서 확장하여 파지한다.

스크류 너트식은 아버의 앞부분에 있는 스크류 너트를 회전시켜 슬리브를 후퇴 확장시킨다. 드로 바식은 맨드릴 후단부의 드로 볼트와 기계 전단부에 있는 드로 바를 나사로 접속하여 파지한다. 유압이나 공압을 이용하고 있기 때문에 가공물의 자동 착탈이 가능하다.

이들 맨드릴은 확장량이 0.5~5 mm이고 동심도는 0.01 mm가 보증되어 있다.

지금부터 특수 타입의 맨드릴에 관하여 살펴 본다.

먼저, MAC 슬라이드 인서트식 맨드릴이다. 그것은 **그림 2**와 같이 본체 내부에 조립된 센트럴 피스톤과 그 테이퍼상에서 확장하는 슬라이드 인서트, 릴리프될 때에 슬라이드 인서트를 원래의 위치로 되돌리기 위한 핸드 스프링으로 구성되어 있다.

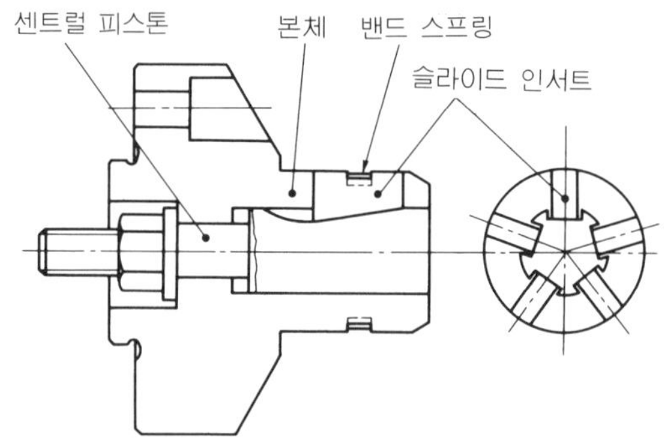

그림 2 MAC 슬라이드 인서트식 맨드릴의 구조

피스톤과 슬라이드 인서트는 정밀한 끼워 맞춤으로 조립되어 있기 때문에 동심도는 0.005 mm를 보증하며 슬라이드 인서트의 테이퍼 각도를 설정하여 확장량을 크게 할 수 있고 표준 맨드릴로는 대응할 수 없는 이형 가공물을 파지할 수 있다는 특징을 가지고 있다.

예를 들면, 자동차 부품에 흔히 볼 수 있는 내경 스플라인의 다양한 클램프 기준에 대해 그것에 맞는 단면 형상의 맨드릴을 제작할 수 있고 또한 특수한 내부 형상에도 대응할 수 있다.

MAM 맨드릴(**그림 3**)은 유압식 다이어프램 맨드릴로서 특수 설계의 스틸 다이어프램(맴브램)으로 가공물의 고정면을 완전하게 물 수 있도록 되어 있다.

MAM은 동심도 0.002~0.003 mm를 보증하고 있지만 구조상 확장량이 다른 맨드릴에 비해 극히 작기 때문에 오토 로더를 사용한 가공물의 삽입 등은 불가능하여 자동화라는 관점에서는 문제가 있다.

또한, 절삭 가공에 사용하는 경우 다이어프램 부분이 파손되는 등의 트러블이 발생할 위험성이 있기 때문에 검사용으로서 사용하기에 적합하다.

MAC형이 고정밀도, 장수명을 목적으로 개발된 것임에 비해 MAS 세그먼트형 맨드릴은 다품종 가공에서의 세팅 교체 횟수를 최소한으로 억제할 목적으로 실용화된 것이다.

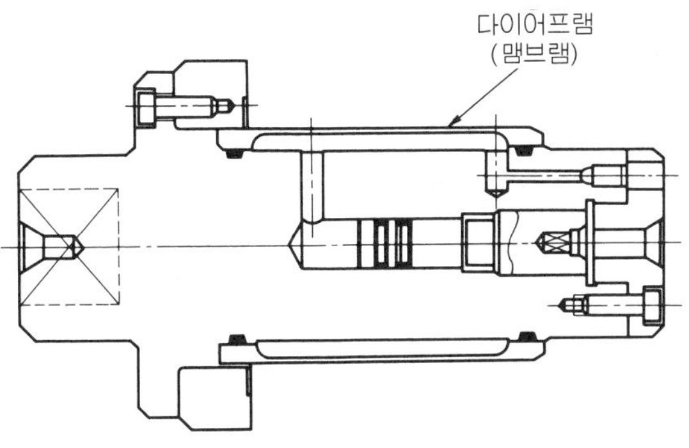

그림 3 MAM 맨드릴의 구조

이 맨드릴의 특징은 클램프 구성 부품의 세팅 교체를 최소화할 수 있고 교환도 아주 간소화되어 있다. 예를 들면, $\phi\,30\sim40\,mm$의 내경 베어링에 대해 아버(본체) 1개로 대응한 예가 있다.

또한, 6각추 형상 아버는 매우 큰 구동 토크를 전달할 수 있기 때문에 중절삭 가공용으로서 충분히 사용할 수 있고 교환 세그먼트에는 칩 방지용으로서 실리콘 고무가 끼워져 있어 완전한 방진 대책이 이루어져 있다.

사용상의 포인트

선삭 가공에서는 절삭 응력이 가공물에 영향을 미쳐 비틀림 모멘트(토크)가 발생하는데 이것은 맨드릴과 가공물 사이에 미끄러짐이 일어나고 있음을 의미한다.

미끄러짐을 발생시키는 토크는 절삭 면적(절삭 깊이×이송), 비절삭 저항 및 가공물의 외경에 의해 대략 구할 수 있다. 또한 가공물 내면의 표면 다듬질 상태나 경도에 의해서도 영향을 받는 것으로 알려져 있다.

먼저 가공물 내경의 표면 거칠기가 나쁘면 동일한 조임력이라도 큰 구동 토크가 발생한다. 이것은 표면이 거칠기 때문에 국부적으로 높은 면압이 발생하여 절삭유 등의 유막이 간단히 파괴되어 버리거나 거친 표면이 슬리브의 슬릿막에 간단히 파고 들어가 버리기 때문이다.

한편, 가공물의 경도에 의한 영향으로는 클램프 지름의 크기에 따라 차이가 있다. 즉, $\phi\,27\,mm$ 슬리브를 사용한 시험에서는 무른 가공물의 경우, 약 50% 높은 토크가 얻어졌지만 $\phi\,70\,mm$ 슬리브에서는 동일한 시험의 경우, 구동 토크에 분명한 차이가 나타나지 않았다.

아무튼 가공물의 경도라는 점에서 주의해야만 한다는 것은 무른 부품을 가공하는 경우, 슬리브와 가공물의 클램프면에서 미끄러짐이 발생하면 가공물의 내경에 슬리브의 슬릿 자국이 남기 때문이다.

　맨드릴은 절삭 토크를 쳐서 가공물을 파지하여 구동 토크를 확실히 전달하기 때문에 슬리브(클램프 요소)와 가공물과의 사이에 결코 미끄러짐이 발생하지 않는다.

맨드릴의 사용 실례

(1) 스플라인 소직경 기준 맨드릴

① **그림 4**는 A면을 위치 결정에 사용하여 B 끝면 및 외주를 선삭 가공한 예이다. 스플라인 소직경 ϕ25.7을 센터링 기준으로 사용하여 직각도가 나오지 않는 A면의 흔들림을 피하기 위해 스토퍼는 플로팅식으로 하고 있다.

　또한 개별적인 센터링이 가능하도록 슬라이드 인서트는 2열로 하고 있으며 그리고 그 위에 2개의 중간 슬리브가 붙어 있다.

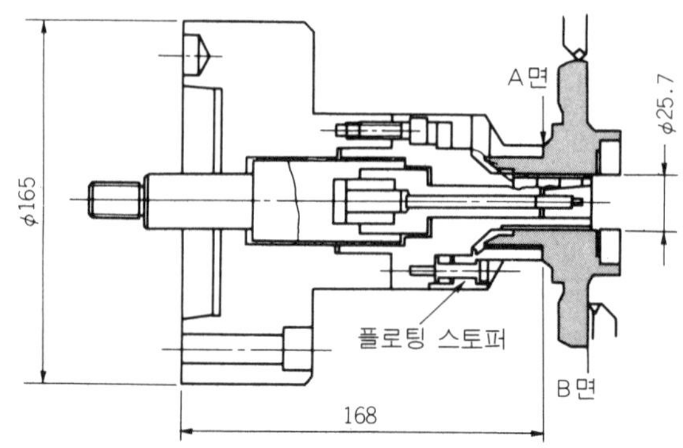

그림 4　스플라인 소직경 ϕ25.7 기준

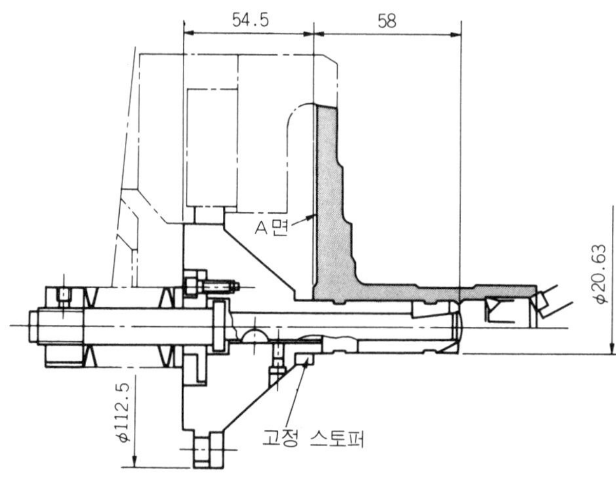

그림 5　스플라인 소직경 ϕ20.63 기준

② 허브의 플랜지부가 비교적 큰 경우, A면의 외주부에 보조적으로 드라이브 가이드를 설치해 주는 방법이 **그림** 5이다.

　이 때, 요구되는 것은 높은 구동 토크이며 아울러 박육부에 과잉의 확장력이 걸리는 것을 피하기 위하여 내장한 접시 스프링으로 미리 계산한 클램프력을 얻는 구조로 되어 있다.

③ 플랜지 부분의 양단면을 동시에 선삭하는 경우, **그림** 6과 같은 방법을 사용한다. 맨드릴의 구동 토크만으로는 가공물이 슬립할 염려가 있을 때 테일(tail) 센터측에 회전 센터를 사용하여 B면을 밀면서 클램프하는 방식이다.

　이 경우도 A면 흔들림의 영향을 피하기 위하여 스토퍼는 플로팅 방식으로 되어 있다. 또 이 형식에서는 맨드릴의 구동이 전부 테일 센터의 추력으로부터 얻어진다.

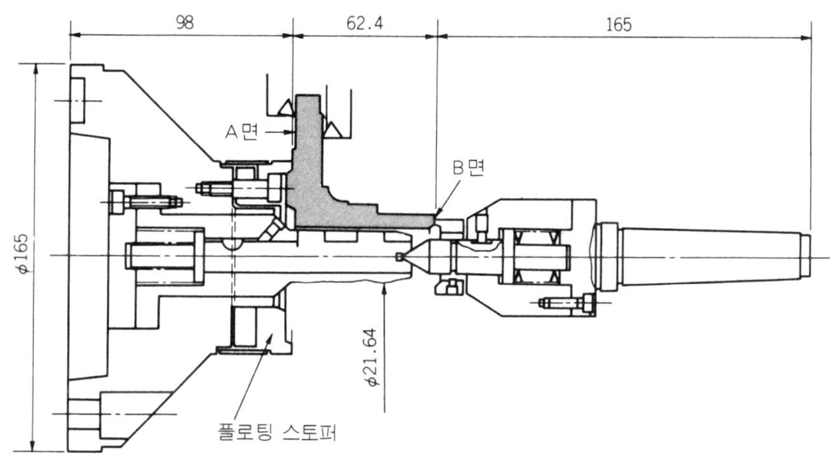

그림 6 스플라인 소직경 φ21.64 기준

(2) 스플라인 대직경 기준 맨드릴

허브의 A 끝면부의 스플라인 면고정을 위치 결정 기준으로 하고 스플라인 대직경을 센터링 기준으로 하는 경우, **그림** 7과 같은 형식의 맨드릴을 사용한다.

스플라인 대직경 기준의 경우는 스플라인의 제원(諸元)에 맞추어 슬라이드 인서트가 제작되기 때문에 맨드릴을 만들기 전에 스플라인 내경 제원을 명확하게 할 필요가 있다.

또한 맨드릴 최종 검사에 사용하기 위하여 샘플 워크 피스가 필요하게 된다.

일반적으로 내경 스플라인의 가공물에서는 브로치(broach) 가공 후에 축방향으로 약간의 테이퍼가 생기며 이것이 흔들림의 원인이 되는 수가 있다. 그래서 인서트는 2열 방식으로 되어 있다.

(3) PCD 기준 맨드릴

그림 8에 나와 있는 맨드릴의 센터링 기준은 PCD(피치 원 지름) 28.4 mm이지만 그 동심도의 정적(靜的) 정밀도는 0.005 mm로 확인되어 있다.

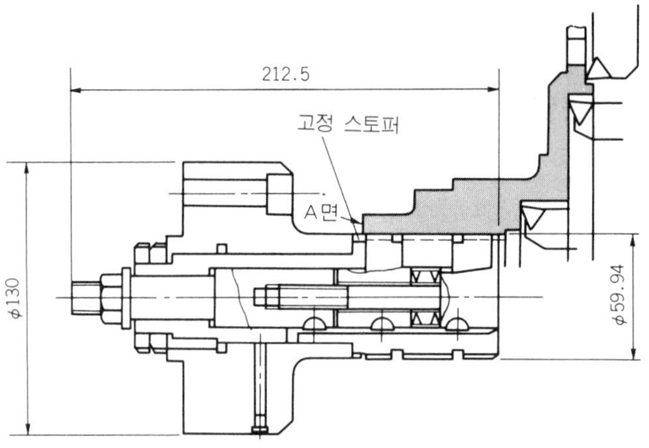

그림 7   스플라인 대직경 φ59.64 기준

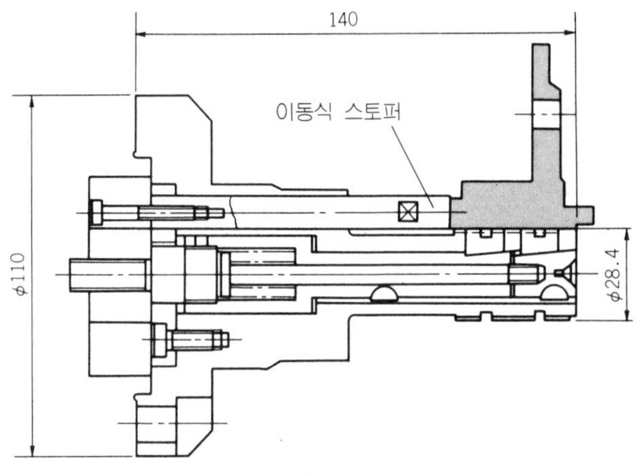

그림 8   스플라인 PCD φ28.4 기준

　요구 조건에 근거하여 1회의 처킹으로 전체의 가공이 가능하도록 위치 결정 후에 스토퍼가 이동하여 위치 결정 끝면의 선삭 가공도 가능하도록 되어 있다. 단, 맨드릴의 강성(剛性)을 고려하여 테일 센터로 지지할 필요가 있다.

최근의 선삭 가공에는 MC 가공과 마찬가지로 고도의 유연성이 요구되고 있다. 예를 들면, ATC(자동 공구 교환)도 그 하나이지만 이것은 생산 형태의 변화나 고속 절삭, 고능률 절삭이 요구되고 있기 때문이다.

또한 수작업을 가능한 한 적게 한 운전 또는 전혀 무세팅의 연속 운전이나 야간의 장시간 무인 운전이 요구되고 있기 때문이다.

특히 선삭 가공은 일반적으로 가공물 1개당 가공 시간이 짧고 가공 단가도 낮은 것이 현실이며 무세팅의 장시간 무인 운전이 꼭 필요한 분야라 할 수 있다.

이러한 요구는 척에 관해서도 마찬가지라 할 수 있다. 본래 선반용 척은 가공물을 정확하고 단단하게 지지하며 그리고 또 고속 회전시키는 것이다.

그러나 척의 정밀도나 강성(剛性), 밸런스 등이 중요한 요소이기 때문에 무인화를 진행하는데에 있어서 큰 장애가 되고 있다.

또한 가공 시간이 짧기 때문에 가공물이 빈번히 바뀌며 가공물에 맞추어 척 조를 교환하는 횟수도 증가한다.

그런데 이 척의 조 교환은 현재로서는 수작업이 대부분이며 이것도 무인화를 저해하는 원인의 하나이다.

세팅 생력(인력 절감)화에의 대응

이제까지는 이러한 선삭의 유연화의 요구에 대해 다음과 같은 방법으로 대응해 왔다.

① **척 조의 교환 횟수를 줄인다** : 긴 스트로크 척을 사용한다(예를 들면, U형 8인치 척에서 25 mm).

② **조의 교환 방식을 간소화하여 교환 시간을 단축한다** : 조의 퀵체인지가 가능한 척을 사용한다(핸들 1개 또는 작업자의 1회의 동작으로 조의 고정, 해체가 가능).

최근에는 ②의 QJC(quick jaw change) 척의 요구가 증가하고 있다. 이것은 현재 보유하고 있는 척을 QJC 척으로 교환하기만 하면 거의 코스트 상승없이 조의 교환 시간을 단축할 수 있기 때문이다(교환 시간은 약 1/2~1/3).

그러나 FMS화, 무인화의 요구가 점점 높아져 이들 방법으로는 충분히 대응할 수 없게 되었다. 그래서 최근에는 QJC 척을 자동 교환하여 무인화를 꾀하는 방법이 고안되고 있다.

한편, 이러한 개념과는 전혀 다른 방법 즉, AJC(자동 조 교환), ACC(자동 척 교환)에 의한 대응이 고안되어 80년대 초부터 상당히 실용도가 높은 척 조의 자동 교환 방식이 개발되어 왔다.

그리고 4년 정도 전에는 척 자체의 자동 교환 방식이 개발되었다.

어느 것이나 시장으로부터의 요구 사항은 동일하며 다음과 같다.

① 보다 유연성이 높을 것

② 반복 정밀도가 높을 것

③ 교환 방식이 단순하고 확실할 것

④ 특별한 또는 고가의 부가 장치가 필요치 않을 것

⑤ 보다 유연성, 발전성이 클 것

여기서는 현 시점에서 가장 유연성이 높다고 생각되는 자동 조 교환 및 자동 척 교환 방식에 관하여 살펴 보기로 한다.

AJC 시스템의 구조 · 특징

사진 1은 새로운 타입의 척 조 자동 교환 시스템(AJC)이다.

(1) 기본 기능

이 AJC 시스템은 다음과 같은 특징을 가지고 있다.

① 3개의 조를 동시 교환하기 때문에 교환 시간이 짧다.

② 증력 기구에 웨지 방식을 채택하고 있기 때문에 정밀도도 종래의 척과 마찬가지로 높다.

사진 1 AJC 시스템의 척부(AJC-8)

③ 가공물 착탈용 로봇 등을 사용하여 자동 교환할 수 있기 때문에 특별한 부가 장치가 필요없다,

④ 관통 구멍(AJC-8에서 22 mm)을 가지고 있어 봉재 가공이 가능하며 용도가 넓다.

⑤ 고속 회전(AJC-8에서 3600 rpm)이 가능하다.

⑥ 조의 3개 동시 교환은 수작업으로도 가능하다.

⑦ 조 교환시의 착탈 확인용 에어 센서를 가지고 있다.

⑧ 척의 동작은 유압 더블 실린더를 사용한다.

⑨ 자동 교환 확인 신호를 낸다.

(2) 구조와 동작

선반 주축 앞쪽에 AJC 척, 뒷쪽에 더블 실린더를 드로 튜브(이중 구조)로 연결하여 고정한다. 통상의 척에 의한 가공물의 클램프, 언클램프는 더블 실린더 주축측 2개소에 유압을 교대로 공급하여 행한다.

그리고 조의 자동 교환은 다음과 같은 순서로 진행한다.

① 척의 조가 언클램프 상태로 있는 것을 더블 실린더 피스톤의 위치로부터 검출하여 자동 교환을 개시한다.

② **그림** 1의 AJC 시스템의 $\phi 80$ 부분을 로봇 등으로 문다.

③ 더블 실린더 후부측 2개소중 1개소에 유압을 공급하여 교환 플레이트를 언클램프 상태로 한다.

④ 더블 피스톤 실린더 위치로부터 교환 플레이트의 언클램프를 확인한다.

⑤ 교환 플레이트를 떼낸다.

이것으로 분리면으로부터 교환 플레이트가 해체되어 척 본체와 분리된다. 이 플레이트는 상부 마스터 조, 프론트 본체, 생조(生爪)로 구성되며 생조만을 교환할 수도 있다. 또, 플레이트는 가공물에 맞는 것을 준비한다.

새로운 교환 플레이트의 고정은 다음과 같이 진행한다.

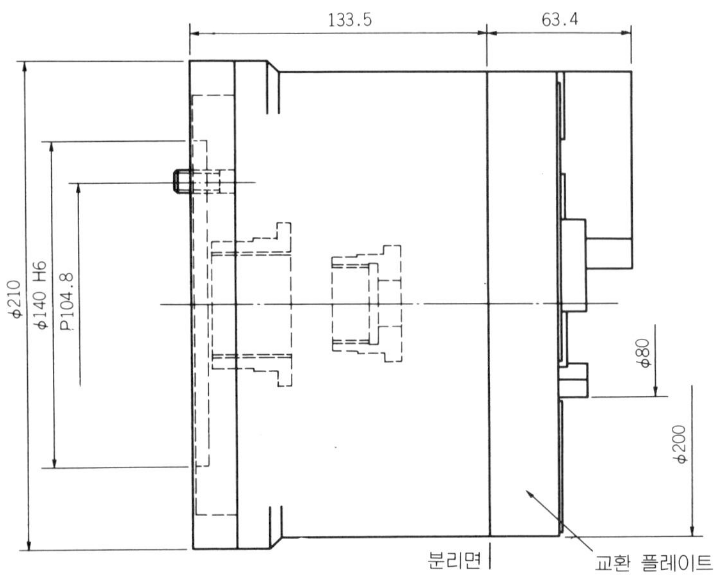
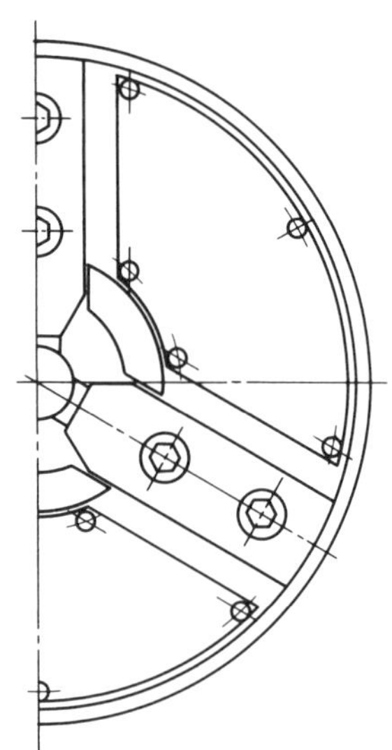

그림 1   AJC용 척부(AJC-8)

① 교환 플레이트를 척 앞쪽으로부터 접근시킨다(교환 플레이트의 위치 결정을 위하여 위치 결정용 테이퍼 핀 3개와 척 중심에 테이퍼부가 설치되어 있으며 교환 정밀도, 위치 결정의 정밀도가 높다).

② 척 본체의 표면으로부터 자동 교환시의 착탈 확인을 위한 에어 블로를 한다.

③ 교환 플레이트를 더블 실린더로 클램프한다. 이 때, 에어 블로와 더블 실린더 피스톤의 위치로부터 클램프를 확인한다.

이것으로 교환 작업이 종료된다. 물론, 이들 동작은 수작업으로도 가능하다. 또한, 교환 플레이트를 가공물과 동일 레벨로 혼재시키기 때문에(먼지 대책 등은 불필요) 플레이트 전용의 스페이스가 필요없고 스톡량에 제한이 없는 것도 특징이다.

ACC 시스템의 구조 · 특징

AJC 시스템이 개발되는 한편, 또한 척 본체를 교환하는 자동 척 교환 시스템(ACC)이 등장하였다(**사진 2**).

(1) 특 징

사진 2에서의 ACC의 기본 특징은 다음과 같다.

① 종래의 유압 척과 마찬가지로 웨지 기구를 채택하고 있기 때문에 파지(把持) 정밀도가 높다.

② 교환 부분에 커빅 커플링을 사용하고 있기 때문에 교환시의 반복 정밀도가 높다.

사진 2 ACC 시스템의 척 실린더와 고정 부품(MAC-6)

③ 유압 더블 실린더로 척을 작동시킨다.

④ 자동 교환의 확인 신호가 인출된다.

⑤ 에어 블로 겸용의 교환 확인용 에어 센서를 가진다.

⑥ 3조, 2조의 척 교환이 가능하다.

⑦ 고속 회전(MAC-6에서 4500 rpm)이 가능

⑧ 수작업으로도 교환이 가능

그림 2는 이 ACC 시스템의 외관이다.

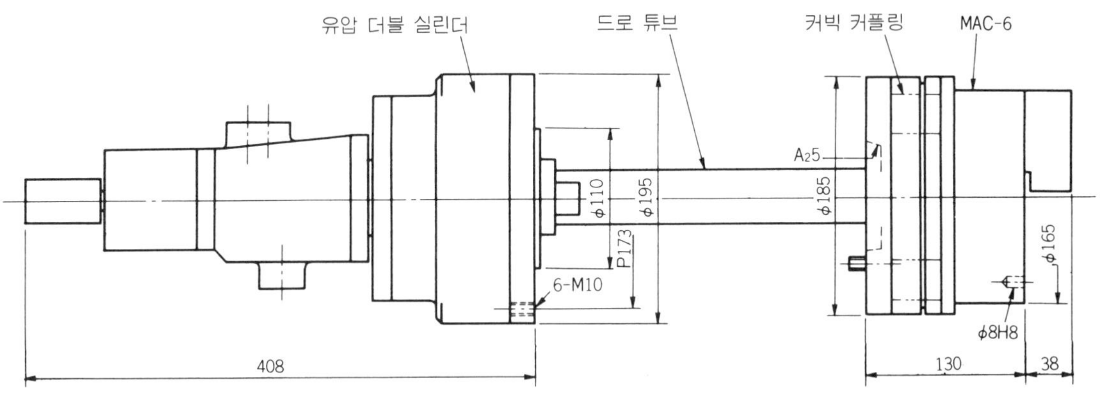

그림 2 ACC 시스템의 외관도(MAC-6)

(2) 구조와 교환 동작

이 ACC 시스템은 주축 이동형으로 주축이 상방으로 늘어나는 수직 선반용이다. 이 선반의 특징인 주축 이동, 주축 오리엔테이션에 의해 로더가 에어 실린더만으로 작동한다는 간단한 구조로서 척 교환도 가능하다.

척의 해체는 다음과 같이 진행한다(**그림 2** 참조).

① 척 조가 가공물을 물지 않은 상태에서 닫혀져 있는 것을 더블 실린더 피스톤의 위치로부터 검출하여 자동 교환을 개시한다.

② 로더를 해체 위치에 세트한다.

③ 주축을 하강시켜 척 앞의 ∅8H8 구멍을 로더의 핀에 넣는다.

④ 척 본체를 언클램프한다.

⑤ 주축을 60° 회전시킨다.

⑥ 주축을 상승시킨다.

이번에는 다음 공정용의 척을 고정한다. 이 시점에서 에어를 토출하여 에어 블로와 착좌 확인 센서로서 사용한다.

① 다음 공정용 척을 로더에 세트한다.

② 주축을 하강한다.

③ 주축을 60° 회전한다.

④ 척 본체를 클램프한다.

⑤ 더블 실린더 피스톤 위치 및 에어 센서로 클램프를 확인한다.

⑥ 척 조를 벌린다.

이것으로 척 교환 동작은 종료한다. 이 시스템은 주축 이동형의 수직 선반용이지만 수평 주축의 일반 타입 선반용에 대한 대응도 진행되고 있다.

각 시스템의 응용 예

사진 3은 AJC 시스템 중의 한 모델인 AJC-15를 대구경 관통 구멍이 붙은 NC 원형 테이블(관통 구멍 ∅170 mm)에 응용한 예이다.

사진 3　ACC-15의 NC 원형 테이블에의 응용 예

이 경우, 가공물의 중량이 크게 되어 파지한 상태로 넘어지는 것을 방지하기 위하여 앞면에 서포트를 붙이고 있다.

컷 사진은 AJC의 한 모델인 AJC-8을 2 주축 선반에 응용한 예이다. 이 경우, 주축이 2개 있기 때문에 제1공정, 제2공정을 계속적으로 가공할 수 있다.

사진 4는 MAC-6을 주축 이동형의 수직 선반에 응용한 예이다. 교환용의 커빅 커플링이 수평 위치에 있기 때문에 교환시의 반복 정밀도가 매우 높다(3 μm).

또, 여기서 소개한 AJC, ACC 시스템은 주축 관통 구멍 지름이 ϕ 45 mm 이상이며 주축 오리엔테이션이 가능한 선반에 고정할 수가 있다.

사진 4 MAC-6의 NC 수직 선반에의 응용 예

금후의 과제

금후의 시장 요구 및 문제점으로서 다음과 같은 테마를 생각할 수 있으며 더욱 추구해 나가야만 할 것이다.

① 교환 속도의 향상

② 파지(把持) 정밀도의 향상

③ 교환 정밀도의 향상

④ 고속 회전에의 대응

⑤ 콤팩트화

⑥ 코스트 다운

　이와 같은 문제도 물론이거니와 또 척이 처해진 환경으로부터 볼 때 종래의 척과 마찬가지라 할 수 있지만 중요한 문제로서 방진 대책, 칩 대책, 윤활 문제도 큰 비중을 차지하고 있다.

　특히 윤활은 척의 수명이나 정밀도에 크게 영향을 미치지만 척 메이커의 대응만으로는 충분치가 않다. 최초에 메이커에서 도포 주입되는 그리스도 사용과 더불어 점차 감소되기 때문에 유저도 이 점을 고려하여 사용해야 한다.

NC 선반은 프로그램만 확실히 해두면 대형 부품, 소형 부품을 가리지 않고 간단히 가공할 수 있는 매우 융통성이 있는 기계이다.

그러나 특히 소형이나 파이프 모양의 박육 부품 등은 반드시 고정 방법에 문제가 있다. 또한 현재 보유하고 있는 NC 선반이 중형기이면 소형 부품의 가공 의뢰가 있을 때에 대응할 수 없는 경우가 있다.

여기서는 실제로 중형 NC 선반의 유압 척에 고정하여 소형 부품이나 박육 부품을 가공할 수 있는 아이디어 척에 관하여 소개하기로 한다.

콜릿식 소직경 척

중형 NC 선반에서의 소형 부품 가공에는 3조 척이 많이 사용되고 있지만 ϕ10 mm 정도의 축물(軸物) 부품을 고정하기 위해서는 보통은 생조(生爪)를 성형해야만 한다. 그러나 실제 그 작업이 쉽지가 않다.

최근에는 가공 부품도 다양화되어 가공이 어려운 소직경 부품이나 이면(裏面) 가공에서 소직경부를 고정해야만 가공이 가능한 부품이 수없이 많다.

그래서 소직경 부품을 고정하기 위해 콜릿 척을 이용할 수 없을까 하고 여러 가지로 궁리한 끝에 **사진 1**과 같은 콜릿식 소직경 척을 제작하였다.

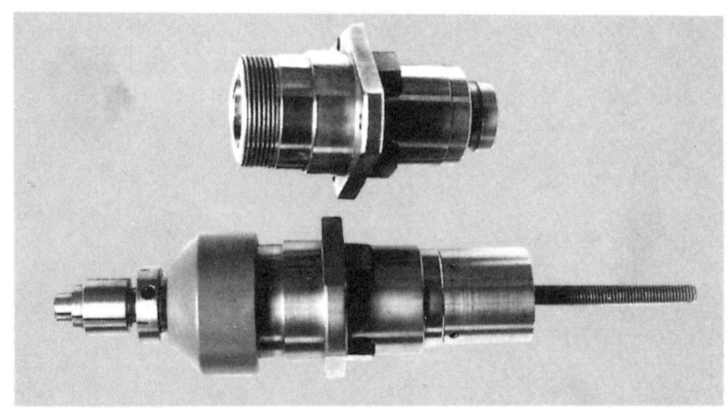

사진 1 NC 선반용 콜릿식 소직경 척

이 척은 NC 선반의 8인치 중공 유압 척에 고정되도록 고안한 것이다. 고정 방법은 3개의 조를 떼내고 척 속에 고정되어 있는 커버를 제거한다.

그리고 그 커버가 고정되어 있던 부분에 구멍의 위치를 맞추어 **사진 2**처럼 고정하면 소직경 부분을 간단히 가공할 수가 있다.

사진 2 유압 척에 고정한 예

이 콜릿식 소직경 척의 설계에 있어서 가장 주의해야 될 점은 소직경이기는 하지만 제한된 스페이스에 최대 $\phi 20\,mm$의 콜릿이 들어갈 수 있도록 치수 조정을 해야 한다는 점이다. **그림 1**은 이 콜릿식 척과 유압 척과의 연동 관계를 보여 주고 있다.

먼저, 척 커버를 떼낸 부분에 어댑터를 고정하고 3개소를 나사로 임시 고정한다. 그리고 다이얼 게이지로 센터링 조정하여 중심이 일치되었을 때 확실하고 강하게 나사 조임하여 고정한다.

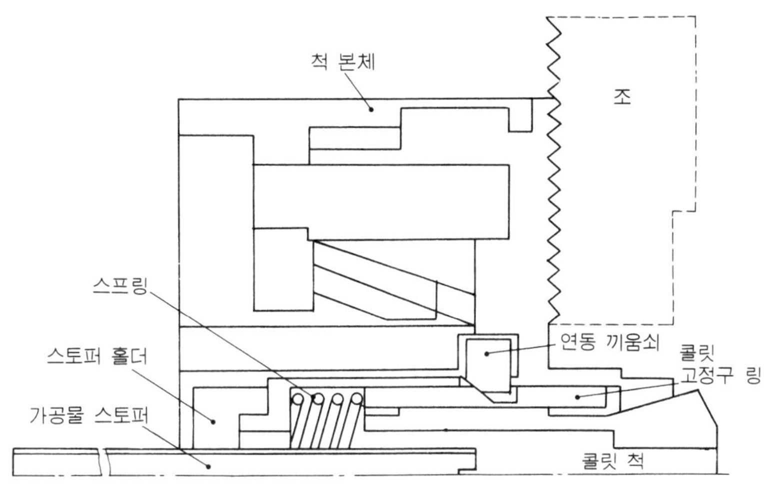

그림 1 콜릿식 척의 동작 기구

그림 1을 보자. 유압 척의 푸트 스위치를 누르면 생조를 고정하고 있는 조가 내경 방향으로 이동하여 가공물을 물게 된다.

조의 내측에 고정되어 있는 연동쇠는 콜릿 고정 링과 테이퍼 접촉하고 있기 때문에 조에 눌려지면 축방향으로 이동한다.

그러면 어댑터 본체의 테이퍼 부분과 콜릿 척의 테이퍼 부분이 맞물려 소형 부품을 처킹한다.

다음에 유압 척의 푸트 스위치를 끊으면 콜릿의 슬리브는 스프링의 힘으로 원래의 위치까지 되돌아감으로써 가공물을 콜릿으로부터 제거하게 된다.

또한 **그림** 1과 같이 가공물 스토퍼가 설치되어 있다. 이것은 치수가 작은 부품의 가공이나 이면 가공을 할 경우, 가공물의 멈춤을 위한 것으로 앞에서부터 드라이버로 길이를 간단히 조정할 수 있다.

특히 조정한 길이 치수가 틀어지지 않도록 스토퍼의 나사 부분이 스프링으로 눌려져 있다. 긴 부품을 가공할 경우는 처음부터 스토퍼를 떼낸다.

여기에 이 콜릿식 척의 사용 실례를 몇가지 소개한다.

● **실례 1**

정밀 기계용 샤프트의 가공 예에서, 양단에 베어링을 삽입하는 보링 가공이 있으며 그때의 내외경의 동심도가 신경쓰이는 정밀 부품이다.

이제까지는 소형 부품 전용의 NC 선반 가공을 하는 곳으로 외주 처리하였다. 이것을 중형 NC 선반에서 가공하기 위해서는 외경이 ϕ15 mm이므로 센터 누르기를 하여 스탭부(ϕ12 mm) 등의 가공은 가능하다.

그러나 내경의 보링 가공에서는 처킹 지름이 ϕ12 mm이고 더구나 다듬질 가공으로 마감되기 때문에 홈이 생기지 않도록 또한 생조는 관통이 가능하도록 성형해야만 되었다.

그래서 담금질 연마한 콜릿식 소직경 척을 사용하여 간단히 가공할 수가 있었다(컷 사진 참조).

● 실례 2

사진 3은 $\phi 25\,\text{mm}$ 의 사다리꼴 나사의 절삭 예이다. 이 가공물에는 $\phi 10\,\text{mm}$ 의 베어링 삽입 부분이 있으며 일반적으로는 여기부터 먼저 가공하고 이 부분을 처킹한 후 센터를 눌러 사다리꼴 나사를 절삭한다.

사진 3 사다리꼴 나사의 선삭 예

종래의 3조 척을 사용한 가공에서는 먼저 3개의 조를 성형한 다음, $\phi 10\,\text{mm}$ 부분을 처킹하여 나사를 절삭하였다. 결과는 몇 개 절삭도 하지 않은 사이에 게이지가 들어 가지 않는다든지, 역으로 정지 게이지(not-go gauge)가 들어가 버리는 등 여간해서 잘 되지 않았다. 나사 절삭용의 팁도 몇 개밖에 가지고 있지 않았다.

그 원인은 생조의 성형이 잘 되어 있지 않았기 때문에 평균적으로 처킹되지 않았던 것이다. 유압력을 높이면 $\phi 10\,\text{mm}$ 에 변형이 생기고, 흠이 나고, 척에도 이완이 오는 등의 트러블이 발생해 버린다.

그래서 이 콜릿식 소직경 척으로 동일하게 가공을 했던 바, 만족할 만한 결과가 나왔다.

조는 담금질 연마를 하기 때문에 압력을 높여도 흠이 붙는다든지 돌아가지 않으며, 많은 수의 나사를 절삭해도 게이지의 삽입 상태가 균일하며 팁의 수명도 몇 배나 되었고 결함도 완전히 제거되었다.

● 실례 3

콜릿식 소직경 척을 이용하여 소형 부품을 많이 가공하고 있다. 예를 들면, 양단에 탭 가공하여 단을 붙이고 E링 홈 등을 넣은 부분은 흔히 볼 수 있는데 탁상 선반 등을 사용하여 몇 공정이나 걸려 가공하는 것보다 NC 선반으로 가공하는 편이 시간적으로도 약 1/3의 시간으로 다듬질 가공까지 완성할 수가 있다.

그 밖에 소직경 부품으로부터 ϕ 80 mm 정도까지의 박육 링 모양의 부품에서는 단붙이 콜릿 척이 시판되고 있기 때문에 이것을 잘 이용하면 상당히 광범위한 가공이 가능하다 (**사진 4**).

사진 4 스텝 콜릿 척의 이용

특히 세팅 교체가 빈번한 다품종 소량 생산의 경우, 3조를 재고정했을 때 동심도가 문제로 되며 그럴 때마다 조의 성형을 할 필요가 있다.

그러나 콜릿식이면 몇 번이나 교체해도 동심도에는 문제가 없어 바로 작업할 수가 있다. 게다가 3조 방식의 생조보다도 코스트는 더 싸다.

콜릿식 벌림 척

NC 선반에서 3조 척을 사용하여 파이프 부품을 벌림 처킹하는 경우, 일반적으로는 생조에 철편 등을 용접하여 가공물의 내경에 맞추어 생조를 성형한다.

그러나 고정하는 가공물의 살 두께가 얇아지게 될수록 내경 R에 꼭맞는 벌림 척을 제작해야만 한다. 척 조의 R가 맞지 않는 상태에서 그대로 가공하면 척에서 제품을 떼냈을 때 제품에 변형이 생기기 쉽다.

박육의 파이프나 다이캐스트, 플라스틱 부품 등을 내경 척으로 가공할 때는 생조의 성형에 시간이 걸리며 R 치수에도 주의할 필요가 있다.

또한, NC 선반의 3조 척에서는 조가 3방향, 즉 직접 외측으로 벌어지기 때문에 척 압력을 조절해야만 한다. 이것은 동심도나 변형 등, 정밀도를 필요로 하는 부품에서는 여간 힘이 들지 않는다.

그래서 이들 문제를 해결하고 세팅 시간의 단축 등이 가능하도록 **사진 5**와 같은 콜릿식의 벌림 척을 제작하였다. 그 구조는 앞의 소직경 척(**사진 1**)을 콜릿식으로 벌릴 수 있도록 개량한 것이다.

사진 5　유압 척에 고정된 콜릿식 벌림 척

　NC 선반의 유압 척의 3 조가 내경 방향으로 처킹하면 내부의 연동쇠가 테이퍼를 통해 **사진 5**의 벌림 척의 슬리브를 내측으로 당겨 넣는다. 그리고 그 선단의 테이퍼 봉이 4 방할(四方割) 생조의 테이퍼 부분과 맞물려 조가 벌어지며 가공물을 물게 된다.

　이 척은 $\phi30 \sim \phi100\,mm$ 정도까지의 가공물을 고정할 수 있도록 만들어져 있다.

　다음에 사용 실례를 소개한다.

● **실례 1**

콜릿식 벌림 척을 사용하여 **그림 2**와 같은 부품을 가공하였다.

　재료는 S45C이며 외경 $\phi80\,mm$의 흑피 소재이다. 내경 다듬질 치수는 $\phi45\,mm$이며 링의 동심도가 정확하고 변형이 없어야 하는 등, 정밀도가 요구되는 부품이며 살 두께는 0.8 mm이다.

　최초에 $\phi45\,mm$ 부분을 다듬질해 두고, 다음에 이 벌림 척으로 흑피 상태 그대로 절삭 깊이 1.5 mm, 이송 속도 0.25 mm/rev로 황삭 가공한다.

　마지막으로 다듬질 바이트로 다듬질 여유 0.2 mm를 0.08 mm/rev의 이송 속도로 다듬질하였다.

　일반적으로 정밀 부품의 경우, 황삭 가공은 별도의 공정으로 하고 마지막으로 벌림 처킹하여 다듬질한다.

　그러나 NC 선반에서는 바이트가 여러개 고정되어 있기 때문에 이 벌림 척을 사용하여 변형이 생기지 않으면 1회의 처킹으로 황삭 가공으로부터 다듬질 가공까지 단숨에 할 수 있어 대단히 능률적이다.

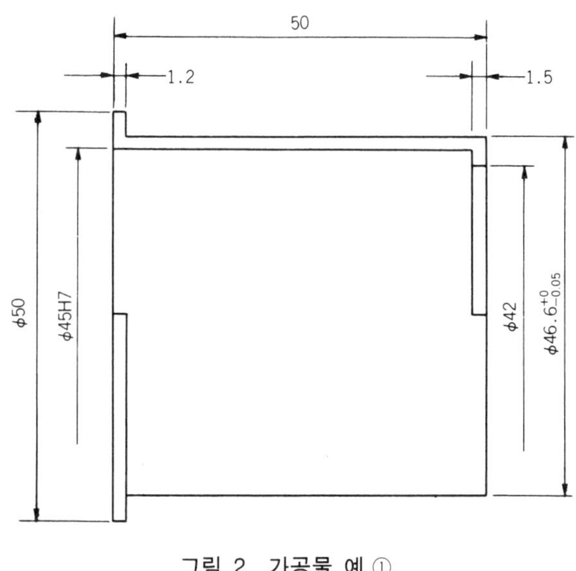

그림 2　가공물 예 ①

● 실례 2

그림 3은 이 벌림 척을 사용한 부품 가공 예이다. 이제까지는 범용 선반에서 가공해 왔지만 다듬질 치수 특히 R 부분이 잘 되지 않아 NC 선반에서 가공하였다.

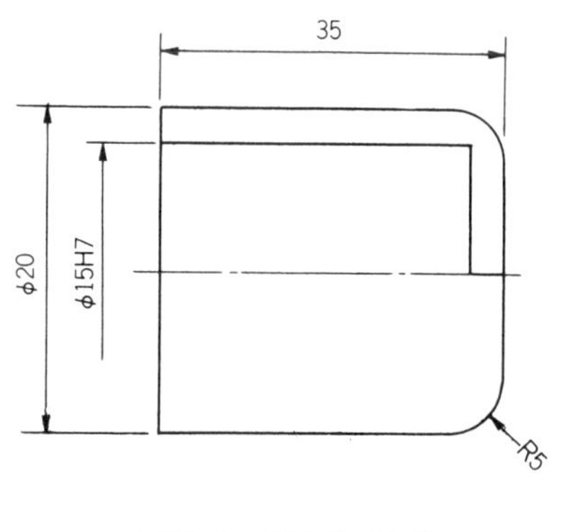

그림 3　가공물 예 ②

이 부품의 경우, 내경이 ϕ15 mm이므로 종래의 방법으로는 내경 벌림 조(爪)가 작아져 성형은 거의 무리였다.

그래서 콜릿식 벌림 척을 사용하여 탁상 선반용 콜릿 벌림 조를 고정해서 내경 벌림 가공을 하였다.

이 방법이면 고정도 간단하고 시판품 조를 ϕ15 mm로 성형만 하면 되므로 매우 신속히 세팅할 수 있는 것이다.

제품의 완성도 빠르고 또한 R 부분의 가공은 NC 선반이므로 아무런 문제가 없다.

사진 6은 소직경용의 콜릿식 벌림 척의 예이다.

사진 6　소직경용 콜릿식 벌림 척

＊　　　　＊　　　　＊

　이제까지 보아온 척을 중형 NC 선반에도 광범위하게 사용하면 설비 투자나 능률면에서도 효과적이라 할 수 있다.

담금질한 소형 부품의 선삭과 처킹 시스템

기계 정밀도의 향상과 CBN 공구 등의 급속한 발전으로 인해 이제까지는 여러 공정의 연삭 가공으로 다듬질해 오던 담금질강 부품을 1회의 처킹으로 전가공함과 동시에 로더를 갖춘 자동 선삭 가공이 진행되고 있다. 담금질강을 절삭 가공하는 장점으로서는 다음과 같은 것들이 있다.

① 설비 투자가 연삭에 비해 저가이고 사이클 타임의 단축이 꾀해지는 등 토탈 코스트 면에서 유리하다.

② 원처킹으로 2개소 이상의 가공을 할 수 있어 동축도나 직각도 등의 정밀도가 향상된다.

이들 가공 부품의 형상 정밀도는 $3\sim5\,\mu m$ 이내, 절삭 여유나 절삭 조건은 엄격하며 특히 정밀 부품 가공에서는 소재의 척부분 진원도나 척부분과 스토퍼 기준면과의 직각도에 특히 주의할 필요가 있다.

가공 정밀도는 절삭 공구의 수명과 기계 정밀도에 의존하는 바가 큼에 비해 형상 정밀도는 척 시스템과 고정구에 의해 결정된다.

(1) 당김형(引形) 콜릿

사진 1의 척은 담금질한 소형 부품의 가공에 가장 많이 사용되며 그 기본적인 특징으로서는 다음과 같은 것이 있다.

사진 1 오션 당김형 콜릿

① 고정 또는 녹 아웃 겸용 스토퍼를 내장할 수 있기 때문에 모든 로더에 대응할 수 있다. 또한 가공물 파지 지름이 변해도 패드만 교환하면 된다

② 파지 지름아 $\phi 3 \sim 40\,\text{mm}$로서 넓다

③ 슬릿부에 설치된 보링 핀 구멍에 의해 기계상에서 간단히 보링을 할 수 있으며 진동 정밀도는 $2\,\mu\text{m}$ 이내이다

④ 박육 부품을 무는 경우는 마스터 콜릿, 패드의 세(細)분할이 가능하여 파지력 미세 조정 기구를 덧붙일 수도 있다

⑤ 최고 회전수 8000 rpm까지 대응할 수 있다

사진 2는 $\phi 3\,\text{mm}$ 리드 스크류의 가공 예이며 로더를 사용하여 가공물을 공급할 때는 콜릿내에 센터링용 스토퍼를 붙인다.

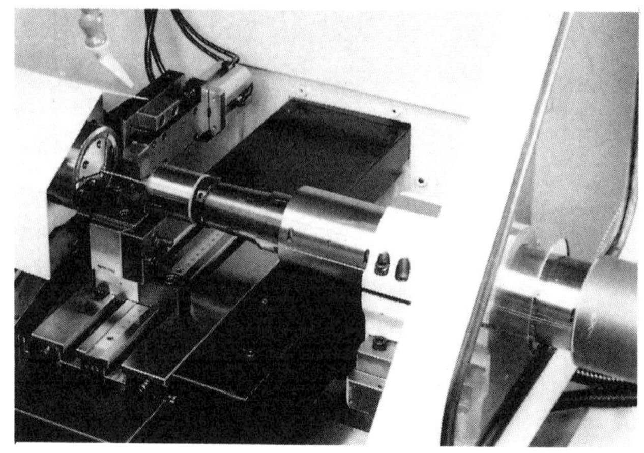

사진 2 당김형 콜릿에 의한 리드 스크류 가공

사진 3 정밀 에어 척

(2) 초정밀 에어 척

사진 3은 초정밀 에어 척이다. 담금질강 부품의 경우, 척 압력을 $3 \sim 4\,\text{kg/cm}^2$로 설정한

다. 가공 부분에 변형이 생기는 가공물의 경우는 척 개폐용 밸브를 저압역(低壓域) 안정 밸브로 전환하여 $0.5\,\text{kg/cm}^2$로 하는 수도 있다.

콜릿 척의 경우와 마찬가지로 스토퍼 기준면은 척 본체 끝면 고정으로서 기계상에서 끝면 가공을 한다. 저압역에서는 척 조의 각각의 이동량이 불균일한 경우도 있어 기계상 보링 다듬질 가공에서는 설정압에서 척 조의 전주(全周) 전면(全面)이 균일하게 접촉하도록 주의한다.

소형 부품의 경우는 주축 회전수를 높이기 때문에 척 조의 중량은 가능한 한 가볍게 해야 한다.

(3) 정지(靜止)형 콜릿

정지형 콜릿(**사진 4**)은 척 부분 치수가 크게 불균일한 가공물이나 스토퍼 면에 의해 홈이 생겨서는 안되는 가공물에 사용한다. 이 콜릿의 특징은 다음과 같다.

사진 4 정지(靜止)형 콜릿

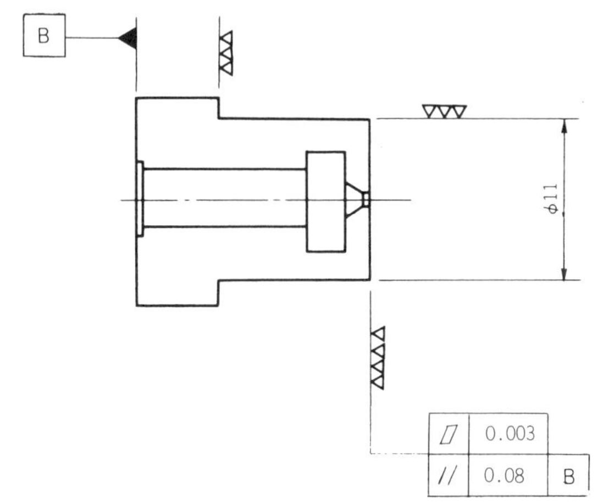

그림 1 가공물의 예 · 연료 분사 노즐

① 연료 분사 노즐(**그림** 1) 등 스토퍼 부분에 닿는 면적이 적고 찌그러짐이 있어서는 안되는 부품에 적합하다.

② 파지부 외경의 불균일이 큰 가공물에도 마스터 콜릿이 주축에 고정되어 있기 때문에 가공물의 인입, 압출에 의한 길이 방향의 불균일이 생기기 어렵다.

③ 최소 지름 $\phi 4\,mm$, 최대 지름 $\phi 45\,mm$로서 파지 지름의 범위가 크고 벌어짐 양도 충분하기 때문에 가공물을 공급하기 쉽다.

④ 당김형 콜릿과 마찬가지로 고정 스토퍼 및 녹 아웃 겸용의 스토퍼도 고정될 수 있다.

⑤ 구성 부품이 많고 슬리브 이동량이 크기 때문에 진동 정밀도는 $10\,\mu m$ 정도로서 당김형 콜릿보다는 떨어진다

이 척 시스템은 모든 로더에 대응할 수 있는 것으로서 다듬질 가공에서도 비교적 경절삭에 적합하다고 볼 수 있다.

(4) 익스팬딩 척

$\phi 6\,mm$부터 파지할 수 있으며 3분할, 4분할, 6분할을 표준으로 하고 있다. 주축에 대한 콜릿의 중심 조정도 가능하지만 고정밀 부품에 대해서는 기계상의 가공이 필요하다(**사진** 5).

사진 5　익스팬딩 척

그 밖에 3.5인치 중공 척, 회전 중에 가공물을 편심시킬 수가 있는 자동 편심 척, 자기 디스크나 VTR 드럼 가공 등에 사용하는 진공 척 등이 있다.

센터 지지 끝면에서 회전력을 전달하는
페이스 드라이버

사진 1 위는 플랜지형, 아래는 생크형 페이스 드라이버

페이스 드라이버는 가공물을 정확한 자세로 유지하여 선반 주축의 힘이 가공물에 완전하게 전달되도록 하는 역할을 한다.

3조 척이나 콜릿 척처럼 가공물의 외주를 지지하는 것이 아니라 양센터 가공에서처럼 중심을 문다. 그리고 이름 그대로 가공물의 끝면에서 회전력을 전달하기 때문에 과거부터 사용해 오던 "돌리개(carriet)"의 역할도 한다.

그리고 회전력의 전달은 정밀 가공뿐만 아니라 특히 중절삭에도 사용되기 때문에 돌리개 이상의 작용을 한다.

페이스 드라이버는 대부분의 경우, 가공물의 끝면에서 지지하기 때문에 가공물의 외주면 전체를 절삭할 수 있음은 물론, 동일 공정에서 끝면의 일부분도 가공할 수 있다.

또한 가공물에 따라서는 선반을 정지하지 않고 가공물의 고정, 해체가 가능하여 가공 시간이나 세팅 시간을 단축할 수 있다는 특징을 가지고 있다.

▣ 페이스 드라이버의 종류

페이스 드라이버에는 테이퍼 생크형과 플랜지형이 있지만 그 기능은 동일하다(**사진 1**).

그 기구를 살펴 보면 **그림** 1과 같이 본체는 다단의 왕관 모양이며 중앙의 지지용 센터 주위에 구동용의 조가 붙어 있다.

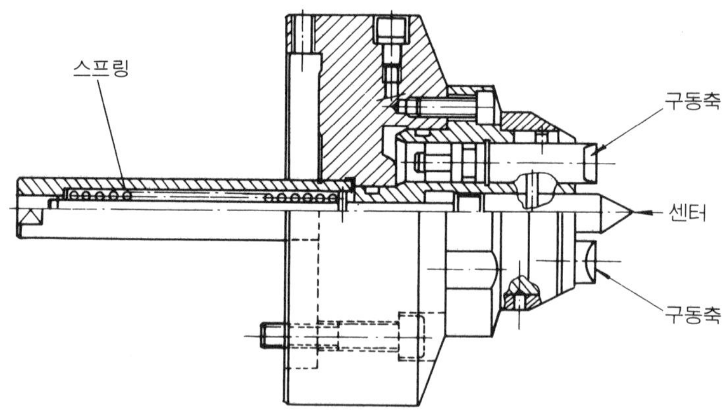

그림 1 페이스 드라이버의 기구

지지용 센터와 날(刃)이 붙은 구동용 조는 각각 축방향으로 탄성 변형하여 움직일 수가 있고 가공물 끝면이 납작하다거나 경사져 있어도 그것에 맞추어 물 수가 있다(**그림 2**).

가공물을 고정할 때는 먼저, 약간의 심압대의 힘으로 드라이버의 조와 가공물 끝면을 마찰 접촉시킨 다음, 심압대의 힘으로 최종적으로 지지한다. 이 때, 드라이버 조의 선단이 가공물 끝면에 확실히 파고 듦으로써 큰 회전력을 전달할 수가 있다.

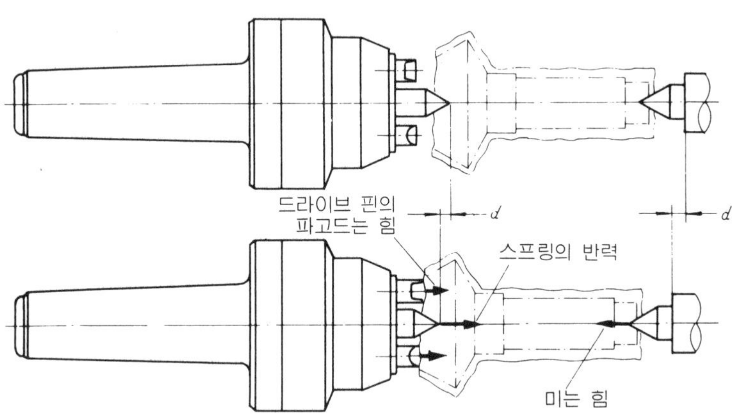

그림 2 페이스 드라이버의 유지 기구

▣ 페이스 드라이버의 작용

센터는 스프링(코일 스프링 또는 접시 스프링)의 작용에 의해 축방향으로 움직이기 때문에 센터 구멍 크기의 오차를 조절할 수가 있다.

따라서, 가공물의 축방향 정지 위치는 가공물 끝면에서 자동적으로 정해진다.

구동 조는 각각 유압 쿠션 방식으로 힘을 받게 되어 있기 때문에 가공물 끝면의 5° 이내의 경사나 다소의 요철(凹凸)에도 대응할 수 있다.

페이스 드라이버를 사용할 때는 심압대에 의한 미는 압력과 구동 조의 날끝(刃先) 형상이나 절삭량, 가공물의 인장 강도, 절삭 부분의 지름과 구동 부분의 지름과의 비 등을 주의해야 한다.

이들 값은 각 메이커가 드라이버에 맞추어 계산 도표를 준비하고 있기 때문에 그것을 참조하면 된다.

사진 2는 레임사(독일)의 페이스 드라이버(CoA 680형)이다. 디스크는 교환식이며 지지 가능한 지름은 $\phi 8 \sim 80$ mm, 디스크는 유압으로 기울어진다. 이것도 테이퍼 섕크와 플랜지형이 있다.

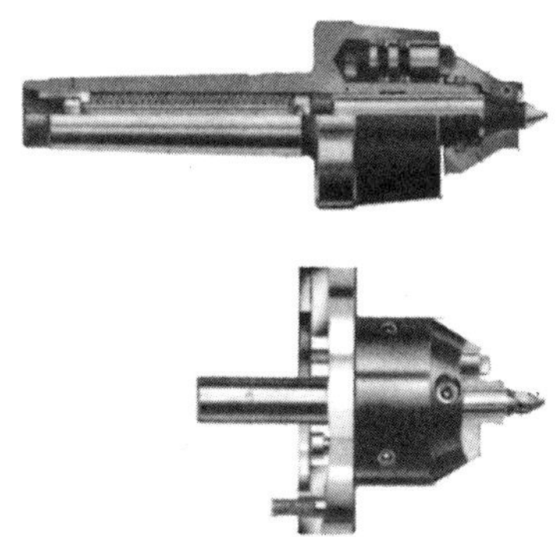

사진 2 CoA 680형

퀵체인지 가능한 11개의 구동 디스크를 사용할 수 있으며 절삭 가능한 지름은 $\phi 9 \sim 160$ mm이다.

또한 호환성이 있는 4각 초경 팁이 붙은 디스크도 고정할 수 있으며 이 경우의 조임 지름은 $\phi 40$ mm 이상이다.

어느 디스크나 3개의 유압 피스톤을 사용하며 가공물 끝면과 만나도록 움직인다. 스프링으로 움직이는 센터는 안내부가 길기 때문에 정밀도가 좋고 동시에 축방향의 조정도 가능하다.

페이스 드라이버를 사용할 때는 심압대로부터 미는 압력이 안정되어 있어야만 하는데 보통의 심압대로는 불안한 경우가 있다.

이 때는 압력 지시 장치가 붙은 회전 센터를 병용하면 좋다.

페이스 드라이버는 선반 이외에 밀링 머신을 사용한 스플라인 홈 절삭이나 치 절삭 작업 등에도 많이 사용되고 있다. 어느 것이나 고정 시간을 단축하기 위한 것이다.

페이스 드라이버를 구입할 때는 회전 정밀도나 구동 조의 수명 등을 잘 조사하여 유효하게 이용해야 한다.

코어 메탈이나 링이 필요없는
생조 성형 지그 · 척 메이트

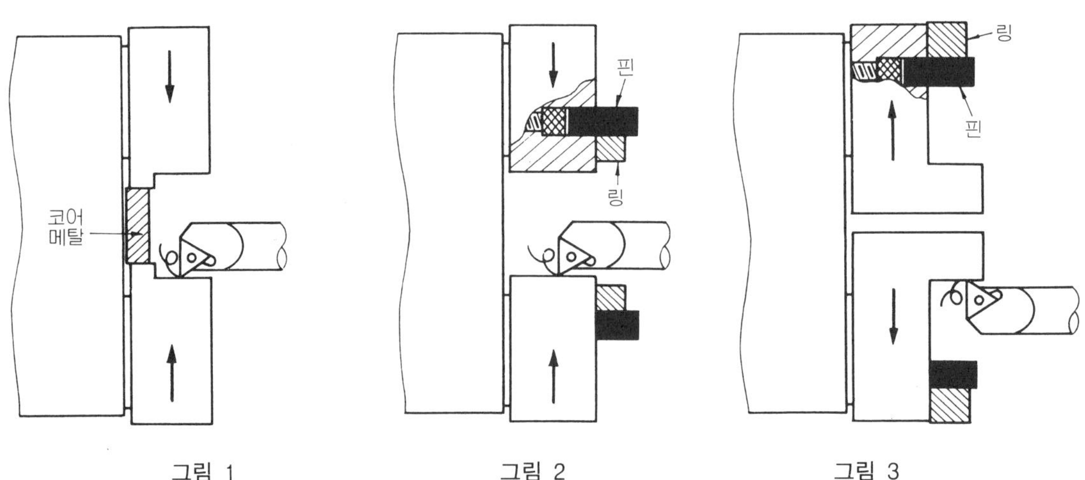

척 메이트

■ 생조 성형의 문제점

선반에서 척 작업을 하는 경우, 생조 척으로 가공물을 무는 수가 많으며 특히 NC 선반에서는 생조 척이 대부분이지만 이 때에는 가공물의 형상에 맞추어 생조를 성형 가공해야만 한다.

이를 위해 다른 선반을 사용하여 일일이 가공물 치수에 맞는 코어 메탈을 만들어야 되지만 대부분의 경우는 생조의 안쪽에 코어를 무는 방법으로 성형 가공한다(**그림 1**).

그러나 이 방법은 생조의 안쪽까지 성형(관통 성형)할 수는 없다. 또한 성형 치수를 너무 많이 절삭해 버리면 다시 다른 코어 메탈로 교체하든가 코어 메탈을 고쳐 깎아야만 한다.

그림 1　　　　　그림 2　　　　　그림 3

　또한 상황이 달라져 생조를 교체하여 사용하는 경우도 중심 흔들림 정밀도가 엄격한 가공물을 가공할 때는 코어 메탈을 고쳐 깎아야 하는 등 문제가 많은 방법이다.

　관통 성형은 **그림** 2와 같이 생조의 볼트 구멍에 꽂은 3개의 핀으로 링을 붙잡고 성형하는 방법이 가장 좋다고 생각되지만 역시 핀과 링 제작에 손이 많이 간다는 문제가 있다.

　인장 척의 성형은 **그림** 3과 같이 좀더 큰 링이 필요하며 재료의 준비나 제작에 손이 더 많이 가는 것이다. 또한 시간이나 손이 더 많이 갈 뿐만 아니라 중심 진동의 정밀도나 파지력 면에서도 문제가 있다.

　생조를 성형하는 경우에 가장 합리적이면서도 중심 진동 정밀도가 높은 가공 방법은 가공물을 처킹하는 것과 동일한 상태로 생조를 고정하여 성형하는 것이다.

　그러나 코어 메탈을 사용하는 방법에서는 코어 메탈을 물었을 때에는 조의 안쪽에 힘이 걸리지만 가공물을 물었을 때는 역으로 조의 앞쪽에 힘이 걸리므로 힘의 지지점이 달라져 가공물을 물면 조가 앞으로 쏠리는 상태가 된다. 그리고 이것이 중심 정밀도 불량으로 이어지며 파지력이 감소하는 원인이 되고 있다.

　그러나 **그림** 2의 방법에서는 중심 정밀도나 파지력이 모두 양호하지만 앞서 언급한 바와 같이 핀과 링을 제작하는 데에 손이 많이 가고 재료의 준비도 귀찮은 일이라 실제로는 좀처럼 행해지지 않는 방법이다.

■ 척 메이트의 특징과 효과

　생조 성형용 홀더 「척 메이트」는 코어 메탈이나 링 등의 치공구가 없어도 가공물을 처킹하는 것과 동일한 상태로 생조를 고정하여 성형하는 것으로서 중심 진동 · 정밀도가 0.01 mm 이내로서 높고 파지력도 증가한다.

　조작도 간단하기 때문에 생조의 성형 세팅을 1분 이내로 단축할 수 있고 조임 여유는 단계없이 미세 조정할 수 있어 생조의 소모를 최소한으로 억제할 수가 있다.

■ 척 메이트의 구조

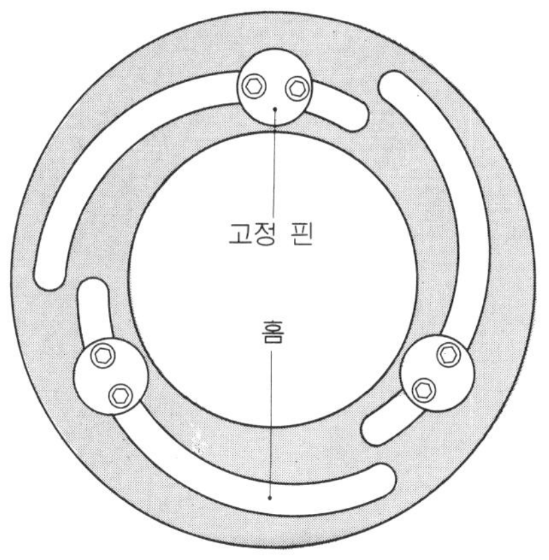

그림 4　척 메이트의 구조

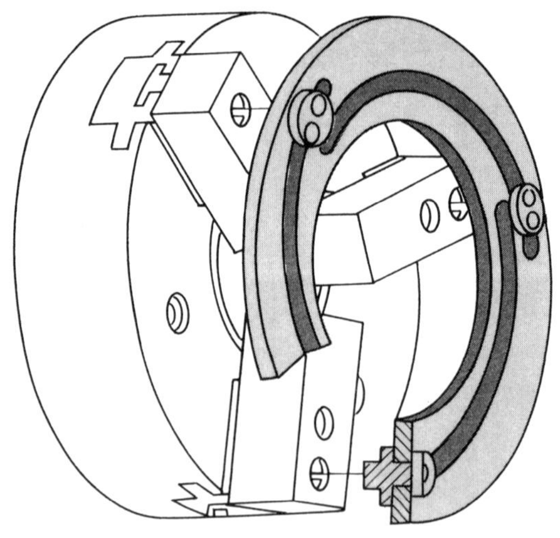

그림 5　척의 고정

　전체적으로는 도너츠형의 원판이며 그 원판상에 3등분선으로부터 중심을 향하여 나선형의 홈이 3개 붙어 있다. 홈에는 각각 고정핀이 끼워지며 이것이 홈 속을 자유롭게 슬라이드하도록 하는 간단한 구조이다(**그림 4**, 5).

　생조의 볼트 자리 구멍은 드릴 가공만 한 상태로서 피치도 정확하게 관리되지 않고 있으며 생조를 척에 고정했을 때의 고정 오차 등까지 포함되어 일반적으로 정확하게 3등분되어 있지 않다.

　그래서, 예를 들어 정확하게 등분된 지그를 끼워도 2개소에는 힘이 작용하지만 1개소는 노는 결과가 되어 중심 정밀도가 나오지 않는다.

　「척 메이트」의 경우는 고정 핀이 홈 속을 자유롭게 슬라이드하기 때문에 부정확한 3등분 구멍에도 자동적으로 최적 상태의 핀이 되어 3개의 생조 중 어느 것에나 정확히 등분된 힘이 작용한다. 그래서 중심 정밀도가 향상된다. 또한 고정 핀은 편심되어 있기 때문에 역방향으로 고정하면 스트로크는 더 커지게 된다.

　본체의 두께는 10~20 mm로서 얇기 때문에 간편하게 취급할 수 있으며 척 메이트를 고정한 상태 그대로 성형 치수를 버니어 캘리퍼스로 측정할 수 있다.

　또한 두께가 얇기 때문에 예를 들면 가공물을 치수보다 0.2 mm 정도 더 깎은 경우, 척 압력을 $1~2\,kg/cm^2$ 올리면 척 메이트가 변형하여 생조가 조여지기 때문에 그대로 재가공할 수가 있다. 그리고 이 변형은 척을 조이면 원래대로 되돌아 가기 때문에 별 문제는 없다.

　척 메이트 본체는 SCM재를 경도 HRC 45 정도로 담금질 연마했기 때문에 내구성 면에서도 우수하다.

　외경은 척 외경보다 더 크게 되지 않도록 설계되어 있기 때문에 툴링상에도 문제는 없다.

　생조를 표준 스타일로 고정하는 한, 충분한 스트로크(지름 30~35 mm)가 있어 척 사이즈에 맞는 척 메이트(5~12인치)를 선택할 수 있다.

생조를 외측 또는 내측으로 크게 치우쳐 고정하는 경우 등은 척 사이즈에 관계없이 척 중심으로부터 생조 고정 구멍의 거리를 측정하여 그것에 맞는 척 메이트의 형번(型番)을 사용한다.

그러나 2~3 mm의 오차는 그다지 문제가 되지 않는다.

■ 척 메이트의 사용 방법

① 척 압력을, 가공물을 무는 경우의 절반 정도로 떨어뜨린다. 척 메이트를 무는 경우, 조에 작용하는 힘의 지지점이 조보다도 외측에 있기 때문에 마스터 조의 백래시를 제거하여 가공물의 처킹시와 동일한 상태로 하기 위해서는 약 1/2 정도의 압력이면 충분하다.

② 척을 벌려(인장 척은 조인다) 조의 1개가 맨 위로 오도록 주축을 고정한다.

③ 하측에 오는 2개 조의 볼트 자리 구멍에 고정 핀을 각각 넣는다.

④ 나머지 고정 핀을 맨 위에 있는 조의 앞에 대고 본체를 좌우로 돌리면서 구멍 위치를 맞추어 넣는다.

⑤ 고정 핀이 3개 모두 끼워지면 척 메이트 본체를 척에 눌러 대고 척을 조인다. 조임 여유의 조정은 이 때 본체를 적당히 좌우로 움직이면 된다.

⑥ 척 메이트가 조에 고정되고 고정 핀이 뿌리까지 구멍에 들어간 것을 확인한 후 생조의 성형을 시작한다.

콤비네이션 척

■ 콤비네이션 척의 기능

콤비네이션 척은 문자 그대로 2가지의 기능을 조합한 척으로서 가공물의 외주를 무는 기능과 가공물 끝면을 지지하는 페이스 드라이버의 기능을 가지고 있다.

페이스 드라이버(앞서 언급함)는 고속 회전에도 대응할 수 있지만 절삭력은 심압대의 힘에 지배되기 때문에 가공물에 따라서는 중절삭이 불가능한 경우도 있다.

최근 대출력 NC 선반의 능력으로 볼 때 조금 어울리지 않는다고 볼 수 밖에 없다.

지름비 D/d가 큰 경우, 예를 들면 축의 도중에 플랜지형의 대직경 부분이 있는 가공물, 또는 크랭크 샤프트처럼 굽어지기 쉬워 심압대의 힘을 크게 할 수 없는 가공물의 경우, 지지 조건은 더욱 엄격해진다.

페이스 드라이버의 이러한 문제점을 보완하기 위해 여기에 척을 조합하여 중절삭은 척이, 다듬질 가공과 전가공은 페이스 드라이버가 담당하도록 한 것이 바로 콤비네이션 척이다.

콤비네이션 척은 **그림** 1과 같은 구성으로 되어 있다. 페이스 드라이버는 주축에 직접 부착된 본체에 고정되어 주축과 함께 회전하지만 축방향으로는 움직이지 않는다.

한편, 척은 본체의 외주에 고정된 주축과 함께 회전하지만 척 조가 벌어져 있을 때만 주축쪽으로 후퇴할 수가 있다.

척 조는 편심 보정 기능을 가지고 있기 때문에 센터 구멍에 대해 외경이 편심되어 있는 주단조 가공물에도 대응할 수 있다.

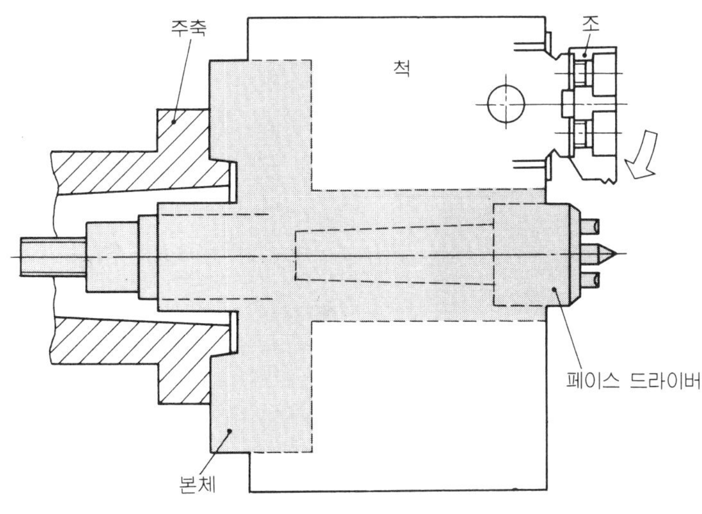

그림 1 콤비네이션 척의 구성

또한 척속에 매입된 지지점을 중심으로 크랭크 레버와 같은 작용을 하기 때문에 조와 가공물의 접촉점이 이 지지점보다 척 중심쪽으로 치우쳐 있으면 조는 가공물을 페이스 드라이버 쪽으로 미는 힘이 발생한다. 그리고 이 힘은 심압대에 가해져 페이스 드라이버 조의 파고 드는 힘을 돕는다.

여기서는 공정과 연관해 가면서 콤비네이션 척의 사용 방법을 살펴 보기로 한다.

① 가공물을 페이스 드라이버의 센터와 심압대의 센터에 끼우고 심압대를 밀면 페이스 드라이버의 조가 가공물 끝면에 파고 들어 절삭이 가능한 상태가 된다(**그림 2**).

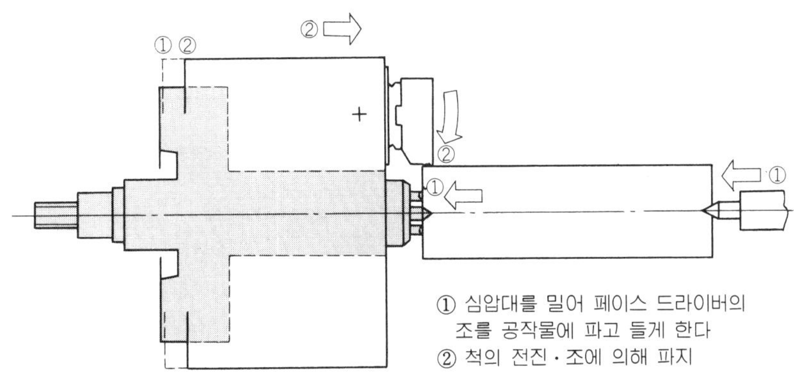

그림 2 가공물의 파지

② 조가 가공물을 파지할 수 있는 위치까지 척을 전진시키고 나서 가공물을 문다(**그림 2**).

③ 척 조가 파지하고 있는 부분 이외를 가공한다. 이 때, 다듬질 절삭을 위한 여유는 전체적으로 남겨 둘 필요가 있다(**그림 3**).

④ 조를 벌림과 동시에 척을 주축쪽으로 후퇴시킨다(**그림 3**).

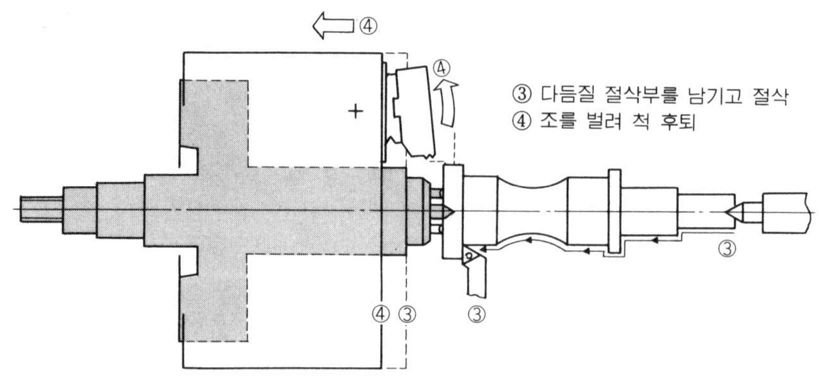

그림 3　다듬질 절삭부를 남기고 절삭

⑤ 처킹 부분을 가공한 후 전체를 다듬질 절삭하여 종료한다(**그림 4**).

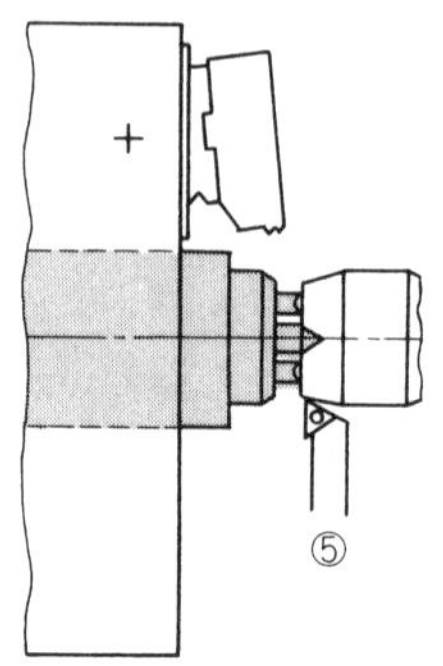

그림 4　다듬질 절삭

　이 때는 페이스 드라이버만으로 가공하기 때문에 다듬질 지름이 다른 많은 종류의 가공물에 대해서도 척쪽의 세팅 교체는 필요없다.

　1종류의 척 조에서는 대략 동일한 지름의 소재밖에 물 수 없기 때문에 소재 지름이 여러 종류인 경우는 처킹하기 전에 파지할 지름을 고르게 해 둘 필요가 있다. 여기서, 때마침 페이스 드라이버는 그 정도의 절삭 토크를 전달하는 능력이 있기 때문에 여러 종류의 가공물 지름중 최소의 것에 맞추어 척의 소재 파지부를 절삭해 두면 척 조를 교환할 필요는 없다.

　그러나 이 방법은 대다수가 동일한 파지 지름을 가진 소재중 외경이 큰 소재가 소수 포함되어 있는 경우에 유효하지만 그 반대의 경우는 그렇지 않다.

　소재와 페이스 드라이버와의 관계에 관하여 좀 더 살펴 보기로 한다.

　페이스 드라이버 조의 외경 d에 대한 절삭 지름 D의 배율은 메이커의 추천에 의하면 2~3배를 한계로 하며 가능한 한 1에 가까운 것이 좋다고 되어 있다.

　한편, 여러 종류의 가공물을 될 수 있는 대로 페이스 드라이버를 교환하지 않고 가공하고자 하면 이 배율은 클수록 좋다.

페이스 드라이버만을 사용하는 경우는, 가공물의 종류와 1로트의 수량을 비교하여 페이스 드라이버를 교환한다거나 절삭 조건을 완화하여 조금 무리를 해서 다소 작은 페이스 드라이버를 선택하는 등의 방법을 생각하면 좋겠지만 콤비네이션 척의 경우는 이 외에도 페이스 드라이버 본체의 외경이 문제가 된다.

이 척은 조가 벌어진 상태에서 주축쪽으로 후퇴하기 때문에 페이스 드라이버 본체의 외경은 가공물의 파지 지름에 척 조의 벌어짐 여유를 더한 것보다 작아야만 한다.

가공물의 절삭 지름이 큰 경우 또는 센터 구멍의 지름이 큰 경우는 대형의 페이스 드라이버를 선택하고 싶지만 이 때에도 척 조와의 관계를 생각해 두지 않으면 페이스 드라이버 본체는 간섭이 일어난다.

이와 같은 때는 메이커와 상담하여 검토한다.

회전중에 분할이 가능한 척

90° 또는 120°의 자동 인덱스가 가능한 척이다.

이 척은 보통 선반에서부터 단능반, 자동반, NC 선반에 이르기까지 모든 선반에 고정될 수 있으며 전체 가공 공정을 자동 인덱스하여 논스톱으로 가공을 완료할 수 있다는 특성과 툴링의 관계로부터 NC 선반에 고정하여 사용되는 경우가 많아지고 있다.

인덱스 척의 특징은 다음과 같다.

① **아이들 타임을 단축**……주축 회전중에 자동 인덱스가 가능함으로 가공물을 바꾸어 문다든지 주축을 정지하고 인덱스하는 작업을 생략할 수 있다. 따라서 능률이 대폭 향상된다

② **세팅 시간을 단축**……가공물의 센터링 작업이 필요없기 때문에 파지 교체 작업을 생략할 수 있고, 또한 전자동화에 의해 기계 유지 대수를 늘릴 수가 있다.

③ **인덱스(90~120°) 정밀도가 양호**……1회의 고정으로 클램프를 풀지 않고 90° 또는 120°의 인덱스가 가능한 기구이기 때문에 유지 정밀도는 양호하다. 그리고 90°→180°→90°식의 점프 분할도 가능하다.

④ **형번 변경도 단시간에 처리 가능**……가공물 홀더의 교환은 세트 볼트의 고정·해체만으로 가능하여 조정할 필요가 없기 때문에 단시간에 처리할 수 있다.

가공물은 이 척의 특성상 4축, 3축, 2축의 방향성을 가진 것이 적합하다.

🔼 자동 인덱스 척과 그 사용 예

밀링 머신·MC용 고정구

밀링 머신 작업의 고정법

밀링 머신 작업에서의 고정은 가공물에 걸리는 절삭 저항에 맞서 튼튼하게 고정함과 동시에 정확한 위치 결정을 하는 중요한 작업이다.

밀링 가공에서의 고정 방법에는 바이스에 의한 것, 볼트와 조임쇠에 의한 방법, 콜릿 척을 사용하는 방법 등이 있다. 이 중에서도 바이스 및 볼트와 조임쇠에 의한 고정이 대부분을 차지하고 있다.

좋은 고정구와 고정 방법은 중절삭에도 견딜 수 있도록 가공물을 확실히 고정하며, 또한 고정, 해체가 간단하고 짧은 시간에 처리할 수 있어야만 한다.

작업 능률을 높이기 위해서는 다수개를 동시에 가공하든가, 그렇지 않으면 1회의 처킹으로 다면 가공을 해야 한다.

그중 어느 방법이 가능하냐 아니냐는 바로 고정의 기술로 결정된다고 해도 과언이 아니다. 밀링 작업의 최대의 포인트는 이 고정에 있는 것이다.

최근에는 머시닝 센터(MC)를 사용한 밀링 가공이 늘어나고 있으나 MC를 유효하게 사용하기 위한 하나의 방법은 동시 다면 가공이다. 이 동시 다면 가공이 이루어질 수 있는 고정 방법이 실현되지 않으면 MC를 효과적으로 다룰 수가 없다.

밀링 머신 작업의 가공 방법, 공정 순서를 결정하는 포인트는 최후까지 고정이 가능한가, 확실한 고정이 가능한가, 능률적인 고정 방법인가 등 다양한 문제를 생각해야만 한다.

** 다양한 고정구 **

(1) 바이스

밀링 머신 작업에서 가공물을 신속하고 확실하게 고정하기 위한 것으로 가장 이용 범위가 넓은 것이 바이스이다.

바이스를 사용하는 고정에는 평행면에 있는 가공물에 한정된다.

그림 1과 같이 마우스 피스(口金)에 조금 머리를 쓰면 다양한 가공물을 고정할 수가 있다. 밀링 작업에 있어서 없어서는 안될 고정구라 할 수 있다.

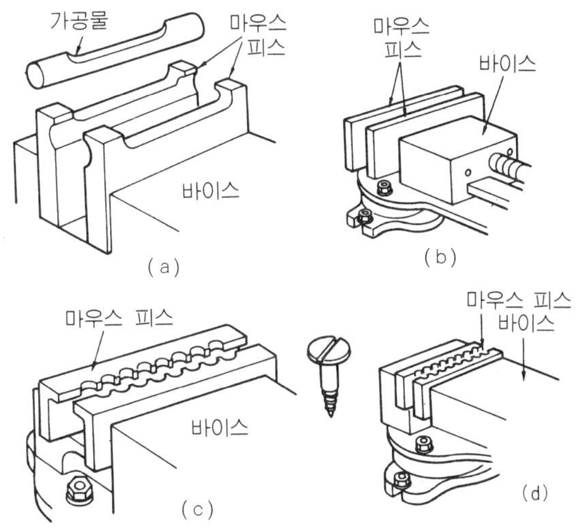

그림 1 여러 가지의 마우스 피스

바이스에는 머신 바이스(**사진** 1, 2), 유압 바이스(**사진** 3), 경사 바이스(**사진** 4) 등 여러 가지가 있다.

사진 1 머신 바이스(보통 바이스)

사진 2 머신 바이스(스위블 바이스)

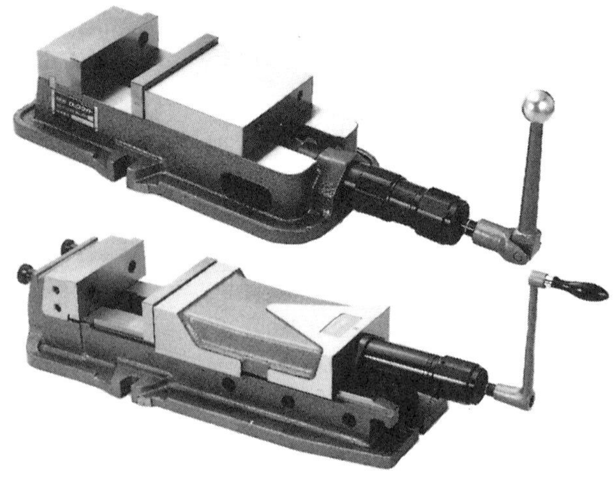

사진 3 유압 바이스 · 아래는 작동 범위가 넓은 타입

사진 4 경사 바이스

(2) 조임쇠와 받침쇠

조임쇠를 사용한 고정은 바이스에 의한 고정에 비해 조금 귀찮은 면이 있고 작업 능률

도 다소 떨어지는 편이지만 가공물 치수나 형상에 대한 제한이 바이스보다 적기 때문에 흔히 사용되는 고정구이다. **그림** 2에 조임쇠와 받침쇠를 조합한 여러 가지의 고정 예가 나와 있다.

(3) 앵글 플레이트와 경사 테이블

세팅 작업 중에서 가공물의 기준면을 테이블과 수직인 면에 고정하여 가공할 때에 사용하는 것이 앵글 플레이트이다(**그림** 3). 또한 경사 테이블(**사진** 5)은 경사 가공에 흔히 사용된다.

(4) 원형 테이블

원형 테이블은 일반적으로 수직 밀링 머신과 조합하여 사용한다. 이것을 사용함으로써 직선 운동만 하는 밀링 머신에 원운동을 부여할 수가 있다.

원형 테이블의 기본 사용 목적은 분할, 연속 정면 절삭, 선반 가공이 불가능한 복잡한 원주 절삭 예를 들면, 반원형의 홈이나 캠의 절삭 등에 이용된다.

사진 6은 일반적으로 사용하는 원형 테이블이다. 각도의 분할은 외주에 새겨진 1° 단위의 눈금과 웜 축에 고정된 1° 단위의 칼라(collar) 눈금을 병용한다.

가공물의 등분은 이 각도 분할로 할 수 있는데 분할대로 사용하고 있는 분할판을 원형 테이블에 고정하면 조작이 간단히 이루어진다.

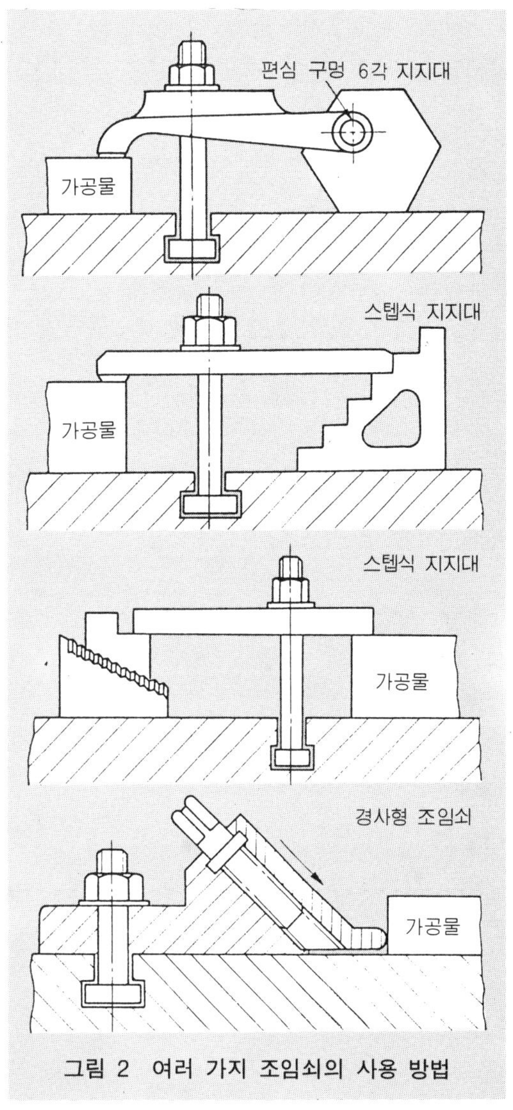

그림 2 여러 가지 조임쇠의 사용 방법

기계적인 분할 원형 테이블의 분할은 1° 단위이지만 더 미세한 정밀도를 필요로 할 경우, 광학적 분할 원형 테이블을 사용하면 1″ 단위의 분할이 가능하다. 그 밖에 전동 분할 원형 테이블이나 NC 원형 테이블(**사진** 7) 등이 있다.

(5) 경사 원형 테이블

경사 원형 테이블은 **사진** 8과 같이 원형 테이블과 경사 테이블을 조합한 것이다.

경사 테이블은 테이블 상면에 대해 수직면 내에서 테이블을 기울일 수가 있어 동일 세팅으로 3차원 가공이 가능하다.

　원주의 분할, 원호의 절삭, 스폿 페이싱의 할당 외에 경사 구멍이나 경사면의 가공이 가능하다.

　경사 원형 테이블은 지그 보링 머신 등 정밀 공작 기계의 부속품으로서 생겨난 고정구이지만 원반, 분할대, 경사 테이블보다도 정밀도가 매우 높은 것이 특징이다. 정밀도는 메이커에 따라 다소 차이가 있지만 선회 테이블 마이크로 칼라의 최소 각도는 버니어 판독으로 30″, 경사 각도는 버니어 판독으로 1′인 것까지 있다.

　또한 경사 테이블과 원반을 조합한 것보다 설치면상에서 선회 테이블 상면까지의 높이가 낮아져 강성(剛性)이 커서 강력 절삭이 가능하다.

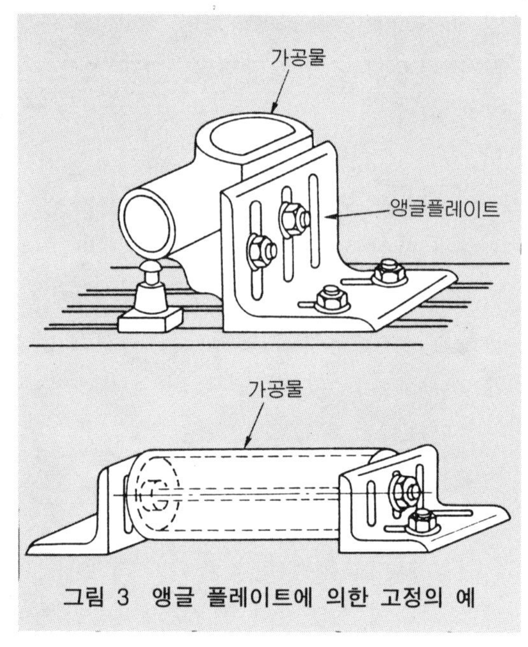

그림 3　앵글 플레이트에 의한 고정의 예

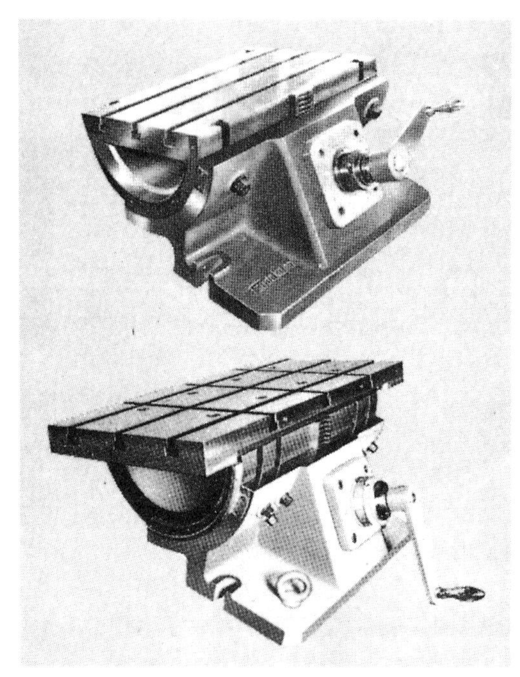

사진 5　경사 테이블

　경사 구멍의 가공은 위치 결정에 편리한 센터링 플러그가 부속품으로서 붙어 있기 때문에 고정밀도의 가공이 가능하다. 그리고 선회 테이블을 수평 상태에서 가공물의 고정과 센터링을 하고 그 후 임의의 경사 각도로 가공할 수도 있기 때문에 센터링이나 고정이 편리하다.

사진 6 수동 원형 테이블

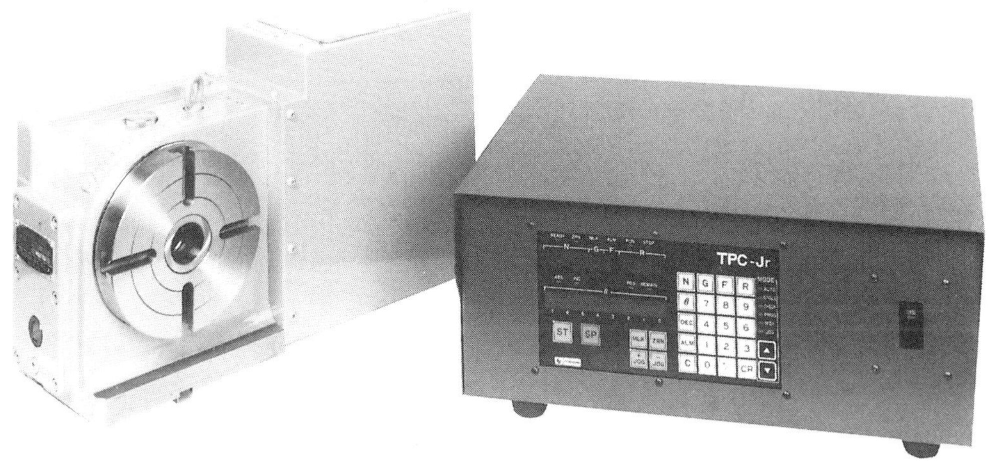

사진 7 NC용 원형 테이블(제어 장치 부착)

사진 8 경사 원형 테이블

사진 9 NC 경사 원형 테이블

사진 10 처킹 바이스의 사용 예

또, 테이블의 선회 각도나 경사 각도는 버니어 판독으로 되어 있고 보기 쉽도록 루페 (magnifying lens)가 붙어 있는 것도 있다.

또한, 선회 테이블의 정밀도를 높이기 위해서 보정 장치를 붙인 것도 있다. **사진 9**는 NC용 경사 원형 테이블이다.

(6) 마그넷 척

자력(磁力)으로 가공물을 고정하는 방법이다. 바이스 등으로 고정되지 않는 박물이나 복잡한 외주를 가공할 때 그리고 다량 생산의 두께 결정 가공을 하는데에 최적이다.

절삭 도중에 가공물의 위치가 틀어진다든지 튀어나가는 일이 없도록 가공물에 걸리는 절삭력을 받아 주는 스토퍼 등을 붙이는 일을 잊어서는 안된다.

(7) 처킹 바이스

표준 바이스 등으로는 고정할 수 없는 치수의 가공물, 특히 주물제의 상자 부품이나 커버류 등에 사용한다. 가공물의 형상에 맞추어 조합 사용하는 것이 처킹 바이스이다(**사진 10**).

(8) 진공 척

자력 대신에 진공 흡인력으로 가공물을 흡착하여 고정하는 방법이다. 마그넷 척으로는 고정할 수 없는 비철 금속의 박물 가공에 사용한다. 단, 고정면이 납작하지 않으면 흡인력이 낮아져 고정이 불안정하게 된다.

(9) 접착제

접착제를 사용한 고정은 조임력이 걸리지 않기 때문에 변형이 발생하는 일도 없다. 최근 매우 우수한 접착제가 많이 시판되고 있기 때문에 특히 접착면이 넓은 박물의 밀링 가공에서는 매우 유효한 방법이다. 절삭 가공에서 가공물의 고정에 사용하는 접착제는 접착력이 강할 것, 사용 방법이 간단할 것, 단시간에 접착될 것, 제거가 용이할 것, 가공물에 화학 변화를 일으키지 않을 것, 저가일 것 등이 조건이다.

그러나 이들 조건을 전부 만족하는 접착제는 아직 없으며 이들 조건중 현장에서 사용하기에 필요한 조건으로서 접착력, 단시간 접착, 제거성의 3가지를 선택하면 될 것이다.

접착 방법은 먼저 접착면에 붙어 있는 먼지나 기름, 녹 등을 제거하여 표면을 깨끗이 한 다음, 접착제를 극히 소량 도포하여 정해진 위치에 고정하고 나서 손가락으로 누르는 정도로 가볍게 밀착시킨다. 접착 시간은 재료의 종류나 표면의 상태에 따라 다소 차이가 있지만 빨라야 10초, 느린 것은 수 분이면 접착된다.

그림 4는 순간 접착제「아론 알파 #202」를 사용하여 고정, 가공한 예이다. 평면도 0.002 mm. 평행도 0.004 mm라는 고정밀도로 다듬질할 수 있었다.

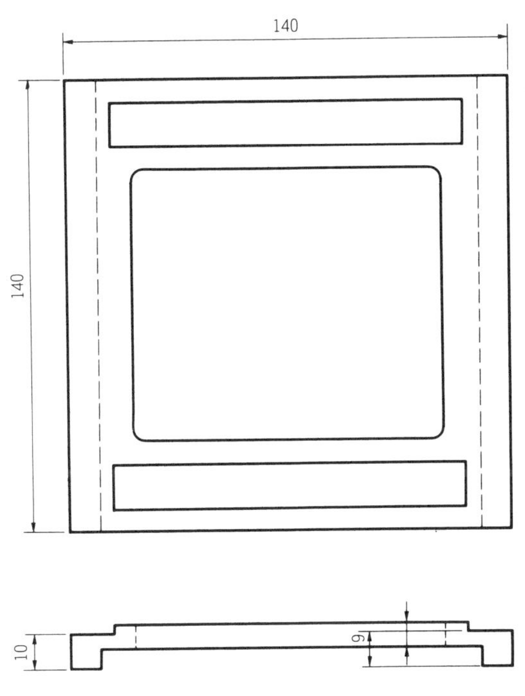

그림 4 접착제로 고정한 가공물

(10) 밀랍(蜜蠟)

접착제의 경우는 고정면이 납작하지 않으면 접착력이 떨어지지만 밀랍의 경우는 고정하는 표면이 까칠까칠(자연면)해도 고정에는 전혀 영향이 없다. 얇은 중공의 부품도 중공 부분에 밀랍을 흘려 넣으면 고정과 동시에 채터링을 방지하는 효과가 있다.

또한, 저온에서 액상으로 되며 단시간에 굳어지므로 고정이 간단하다. 트리크롤 에틸렌(트리클렌) 등의 유기 용제를 사용하면 간단히 제거할 수 있다. 그러나 접착력이 약하기 때문에 절삭 저항은 가능한 한 적게 하여 가공하는 것이 포인트이다.

(11) 맨드릴

맨드릴은 가공물의 구멍을 기준으로 하여 양 끝면에서 조여 고정하는 것이다. **그림 5**와 같이 동일한 형상이면서도 선반이나 프레스 등으로 내경이 다듬질되어 있는 박물 부품의 외주면을 밀링 머신을 사용하여 다수 가공하는 경우, 부품을 겹쳐서 맨드릴에 끼우고 너트로 조여 작업하면 효율적이다. 또한 두께가 얇은 파이프재의 원통면에 홈이나 창을 가공할 때 맨드릴을 사용하면 변형이 적고 절삭중에 채터링이 발생하지 않는다. 또한 분할대를 사용하면 분할 가공도 가능하다.

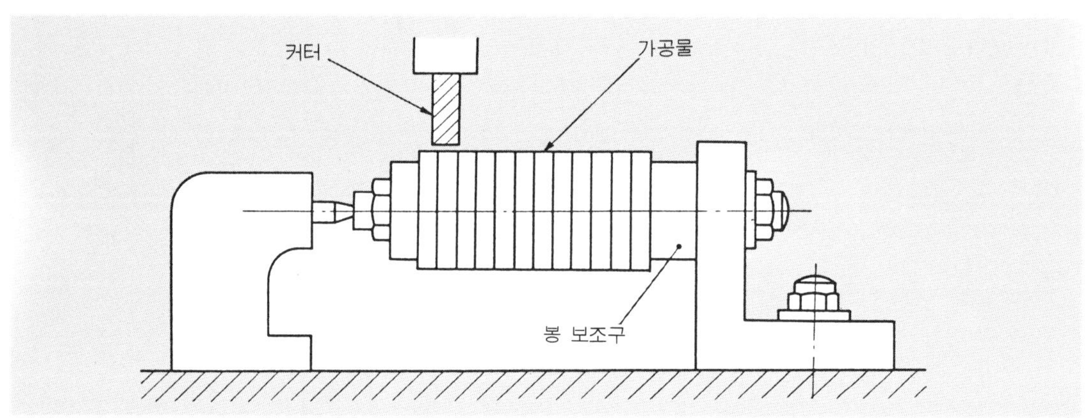

그림 5　봉 보조구에 의한 다수 가공

(12) 콜릿 척

콜릿 척은 선반 등에서 1차 가공한 소형의 원통 형상 부품에 밀링 머신 등으로 슬릿 가공, 키홈 가공, 분할 가공 등을 하는 데에 사용한다.

둥근 형상의 가공물을 정확하게 고정할 수가 있고 또한, 가공물에 홈을 내지 않으며 고정이나 해체도 간단하다.

콜릿 척이 무는 가공물은 일반적으로 $\phi 1 \sim 25(0.5\,\mathrm{mm}$ 마다) 정도이지만 6 각이나 4 각, 기타의 이형봉 등 특수한 형상의 것도 고정할 수가 있다.

또한 콜릿 척은 일반적으로 담금질 연삭되어 있지만 처킹 지름을 임의의 사이즈로 가공할 수 있도록 담금질되어 있지 않은 것도 있다.

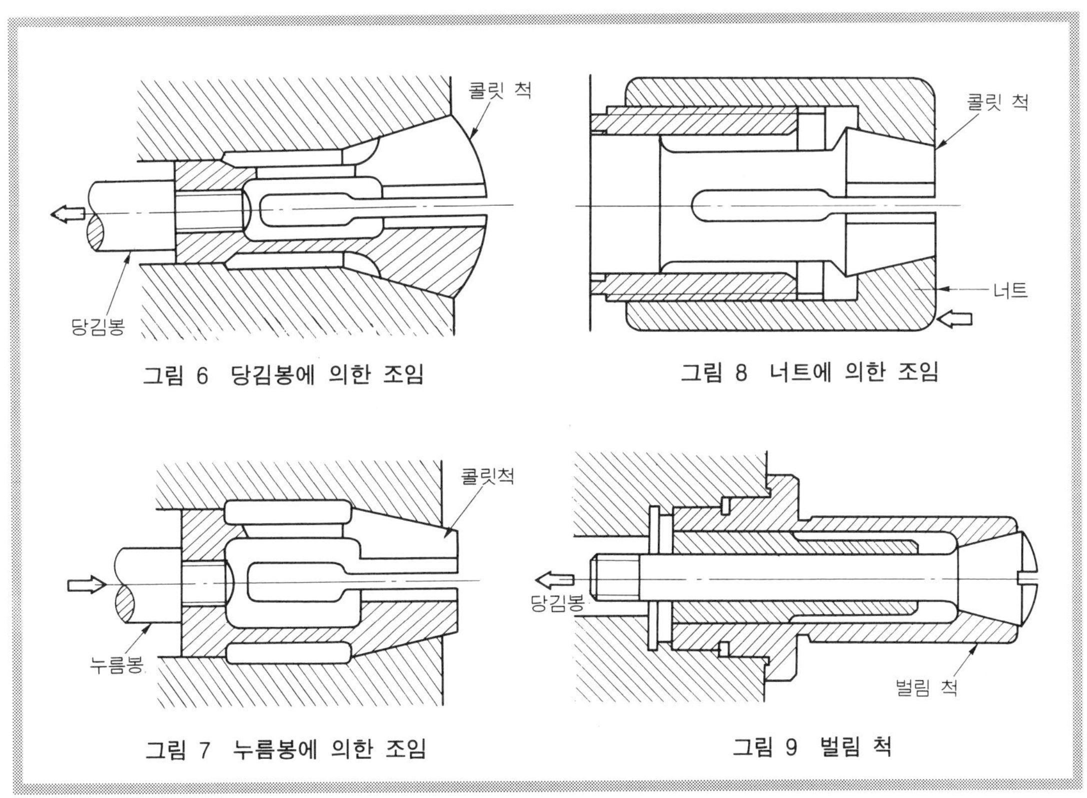

콜릿 척의 형식에도 여러 가지가 있다. **그림 6**은 당김봉으로 콜릿 척을 당겨 가공물을 조이는 것이며, **그림 7**은 반대로 누름봉으로 가공물을 조이는 것이다.

그림 8은 너트를 회전시켜 조이는 방법이며「조임 보조구」라고도 한다.

이것과 같은 종류로서 콜릿 척과 역의 작동으로 부품을 조이는 벌림 척(벌림 보조구)이 있다(**그림 9**). 콜릿 척과 다른 점은 당김봉을 당김으로써 원추 부분이 좌로 움직이고 이로 인해 척이 닫혀(벌어짐) 가공물을 조이는 것이다.

또, 콜릿 척을 사용하는 경우는 가공물들의 조임면 지름을 ±0.05 mm 이내로 균일하게 두어야만 한다. 지름이 고르지 않으면 조임이 불안정되며 당김봉식 콜릿 척에서는 부품이 당겨 들어와 길이 방향 치수의 불균일이 나타난다.

(13)분할대

가공물의 원주 등을 임의의 수로 등분하는 것을 분할 작업이라고 한다. 그리고 가공물을 고정하는 것이 분할대이다.

다각형의 가공을 비롯하여 기어나 맞물림 클러치의 이빨의 분할 가공도 가능하다. 또한 체인지 기어를 사용하여 비틀림 홈과 같은 가공도 할 수 있다.

분할대에는 직접 분할대, 만능 분할대(**사진** 11), 광학 분할대 등이 있다.

직접 분할대는 단지 직선 절삭에만 사용하며 분할대의 주축 자체에 구멍이나 홈이 파진 분할 원판이 고정되어 있다. 직접 분할대는 분할수가 적은 경우에 적합하다.

사진 11　만능 분할대

　만능 분할대는 직선 절삭 및 구배 절삭에 사용하며, 주축은 구배 절삭에 적합하도록 임의의 각도로 기울어져 있다. 만능 분할대는 비틀림 절삭을 할 수 있는 장치가 붙어 있다.

　광학 분할대는 주축에 고정된 분할판에서 광학적으로 직접 분할하지만 직접 분할대와는 달리 작은 범위의 분할 뿐만이 아니라 실제 작업에 필요한 전체의 광범위한 분할을 할 수 있다.

　그러나 만능 분할대와 같은 비틀림 절삭에는 사용할 수 없다.

** 세　　　팅 **

　전용 고정구나 바이스, 분할대, 경사 원판 테이블 등 부속구의 세팅 양부는 가공 정밀도에 크게 영향을 미친다. 세팅의 포인트로서는 다음과 같은 것이 있다.

① 고정면과 기계의 테이블면을 깨끗이 하고 흠 등을 수정한다.
② 기계의 움직임에 대해 평행 또는 직각으로 고정한다.
③ 주축과의 동심도(센터링)를 정확하게 한다.

(1) 바이스의 고정

　바이스를 사용하는 목적의 하나는 세팅 시간을 단축하는 것이다. 그러므로 바이스의 고정도 단시간에 그리고 확실하게 해야만 한다.

　먼저, 테이블과 바이스의 고정면을 청소한다. 테이블면과 바이스 바닥면을 손바닥으로 문질러 봐서 찍힌 자국이 있는 경우는 기름 숫돌로 수정하고 나서 테이블상에 바이스를 얹는다.

　바이스의 고정 방향은 고정 마우스 피스쪽을 테이블의 이송 방향으로, 작업에 따라 평행 또는 직각으로 고정하고 평행, 직각 맞추기는 **사진 12, 13**과 같이 다이얼 게이지를 사용한다.

바이스의 고정 위치는 범용 밀링 머신에 의한 수동 절삭의 경우, 테이블의 중앙보다 약간 좌측(테이블 전장의 약 1/3 정도)에 고정하면 핸들을 조작하기가 쉬워진다.

사진 12 테이블 이송과 평행

사진 13 테이블 이송과 직각

(2) 경사 원판 테이블의 고정

경사 원판 테이블의 경우도 바이스의 경우와 같이 테이블과 경사 원판 테이블의 고정면을 깨끗이 청소한다. 고정은 테이블에 얹은 후에 원형 테이블을 수직으로 세워 **그림 10**과 같이 테이블의 주행에 대해 경사 원판 테이블이 직각이 되도록 고정한다.

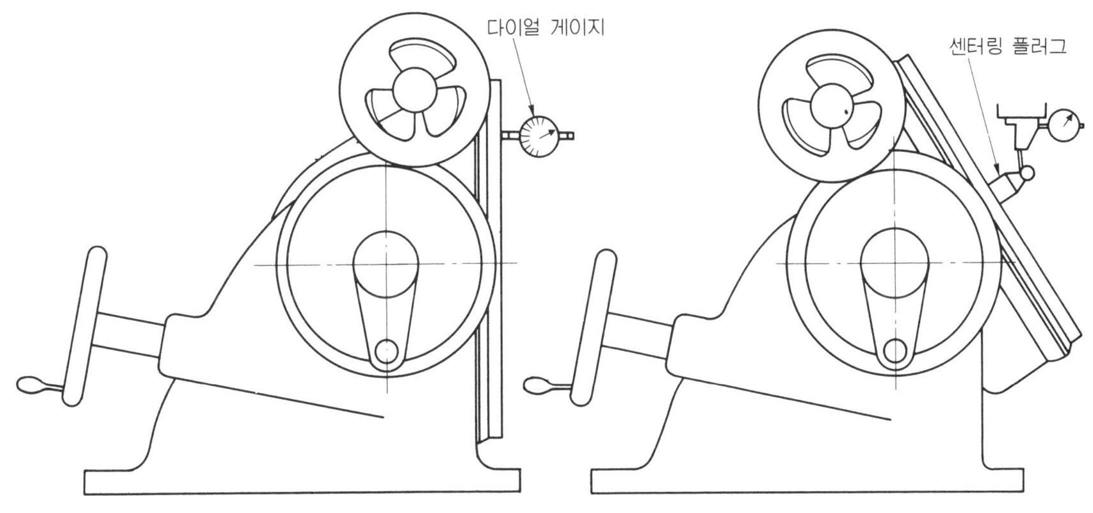

그림 10 테이블을 수직으로 한다   그림 11 원형 테이블을 기울인다

다음에 **그림** 11과 같이 센터링 플러그를 고정하고 도면에 지시되어 있는 각도로 원형 테이블을 기울인 다음, 센터링 플러그의 구면(球面)을 이용하여 밀링 머신 축과의 센터링 (중심 맞추기)을 한다.

(3) 분할대의 고정

경사 원판 테이블과 마찬가지로 테이블의 주행에 대한 평행, 직각 및 주축에 대한 센터 링 정밀도가 가공 정밀도에 크게 영향을 미친다. **그림** 12와 같이 판 캠의 가공을 분할대 에서 하는 경우는 판 캠의 회전 중심과 커터의 중심을 일치시키지 않으면 곡선이 다르게 되기 때문이다.

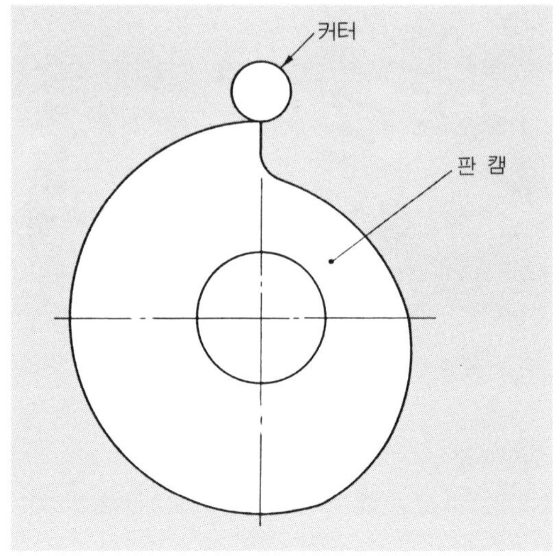

그림 12 판 캠의 회전 중심과 커터의 중심을 합치시킨다

그리고 마지막으로 다시 한번 주의할 것은 평행 맞추기와 중심 맞추기를 하여 볼트를 조인 후에 다시 확인하는 것이다.

볼트나 너트를 가볍게 조인 상태에서 평행 맞추기나 중심 맞추기를 하여 평행이나 중심 이 맞춰진 시점에서 강하게 조였을 때 고정구나 부속구가 움직이는 수가 있기 때문이다.

고정구나 부속구의 고정은 그 방법에 따라 가공 정밀도에 크게 영향을 미친다. 이제까 지 살펴 본 방법을 확실히 마스터하여 실제의 밀링 작업에 활용하도록 한다.

MC에서의 가공물의 센터링과 위치 결정

　머시닝 센터(MC)로 가공되는 부품은 다종 다양하며 고정구에 의한 가공물의 센터링(중심 내기), 위치 결정은 중요하다. 여기서는 세팅의 포인트라고 할 수 있는 센터링, 위치 결정에 대하여 생각해 본다.

MC용 고정구

　MC 가공에서 가공물을 어떻게 세팅하는가는 생산량에 의해 달라진다. 1품 생산이면 범용적인 간이 보조구를 사용하여 기계상에 세트하고, 수 개 이상 반복적인 것은 고정구를 사용한다.

　고정구의 기본은 위치 결정과 조임에 의한 정확한 고정이다. 고정구는 가공물의 요구 정밀도나 가공 능률, 불량 방지 등에 주의해야만 한다. 그리고 가공물의 형상이나 재질, 가공 공정, 기계의 크기, 전가공의 유무, 강성(剛性) 등에도 주의할 필요가 있다.

　MC용 고정구가 갖추어야 할 조건으로서는 다음과 같은 것이 있다.

① 기계상의 세트가 정확하고 간단하게 될 수 있다.

② 가공물의 센터링, 위치 결정, 조임이 용이하다.

③ 툴 홀더와 간섭하지 않는다.

④ 칩의 배출구가 있어 청소가 쉽다.

⑤ 가공 도중에 측정이 가능하다.

⑥ 절삭력에 견딜 수 있는 강성(剛性)이 있다.

⑦ 고정구의 공통화가 꾀해진다.

⑧ 생산량에 적합한 코스트이어야 한다.

⑨ 제작 개수를 가능한 한 적게 한다.

MC에 의한 가공

MC의 특징은 1대로, 그리고 가능한 한 적은 세팅으로 가공을 완료해 버리는 것이다. 그래서 먼저, MC의 고정구에 대한 기본 사항에 관하여 살펴 보기로 한다.

(1) MC와 가공 범위

① 수직형 MC……다면 가공에 적합하다. 판형 부품이나 금형 가공 등에 사용한다.

② 수평형 MC……다면 가공에 적합하다. 박스형 부품에 사용한다.

(2) 팰릿 매거진

6개 내지 16개의 팰릿을 가지며 가공물을 각 팰릿에 얹어 장시간 무인 운전시키는 것이다. 이것을 사용할 때는 고정구에 대해 다음과 같은 방법이 있다.

① 다종류의 가공물을 고정한다.

② 1종류의 가공물을 팰릿의 수만큼 가공한다.

③ 다종류의 가공물을 그룹으로 나누어 고정한다.

이들 중 어느 것으로 하는가는 생산량이나 고정구의 코스트, 공구 개수 등을 검토하여 결정한다.

(3) 대상으로 하는 가공물

① **가공물의 선정**……MC로 가공하기 위해서는 NC 테이프를 작성하는 시간과 비용이 추가된다. 이들 비용을 추가하더라도 MC로 가공하는 것이 유리한 것은 먼저 1로트당 개수가 매우 많아, 1개당 NC 테이프 작성 시간이나 비용이 적어지는 것이 대상이 되는 것은 당연하다.

- 1로트당 가공 개수가 많은 것
- 반복 생산으로서 비교적 주기가 긴 것
- 1개당 가공 공수가 많은 것

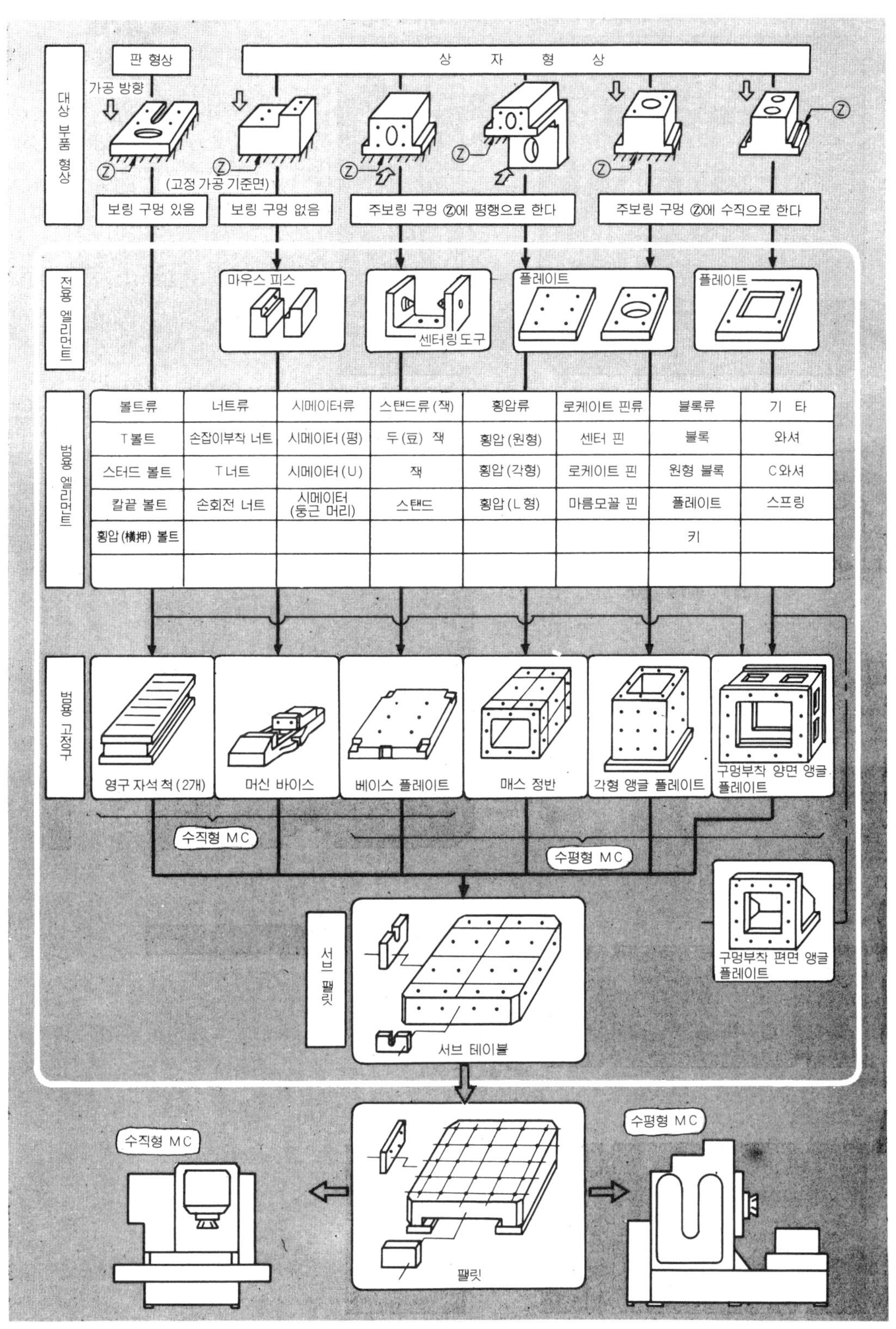

그림 1　MC 고정구의 구성 예

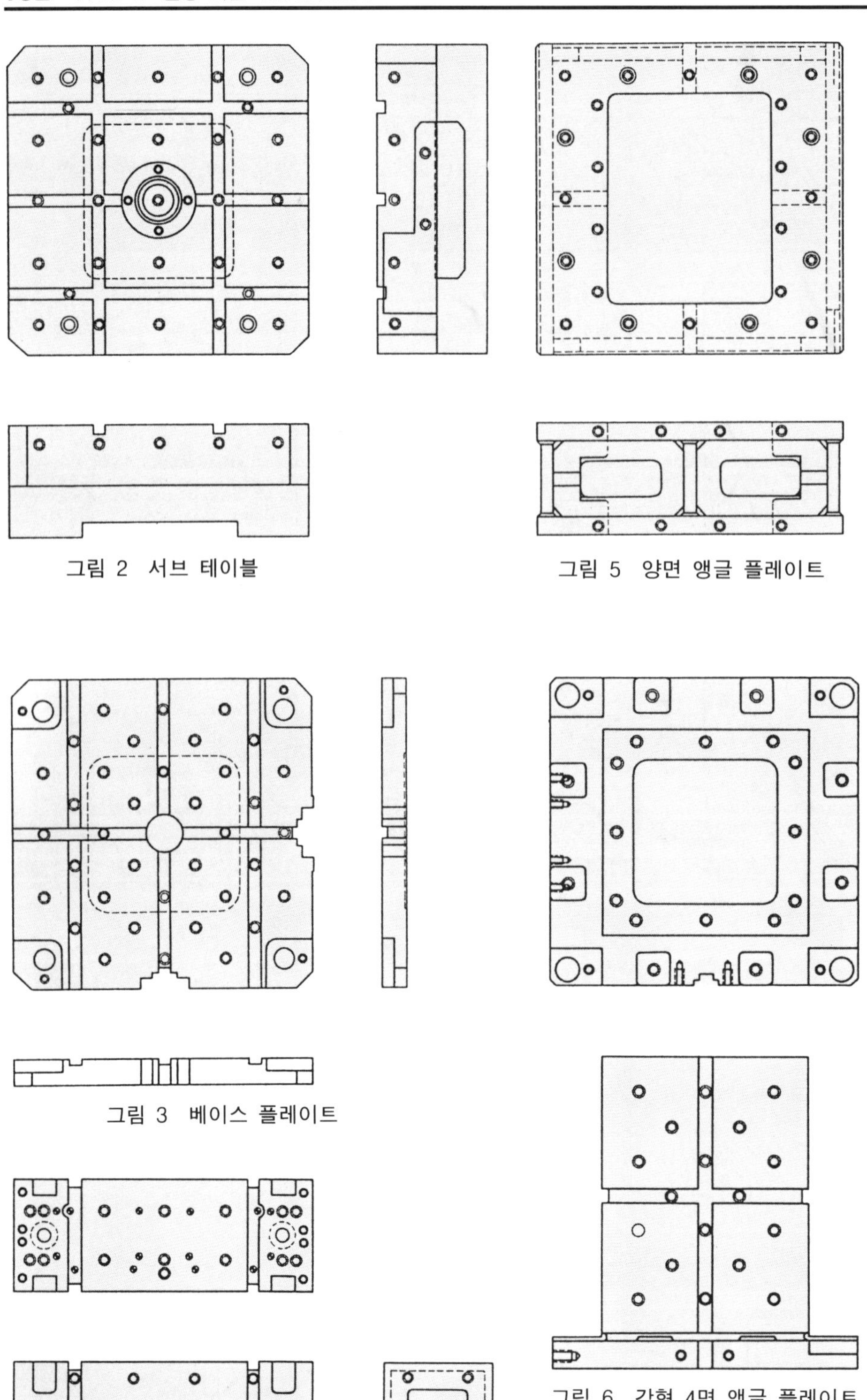

그림 2 서브 테이블

그림 5 양면 앵글 플레이트

그림 3 베이스 플레이트

그림 6 각형 4면 앵글 플레이트

그림 4 매스 정반

- 캠의 윤곽 가공처럼 범용기로 가공하는 것이 어려운 것
- 면삭(面削), 보링, 드릴 가공 등의 복합 가공을 포함하는 것
- 수작업으로는 가공이 복잡하고 치수 결정이 곤란한 것

이와 같은 가공물이 MC의 대상이 된다고 볼 수 있다.

② **가공물의 형상**……판상(板狀), 박스 모양 등의 입체물, 환봉, 원판, 링 형상의 둥근 부품, 주조품 등 물기 어려운 것과 그외 각종 형상의 것을 가공한다.

③ **가공 소재의 상태**……주조품 등 흑피면부터 깎아내는 것, 고정 기준면이나 구멍이 전 공정에서 가공되어 있는 것, 황삭 가공된 것의 다듬질 가공 등 여러 가지의 상태가 있다.

가공물의 고정

가공물의 고정은 전용 고정구를 제작하는 경우가 많지만 다종 소량 생산인 경우의 고정 구는 납기나 코스트면에서 가능한 한 범용 고정구를 사용해야만 한다. 물론, 가공물의 형 상이 다르면 고정구를 공용으로 사용할 수는 없지만 고정구의 베이스나 앵글 플레이트, 위치 결정구, 조임구 등의 표준화는 적극적으로 추진해야만 한다.

또한, 고정구를 범용화시키기 위해서는 대상으로 하는 가공물의 그룹 테크놀러지(GT) 화, 고정 기준면의 공통화, 패턴화를 꾀하여 블록 빌드 방식의 고정구를 생각해야만 한다.

그림 1은 MC용 고정구의 구성 예이다. 다음에 범용 고정구를 몇 가지 소개해 본다.

① **서브 테이블**……기계의 테이블과 마찬가지로 키홈을 가지며 탭 구멍을 매트릭스 모 양으로 규칙적으로 뚫은 것으로서 간이 위치 결정구와 조임구를 조합한 것이다. 단체(單 體)의 고정구로서 가공물 고정에 사용한다.

또한, 기계 테이블의 보호 등이 목적이며 테이블과 동일하거나 그 이상의 기능을 가진 다. 테이블로부터 떼내지는 않는다(**그림** 2).

② **베이스 플레이트**……중, 소형 MC(테이블 치수 700 mm 이하)에서 고정구의 베이스 역할을 하는 것(**그림** 3). 키홈을 가지며 탭 구멍을 매트릭스 모양으로 규칙적으로 뚫은 것 이다. 반복적으로 많은 가공물을 고정할 때는 이것에 세트하여 서브 테이블에 얹는다.

③ **매스 정반**……수평형 MC에서 가공물을 쌓아 올려 고정할 때에 사용한다(**그림** 4). 키홈과 매트릭스 모양의 탭 구멍을 가지며 대형 MC에서의 세팅 블록으로서도 사용한다.

④ **양면 앵글 플레이트**……수평형 MC에 사용하는 것으로서 비교적 평판같은 가공물을 다수 개 고정하여 사용한다. 1면에 제 1 공정으로서 황삭 가공, 다른 면에 제 2 공정으로서 다듬질 가공을 목적으로 하여 고정한다(**그림** 5).

⑤ **각형 4면 앵글 플레이트**……로트수가 많은 소형 가공물을 다수 개 고정할 때 사용한 다. 키홈과 탭 구멍을 가지고 있다(**그림** 6).

⑥ **머신 바이스**……베이스 플레이트에 머신 바이스를 고정하고 그것을 서브 테이블, 앵 글 플레이트에 고정한 후 가공물을 고정하여 사용한다. 고정은 간단하지만 가공물의 크기 에 제한이 있다. 수직형 MC의 1면 가공에 사용한다.

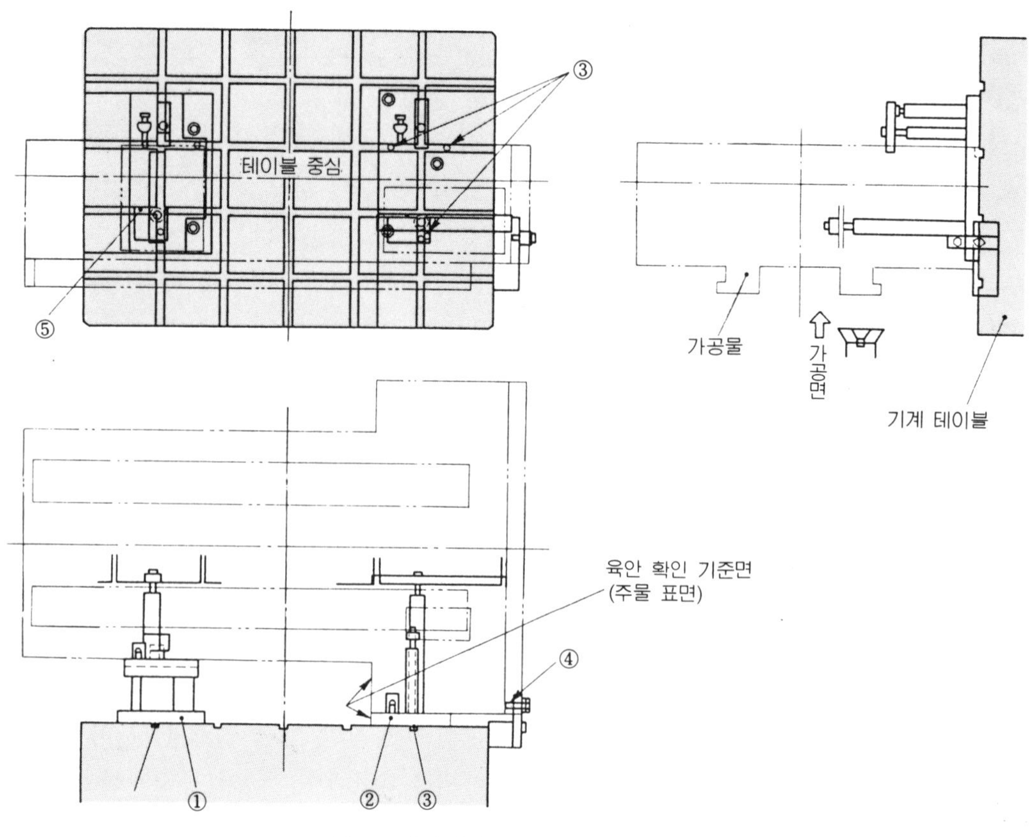

그림 7　세퍼레이트 고정구에 의한 고정

⑦ **마그넷 척**……수직형 MC에서 판상 가공물의 면삭에 사용한다.

이들 외에 스크롤 척이나 V 블록 등이 있다.

가공물의 센터링, 위치 결정

(1) 세퍼레이트 고정구에 의한 고정

그림 7은 기계 테이블상에 팰릿 고정구 ①, ②를 사용하여 가공물을 세트한 예이다. 고정구는 테이블상의 키홈에 ③의 핀 3개소에서 각각 위치를 결정하고 있다.

가공물은 미리 가공된 내측의 리브면에 ⑤의 핀을 닿게 하고, 더블 너트로 고정한 ④의 볼트에 닿게 하여 세트한다.

길이 방향은 주물 표면에 맞추기 때문에 육안으로 기준면을 확인하여 주물의 상태를 보면서 세트한다.

대형 부품에는 세퍼레이트 고정구를 사용하는 편이 효과적이다.

(2) 콘을 이용한 위치 결정

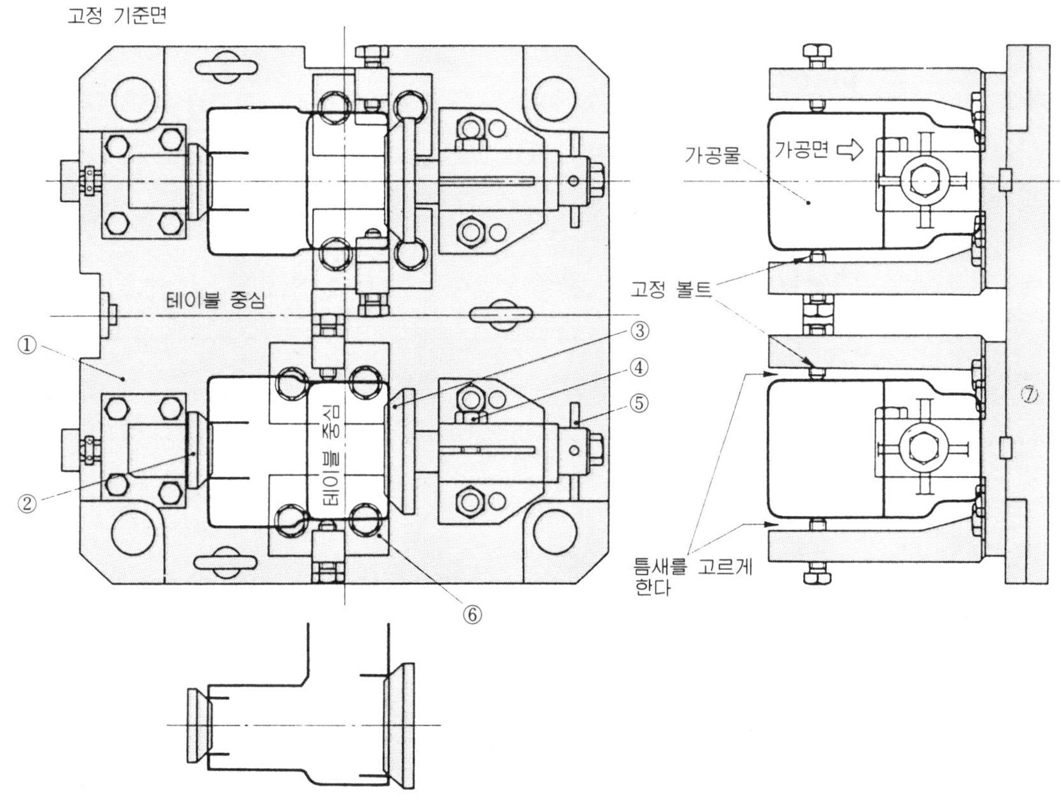

그림 8 콘을 이용한 가공물의 위치 결정

소형 주물 부품의 주물 구멍을 기준으로 하여 센터링하기 위해 콘을 사용한 전용 고정 구로 세트한 예이다(**그림 8**). 베이스 플레이트 ① 위에 고정콘 ②와 이동콘 ③, 가로 누르개 ⑥이 있다. 가공물의 주물 구멍을 기준으로 하여 센터링한 후, 금긋기를 하지 않고 세트하는 것이다. 세트 볼트 ④를 풀어 핸들 ⑤를 돌려 이동콘을 옮긴다.

가공물을 고정콘에 넣고 핸들을 돌려 이동콘으로 센터링을 하고 가볍게 클램프한다. 가로 누르개의 볼트를 조정하여 핸들을 강하게 조인 다음, 세트 볼트를 조여 가공물을 클램프한다.

이동콘은 가공물의 센터링과 위치 결정을 겸용하고 있는 것이다.

(3) 핀 2개를 사용한 위치 결정

기준면과 기준 구멍을 전가공한 가공물을 2개의 핀을 사용하여 위치 결정한 예가 **그림 9**이다. 미리 범용 매스 정반의 구멍 가공한 부분에 위치 결정 핀 ②, ③을 넣는다. 핀 ②는 둥근 핀, 핀 ③은 다이아몬드 핀이다.

다음에 가공물을 얹고 클램프 플레이트로 조여 가공물을 세트한다. 둥근 핀은 챔퍼링을 길게 하여 다이아몬드 핀보다 높게 함으로써 가공물이 들어 가기 쉽도록한다.

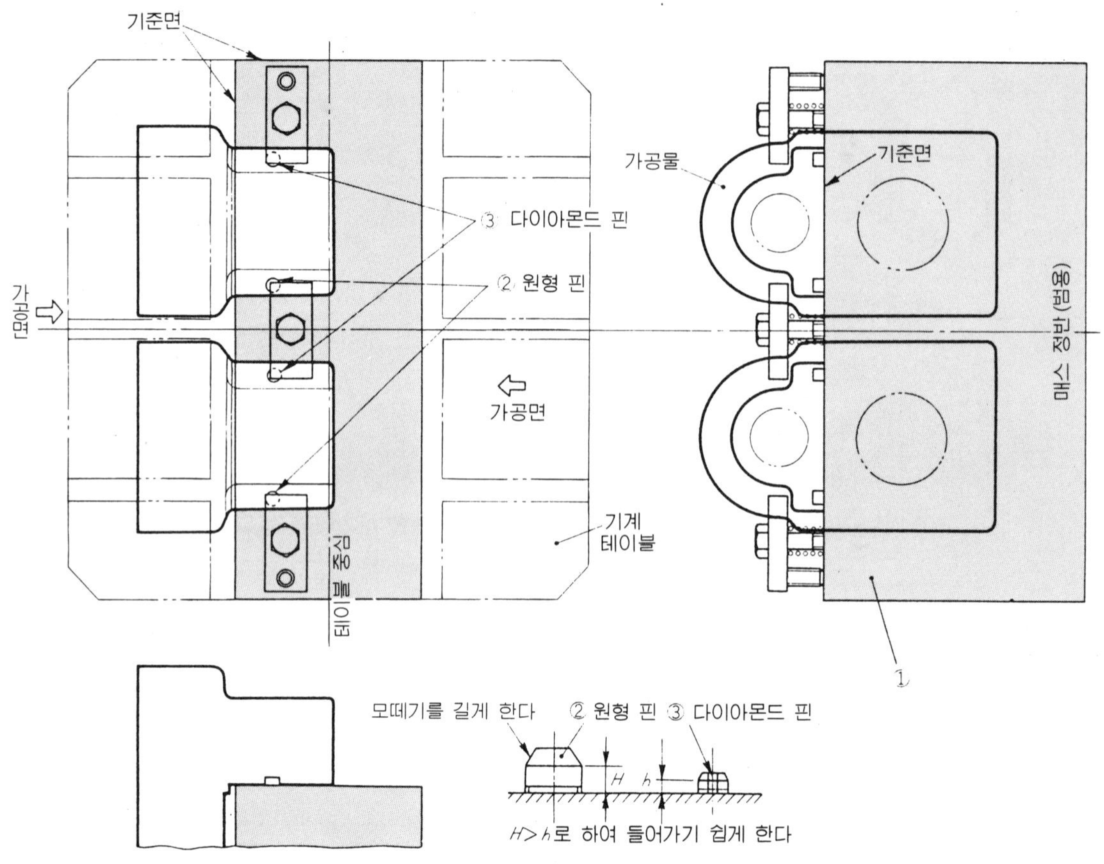

그림 9 2개의 핀에 의한 가공물의 위치 결정

MC용 고정구 제작의 포인트

⬆ 수직형 MC 자동화 고정구의 예

● MC 가공용 고정구와 체크 항목

고정구의 기본적인 사고 방식으로서는 조작성, 신뢰성, 확실성이라는 요소를 우선 만족시켜야만 한다. 가공물을 정확하면서도 신속하게 위치를 결정할 수 있고 절삭 공구와 간섭이 없으며 절삭력에 견딜 수 있는 구조와, 가공물에 변형이나 뒤틀림을 주지 않고 정밀도를 유지할 수 있는 것이 필요 조건이다.

수직형 MC와 수평형 MC에서는 가공 범위가 조금 다르지만 가공 개소는 일반적으로 많기 때문에 이들 조건을 전부 만족하는 고정구는 좀처럼 찾기 어렵다. 따라서 고정구를 설계, 제작하는 경우는 오랜 세월의 경험과 고도의 가공 기술이 필요하다.

고정구를 제작하는 데에 있어서는 사용하는 측과 설계하는 측이 잘 협의하여 의사의 소통을 꾀해 두는 것이 중요하다.

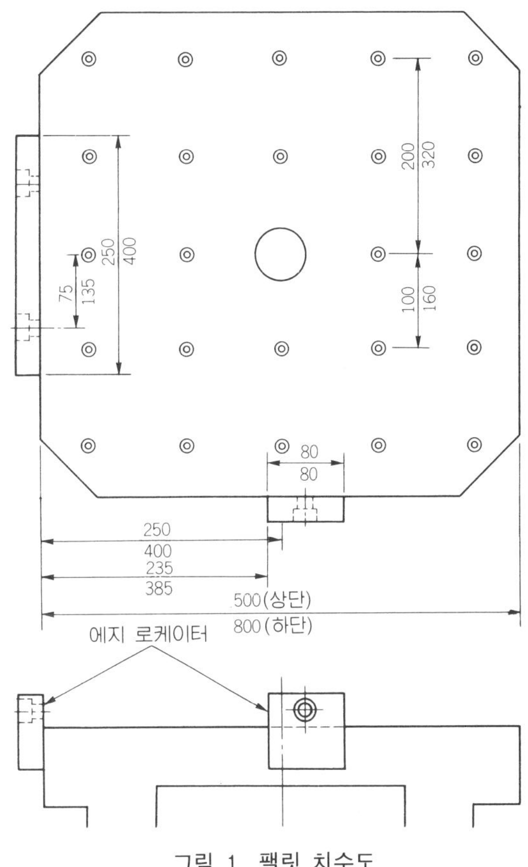

그림 1 팰릿 치수도

또한 제작 후의 실패나 수정을 가능한 한 적게 하기 위하여 기계 시방을 잘 파악하여 가공 공정의 분석이나 절삭 공구와의 관련 등 가공 내용을 충분히 확인하여 착수할 필요가 있다. 그러기 위해서는 다음과 같은 일반적인 체크 항목을 확인하여 정확한 시방으로 해야 한다.

① 사용하는 기계의 기종, 기능, 시방의 확인

② 가공물 이름, 소재 형상, 절삭 여유, 재질

③ 가공 개소, 전가공 개소, 가공 공정, 고정 개수, 가공 정밀도, 사이클 타임

④ 기준면, 기준 구멍, 클램프 방법(수동, 자동)

⑤ 절삭유의 유무와 종류(수용성, 유성)

⑥ 사용 빈도와 공통성

⑦ 강성(剛性), 중량, 시방 범위내

⑧ 조작성(가공물 교환, 러프 가이드의 위치, 기준면의 청소, 클램프 위치, 기타)

⑨ 정밀도의 확보(클램프 변형, 기준면의 정밀도, 위치 결정 핀의 피치와 지름)

⑩ 간섭 체크(공구와의 간섭, 기계 스트로크, 자동 공구 교환시의 간섭, 테이블 회전시의 간섭, 커버와의 간섭)

⑪ 칩 처리(쿨런트, 커버, 고정 위치, 높이)

⑫ 세팅 방법, 센터링, 고정구 상호간의 치수 관리

⑬ 부품의 표준화, 조립의 간단화, 메인티넌스, 관리 기준, 리프팅 볼트의 유무

이와 같이 체크 항목이 상당히 많기 때문에 어렵게 생각될 지도 모르겠지만 이것들을 종합해서 생각해 보면 MC용 고정구에서는 가공물의 고정 위치가 중요한 포인트가 된다.

고정 위치는 가공 능률이나 정밀도, 조작성을 좌우하는 중요한 원인이기 때문에 기계의 시방이나 가공 개소, 사용하는 공구 등 전체를 생각하여 충분히 검토한 후 결정한다.

예를 들면, 의외로 많이 발생하고 있는 문제점으로서 가공시, 공구의 스트로크 부족이다. 이것 때문에 면삭의 경우, 공구의 빠짐 여유(draft)가 없다든지, Z축의 스트로크 부족으로 인해 가공 깊이가 확보되지 않는 수가 있다.

그 밖에 공구, 커버 등과의 간섭이나 절삭 칩의 배제 등 체크 누락을 들 수 있다.

가공물 고정, 해체의 위치로서는 교환 위치가 정면에 오도록 테이블의 각도 위치를 결정한다. **그림** 1은 수평형 MC의 팰릿 치수도인데 전후 좌우 방향의 위치 결정은 팰릿 끝면에 고정된 길고 짧은 에지 로케이터를 사용한다. 그래서 이 에지 로케이터와 가공물 고정 위치가 어떤 위치 관계에 있는가를 잘 파악하는 것이 포인트이다.

● 가공 능률을 중시한 고정구

가공 시간은 프로그램을 변경하지 않는 한 항상 일정하다. 여기서 가공 능률을 중시한 고정구란, 가공 시간이 아니라 가공물의 고정, 해체 시간을 단축함으로써 항상 안정된 가공 정밀도를 유지하는 고정구를 의미한다.

(1) 러프 가이드

러프 가이드는 가공물을 고정할 때에 빠르고 정확하게, 기준면 또는 기준 구멍에 위치를 결정시키는 가이드이다. 러프 가이드의 유무가 가공물의 교환 시간을 크게 좌우한다. 러프 가이드에는 판이나 환봉을 사용하지만 위치나 크기를 고려하지 않으면 가공시에 공구와 간섭하는 수가 있으므로 주의가 필요하다.

(2) 기준면, 기준 구멍

위치 기준으로서는 면 또는 구멍을 이용한다. 면 기준의 경우는 면이 그다지 크지 않고 고정되었을 때에 안정된 위치를 몇 개소 취한다. 그 면은 가공물 기준 즉, 도면상에서의 기준면이 되도록 한다. 그리고 위치 결정시에 면과의 밀착 여부에 대한 확인이 간단하도록 블록에 의한 움직임의 확인, 게이지에 의한 체크, 에어에 의한 확인 등 각각 필요에 따라 고려한다.

한편, 구멍 기준의 경우는 일반적으로 2개의 가이드 핀을 사용하여 위치를 결정한다. 가이드 핀은 **사진** 1과 같이 레버에 의해 상하로 움직이게 하는 기구가 일반적이다. 이것은 핀을 뺌으로서 가공물의 교환 시간이 빨라진다든지, 핀에 손상이 가지 않게 하여 정밀도를 유지해 주기 때문이다.

또한 핀의 형상도 2개 중 한쪽을 다이아몬드형으로 하면 구멍 피치가 다소 틀리더라도 핀이 들어가기 쉽고, 다이아몬드 형상이 회전 방향의 기준 위치로 되기 때문에 위치 결정 정밀도는 변함이 없다.

사진 1 가이드 핀과 센터링 구멍

(3) 클램프

클램프 위치는 절삭력에 견딜 수 있고 가공물이 클램프에 의해 변형이나 뒤틀림을 일으키지 않는 부분을 선택한다. MC 가공에서의 절삭력은 상하 방향 보다도 좌우 방향으로 가해지는 것이 일반적이며 상 방향의 조임만으로 지지되기 위해서는 상당히 강력한 힘이 필요하게 된다. 또한 가공물이 변형하는 원인이 되기도 한다.

그래서 좌우 방향으로 위치 결정 블록과 푸시 볼트를 설치하여 절삭력을 받는 방법도 있다.

(4) 간섭 방지

고정구에서는 간섭 점검이 중요한 항목의 하나이다. 고정구와 절삭 공구의 간섭 때문에 공구를 변경한다든가 가공 공정을 바꿈으로서 작업 능률을 저하시키는 원인이 되면 큰 마이너스이다.

주축 헤드가 테이블이나 가이드 레일, 커버, 클램퍼 등과 간섭하지는 않는지 또는 공구를 교체할 때에 고정구와 간섭하지는 않는지, 테이블이 회전할 때에 간섭이 일어나지는 않는지 등 테이블상의 공간으로부터 가공 공정을 검토하여 간섭이 일어나지 않도록 해야만 한다.

(5) 칩 대책

칩 처리 대책도 능률이나 정밀도에 크게 영향을 미치기 때문에 중요한 항목이다. 가공 전 즉, 고정구의 제작 단계에서 가공시의 칩 발생 상황을 예지하는 것은 어려운 일이며 가공 기술자의 경험에 의존할 수 밖에 없다.

보통, 테이블상의 칩이 모이지 않게 하기 위하여 고정구의 아래쪽에 경사 커버를 설치하여 칩을 베드 위로 흐르게 하는 방법을 취하거나 기준면이나 기준핀의 주위도 마찬가지로 경사상으로 하여 칩이 모이지 않게 하고 있다.

흐르지 않는 칩을 간단히 제거할 수 있도록 각 코너 부분에 창을 많이 만들어 브러시 등으로 간단히 제거하는 공간을 만들어 두는 것도 중요한 포인트이다.

● 반전 보링 구멍 정밀도를 확보한다

고정구 정밀도, 가공물 고정의 불균일, 기계 정밀도, 열변위 등으로 인해 오차량이 일정하지 않기 때문에 가공 프로그램을 그 때마다 변경한다든가 가공물 좌표값을 수정하여 가공하는 경우가 있다.

이 오차는 고정구만의 원인이 아니기 때문에 고정구만으로는 해결할 수 없다. 그러나 고정구의 센터링 구멍을 기준으로 하여 가공물의 위치를 보정하는 방법이 있다. 그래서 대향(對向) 구멍의 보링 가공으로 테이블을 180° 회전시켜 2방향에서 가공하는 관통 구멍 정밀도를 확보하는 대책을 생각해 보았다.

이것은 접촉식 센서를 사용하여 센터링하는 방법이다. 먼저, 고정구의 위치와 가공물 위치, 기계 위치를 계산한다. 고정구에는 접촉식 센서로 센터링할 수 있는 센터링 구멍을 뚫는다. 센터링 구멍에는 내경을 연마한 부시를 박는다.

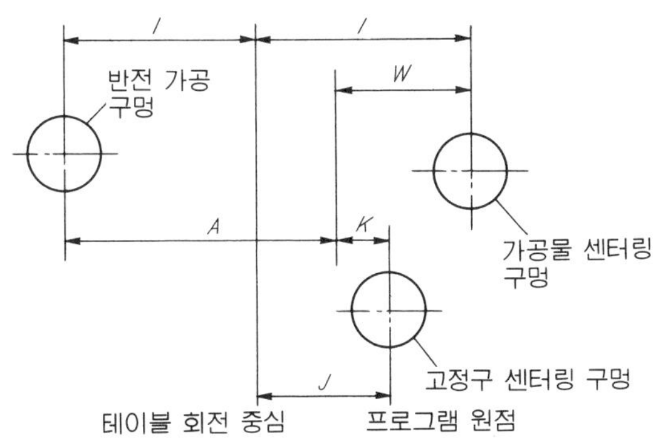

그림 2 센터링 관계 치수

팰릿에 고정한 상태에서 미리 테이블 중심과 센터링 구멍의 관계 치수를 정확히 측정하여 NC 메모리에 기억시켜 둔다. 고정구의 센터링 구멍의 위치와 가공물의 기준 구멍 위치를 그 때마다 측정하고 그 데이터를 사용하여 다음의 계산식으로부터 보정량을 계산한다(**그림 2**).

$$A = W + 2(J - K) \times (-1)$$

보정값을 자동적으로 NC 메모리에 기록하여 보정한 후 가공함으로써 정밀도를 확보할 수가 있다.

● 고정구의 고안

(1) 대형 가공물의 위치 결정 예

사진 1은 가이드 핀과 센터링 구멍을 조합하여 가이드 핀으로 위치를 결정하고 그 위치를 센터링 구멍을 사용하여 자동 센터링하고 있는 것이다. 정밀도가 요구되는 경우에 흔히 사용되는 방법이다.

그 다음에 가공물을 얹는데 대형 가공물은 중량이 많이 나가기 때문에 크레인 등을 사용하여 들어 올린 후, 지정 위치로 이동하며 러프 가이드를 이용하여 천천히 내린다. 러프 가이드는 여유가 있기 때문에 크레인으로 내린 위치에서 가이드 핀 레버를 돌려 핀을 넣는데 이것이 그리 간단하지가 않다.

보통은 가공물의 측면에 설치된 푸시 볼트 블록을 사용하여 전후 좌우로 조금 이동시켜 핀의 일치점을 찾는다. 그러나 이 방법에서는 시간이 많이 걸리며 핀을 손상한다거나 무리한 위치에서 핀을 넣기 때문에 정확한 위치 결정이 되지 않는다.

그래서 **사진** 2와 같은 평형 이동 업(up) 기구를 삽입한 장치를 고안하였다.

이 장치는 편심 샤프트의 중앙에 유도 베어링을 넣고 양단에 코일 스프링을 설치한 간단한 장치이다. 레버를 돌리면 편심량만큼 가공물이 올라간다. 그렇게 하면, 전후 좌우로 작은 힘으로 이동할 수 있어 가이드 핀 레버의 위치에서 작업이 가능해지기 때문에 간단히 위치 결정 핀을 넣을 수가 있다. 평형 이동할 수 있는 점이 큰 특징이다.

사진 2 평형 이동 업 장치

사진 3은 내추럴 클램프 방법의 일례이다.

내추럴 클램프는 가공물의 기준 위치 이외의 적당한 부분을 클램프하고 싶은 경우, 면이 변형되어 있다거나 치수가 안정되어 있지 않는 경우 등에도 가공물에 맞추어 클램프할 수 있는 장치이다.

이제까지는 핀을 고정하는 데에 나사를 사용하였으나 진동으로 풀려진다거나 접촉 면적이 적기 때문에 클램프력이 크지 않아 핀 위치를 정확하게 고정할 수 없는 등 결점도 몇 가지 있었다.

내추럴 클램프는 나사 대신에 웨지 기구를 채택하고 있다. 조작이 간단하고 클램프력이 커서 확실하게 고정할 수 있기 때문에 이들 문제점을 해소하였다.

사진 3 내추럴 클램프

(2) 클램프 자동화의 예 ① (수직형 MC의 경우)

컷 사진은 APC(자동 팰릿 교환 장치)가 부착된 수직형 MC의 클램프를 자동화한 고정구의 예로서 고징 개수는 한쪽에 각 4개, 양쪽이 8개이다. 클램프, 언클램프의 자동화를 꾀하여 고정, 해체 시간을 단축하고 있다.

언클램프는 고정구 좌측의 커플러(coupler) 장치를 거쳐 유압 기구를 이용하여 다수개를 동시에 처리한다. APC가 동작할 때 팰릿이 대기 장소로 반출된 위치에 커플러의 수구(受口)가 설치되어 있어, APC의 동작 완료와 동시에 유압 전환 밸브가 ON으로 되어 언클램프가 자동적으로 행해진다. 여기서 가공물의 제거와 다음 가공물의 고정을 한다.

유압 OFF의 상태에서 클램프 실린더 유닛내의 판스프링의 힘으로 클램프한다. 유압원을 사용하지 않기 때문에 가공중에 오일이 누출될 염려는 없다. 특히 APC와 같이 팰릿이 이동하고 외부로부터 압력원을 취하기가 어려운 경우, 이와 같은 클램프 기구가 많이 채택된다.

(3) 클램프의 자동화 예 ② (수평형 MC의 경우)

사진 4는 가로로 길게 클램프 부분이 1면이기 때문에 채터링이 일어나기 쉬운 가공물용 고정구의 예이다.

가공물은 중앙의 창 속에서 러프 가이드를 따라 안쪽의 기준 플레이트에 눌려 접촉해 있고, 기준 플레이트의 2개의 로케이트 핀으로 위치를 결정한다. 언클램프는 오른쪽 아래의 커플러를 통해 유압을 이용한다.

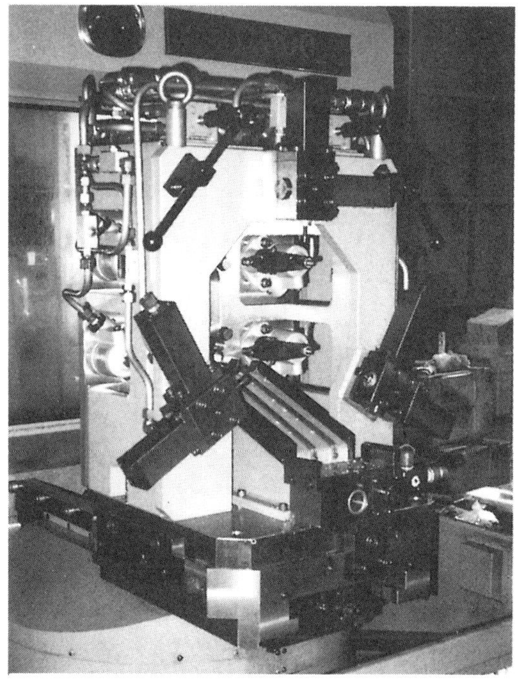

사진 4 수평형 MC의 자동화 고정구의 예

　정면 위쪽의 좌우에 레버를 각각 1개씩 볼 수 있는데 이 레버가 클램프 레버의 역할을 담당한다. 1개의 레버가 기준 플레이트측에 고정된 4개의 클램프를 움직인다. 이 레버가 가공물의 메인 클램프로 되어 가공물을 고정시킨다.

　또 하나의 레버는 가공물이 가늘고 길며 외경이 이형이라 채터링이 일어나기 쉽기 때문에 채터링의 방지 작용을 하며 앞쪽 3개소의 내추럴 클램프를 움직인다. 스프링에 의해 클램프 핀이 가공물면에 접촉하며 핀의 고정은 웨지 기구를 이용하고 있다.

　앞쪽의 센터링 구멍은 보링의 정밀도를 확보하기 위한 접촉식 센서에 의한 자동 센터링 구멍이다.

MC에서의 양산 소형 부품 가공의 고정구

최근의 경향으로서 자동차 부품 등 다량 생산을 목적으로 한 가공에서도 트랜스퍼 머신이나 로터리 인덱스 머신을 사용하지 않고, 머시닝 센터(MC)를 부품 가공 전용 기로서 사용하는 것이 일반화되어 있다. 이것은 부품의 변경에 간단히 대응할 수 있는 범용성을 추구하고자 하는 사고 방식이다.

트랜스퍼 머신이나 인덱스 머신에서는 가공 시간이 10초 또는 30초로서 매우 짧은 것이 최대의 장점이다. 그러나 모델 체인지 등으로 부품의 형이 변했을 때에 대처하기가 어렵기 때문에 완성되었다 해도 금방 세팅을 할 수가 없다. 또한, 제작 기간도 반년에서 1년 정도 소요되어 기계가 가동될 때까지의 시간적인 손실도 크다.

다량 생산 부품의 가공에 MC를 채택하느냐 마느냐는 제쳐 두더라도 다품종 중소량 생산 부품에는 MC가 상당히 많이 사용되고 있는 것은 확실하다. 동시에 MC 메이커도 소형 부품 분야를 타깃으로 하여 고속, 고정밀도 타입의 저가격 MC나 드릴링 센터를 출시하고 있다.

그러나 아무리 MC의 기능이 향상하여 생산성이 오르게 되어도 지그나 고정구를 어떻게 고안하고 어떻게 제작하는가에 따라 생산성이나 능률이 크게 좌우된다. 다시 말해, 소형 부품의 중소량 생산에서는 MC를 살리느냐 죽이느냐는 고정구에 달려 있다고 말할 수 있을 정도이다. 고정구의 제작과 사용 방법에는 세심한 주의와 경험이 필요하다.

중소량 생산의 소형 부품 가공용 고정구는 MC의 테이블에 될 수 있는대로 많은 가공물을 고정하여 기계의 실가공 시간을 늘리고, 아이들 타임을 최소한으로 하는 소위 다수개 고정구가 필요하다.

또한 유압이나 공압을 사용한 가공물의 착탈, APC(자동 팰릿 교환 장치) 등으로 기계의 가동률을 높이고 또한, 24시간 무인 가공 라인을 구축하는 등 자동화에 의해 부품 가공 원가를 인하한다는 것을 생각할 수 있다. 여기서는 MC에 의한 중량(中量) 생산의 소형 부품 가공에 있어서의 다수개 고정구의 사례를 몇 가지 소개한다.

1 긴 부품용 슬라이드 고정구

알루미늄 압출 성형품의 전장에 걸쳐 드릴링 가공을 하고 다시 외측면에 반구상(半球狀)의 키시트(key seat) 커터로 다듬질해야만 한다.

이 때 사용한 MC의 X축 이동량은 500 mm로서 스트로크가 부족하기 때문에 300 mm 스트로크의 에어 하이트 게이지식 슬라이드 고정구를 만들어 테이블 위에 설치함으로써 약 800 mm까지의 긴 부품을 가공할 수 있게 되었다.

슬라이드 고정구의 안내면에는 롤러 가이드를 채택하여 마찰 저항을 적게 하고 있다. 또한, 고정구의 테이블에는 정밀한 X, Y 방향의 위치 결정 장치가 있어 3개 단위의 교환 고정구를 원터치로 교환할 수 있기 때문에 수 개의 가공물을 가장 적은 세팅 시간으로 가공할 수 있어 가동률이 향상되었다. 이 가공물은 위로부터 클램프할 수 없기 때문에 수평으로부터 밀어 붙이는 조임 방법을 취하였다.

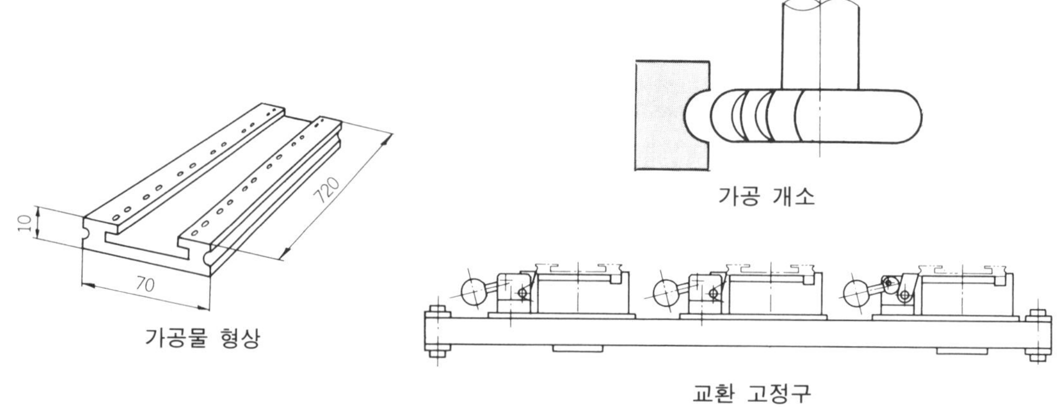

가공물 형상

가공 개소

교환 고정구

2

3조 벌림 척

가공 소재는 알루미늄 주물이고, 내경이 ϕ 60 mm, 전장이 120 mm이며 외측 이형부의 다방향 드릴링, 탭핑, 밀링 가공을 하는 4개 단위의 분할 고정구이다.

기준이 되는 면의 측면 및 ϕ 60 mm 내경은 전공정에서 선삭 다듬질되어 있지만 가공물에 따라 0.15 mm 정도의 불균일이 있기 때문에 시방 협의 단계에서는 ϕ 60 mm의 코어 메탈을 사용한 분동식 끝면 조임을 생각해 보았다.

그러나 편심이 발생하는 것은 분명한 일이기 때문에 3조 벌림 척을 제작하여 가공물의 내경이 전체적으로 균일하지 않아도 내경을 확실하게 처킹할 수 있도록 하였다.

3조 타입은 심압대의 테이퍼콘에 의해 조가 반지름 방향으로 평행하게 벌어지기 때문에 밸런스가 양호한 강력한 조임력을 발휘한다.

또한 심압대 테이퍼콘은 이동량이 130 mm로서 후퇴단은 가공물 끝면과 10 mm의 간격이 주어지므로 테이퍼콘 자체가 90° 선회하여 완성품을 뺄 수 있도록 하였다.

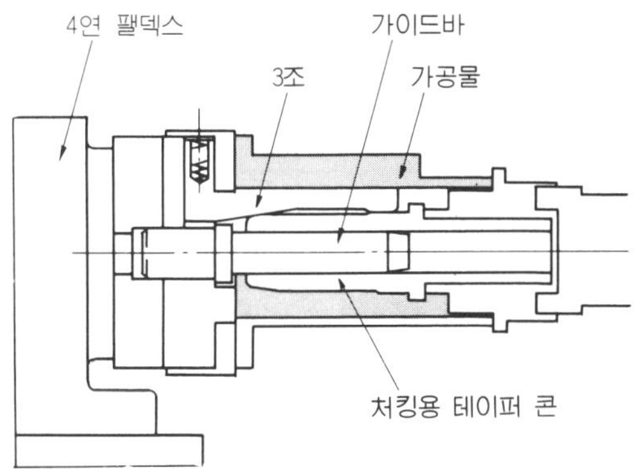

3조 벌림 척

3 회전 · 고정 조합 고정구

　복수의 가공물을 동시 가공하는 고정구의 예이다. 가공물은 자동차 엔진 부품으로서 생산 관리상 가공물 A와 가공물 B가 세트품이기 때문에 동일한 개수로 생산되어야만 한다.

　가공물 A를 회전 클램프 고정구로 90°씩 분할하여 4면 가공하고 동일 테이블상에 가공물 B의 겉과 속을 가공하기 위한 고정 고정구(클램프 방법은 수동 토글 클램프)를 설치하여 3개 단위로 가공을 하였다. 유압을 걸어 회전하기 때문에 로터리 조인트를 고안할 필요가 있다.

　이와 같이 하여 2종류의 가공물이 1사이클 3세트씩 생산하게 되었다. 1사이클의 가공 시간은 약 25분이다.

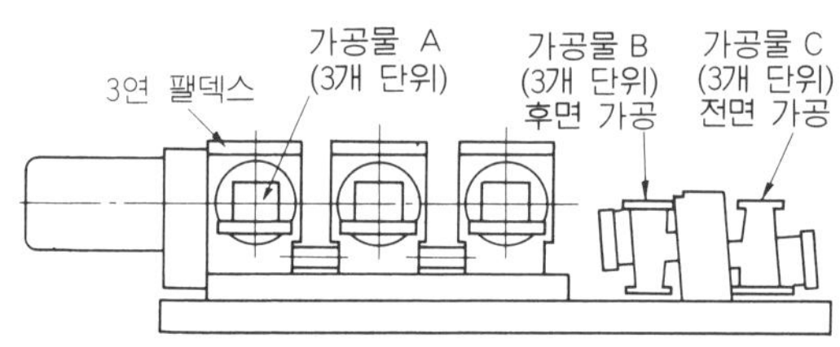

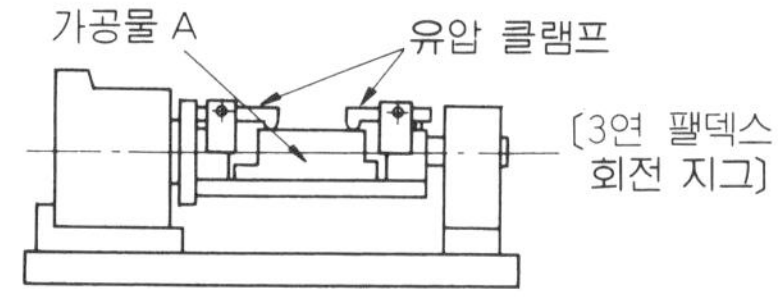

가공물 A · B 동시 가공

4 편심 캠에 의한 분할 고정구

 가공물은 알루미늄 다이캐스트로서 2개소의 $\phi 6\,mm$ 구멍 피치가 주물 빼기 구멍이기 때문에 가공물에 따라 0.3 mm의 불균일이 있다. 그래서 면판측에 2개의 상하 가동편에 의해 대강의 위치 결정을 하고 편심 캠으로 가공물 전체를 아래로 밀어 붙인 다음, A면(밀링 가공한 상태)이 고정구 앵글 플레이트부에 확실히 접촉하도록 하여 드릴링, 탭핑, 스폿 페이싱 가공을 하였다.

 수동 클램프이긴 하지만 편심 캠의 강력한 조임력으로 절삭에 따라 생기는 회전 방향 모멘트에 의한 가공물의 부상(浮上)이 없어져 채터링 발생을 피할 수가 있었다. 또한, 워크 서포트 심압축은 베어링을 내장한 플로팅 타입으로서 다이캐스트 주물 표면의 고르지 못함을 흡수한 알렉스 클램프에 의한 방법이다. 그리고 가공물의 착탈을 간단히 하기 위하여 심압대 전체가 전후로 100 mm 슬라이드할 수 있는 기구를 채택하였다.

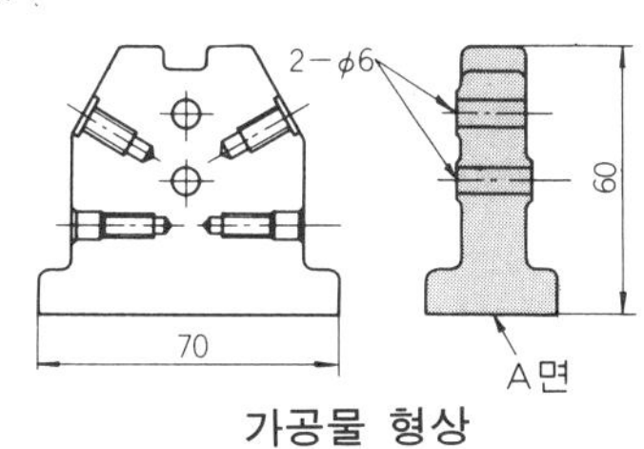

가공물 형상

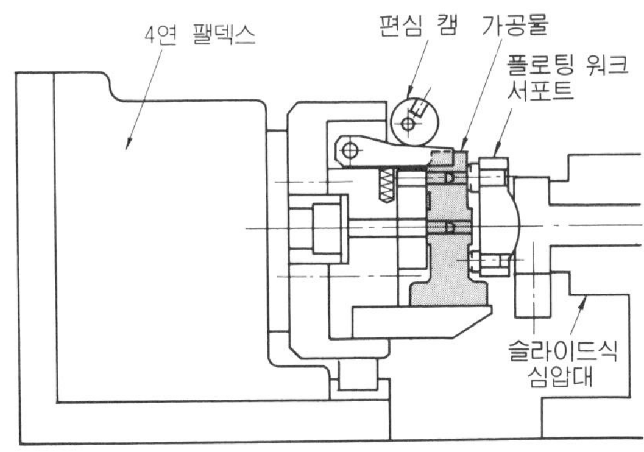

분할 지그의 구조

5 다방향 케이지형 분할 고정구

　가공물은 전장 180 mm의 알루미늄 다이캐스트 부품으로서 그림과 같은 돌기부가 임의의 각도로 4곳에 튀어 나와 있다. 또한 돌기부 상면은 φ25 mm의 엔드밀로 자리깎기를 하기 때문에 클램프가 약할 경우 채터링이 발생한다.

　그래서 팰덱스 면판과 심압 유닛을 케이지형 고정구로 연결하여 일체 구조로 만들었다. 그렇게 함으로써 유압 센터로 강력하게 가공물을 밀어 붙여도 팰덱스 면판에 스러스트력을 받지 않고 안정된 좌면삭이 가능케 되었다.

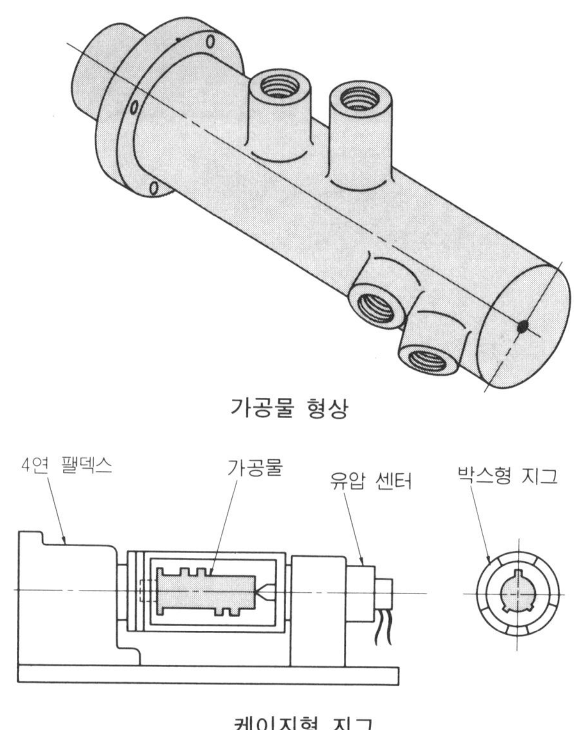

가공물 형상

케이지형 지그

6

샤프트 전자동 가공 고정구

OA 기기의 샤프트 드릴링, 탭핑, 엔드 밀 가공용으로서 MC 테이블상에 설치한 전용 고정구이다. 고정구의 중앙에 완성품 반출용의 컨베이어가 있고 그 좌우에 워크 스토커를 사용한 자동 공급 장치를 가진 자동 클램프 고정구가 2개 세트되어 있다.

자동 클램프 고정구 (A)에서 클램프한 가공물을 가공하는 도중에 고정구 (B)로 가공물을 공급하여 고정구 (A)의 가공이 종료하면 (B)가 가공을 개시한다. 이렇게 하여 가공중에 다음의 가공물이 공급 대기하고 있기 때문에 MC의 아이들 타임이 없어지게 된다.

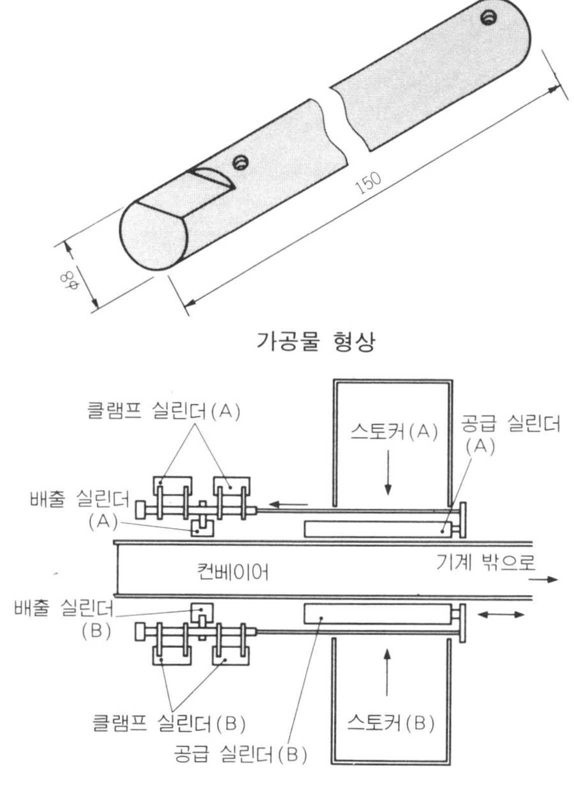

가공물 형상

가공물 공급 · 배출 시스템

7 내 · 외통 결합 가공용 분할 지그

　실린더 자물쇠의 내통, 외통에는 90° 위상 차이의 위치에 합계 11개의 가로 구멍이 뚫려져 있다.

　그러나 내 · 외통 모두 구멍을 뚫는 위치가 같기 때문에 조립한 상태에서 동시 드릴링 가공을 함으로써 종래의 방법에 비해 가공 시간을 약 절반으로 줄일 수 있다.

　90° 분할은 에어 실린더로 랙과 피니언을 사용하여 분할하는 형식으로 하여 녹 핀으로 위치를 결정한다.

　고정구는 좌우 2개로 나누어지고 각각 가공물을 3세트씩 클램프하며 우측의 고정구에서 가공하는 도중에 좌측 고정구에서 가공물을 착탈한다. 따라서 아이들 타임을 제로로 할 수가 있었다.

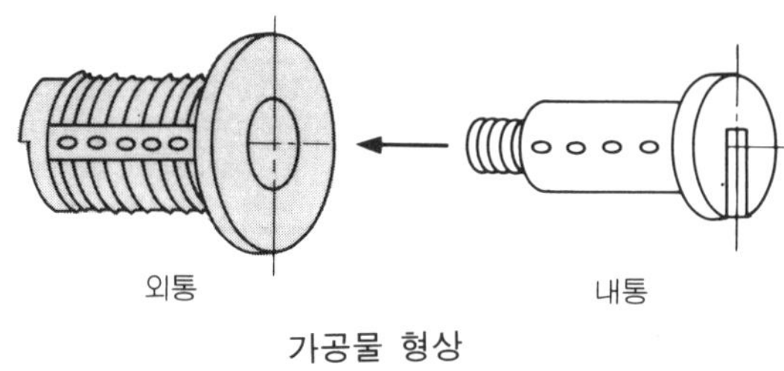

가공물 형상

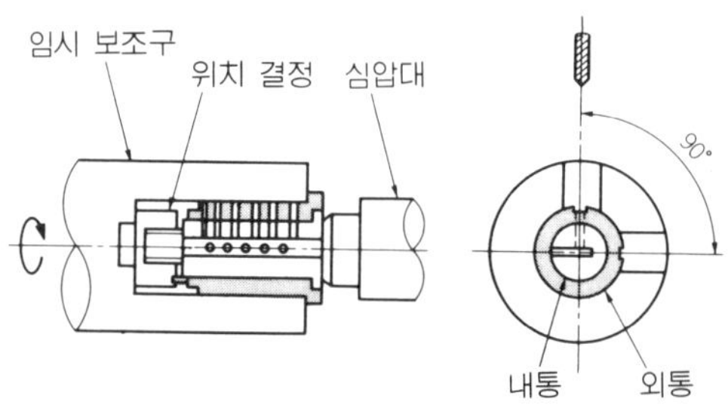

내 · 외통 세트 가공용 분할 지그

8 구멍 가공용 다수개 분할 지그

자동반으로 가공한 부품의 가로 드릴링, 탭핑, 엔드 밀 가공을 하는 2연(連) 팰덱스에 의한 16개 단위 클램프 장치이다.

가공물의 형상은 그림의 것이 대표적인 것이며 개수는 50여개이다. 그리고 어떤 가공물에서도 센터 지지 가능한 고정구로 해야만 한다. 그리고 2개의 에어 실린더로 센터 유닛을 내려 눌러 8개의 가공물을 동시에 지지하는 구조로 하였다.

센터는 가공물들의 길이에 차이가 있어도 전체의 가공물을 균일하게 클램프할 수 있도록 오일을 봉입하고 있다. 수동 클램프 방식에 비해 조임 스페이스가 적고 다수개 단위로 가공함으로써 아이들 타임이 상당히 감소하였다.

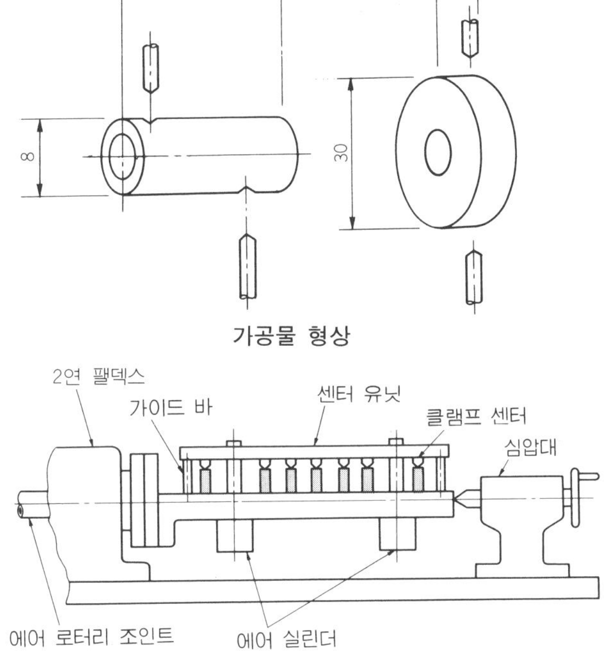

가공물 형상

구멍 가공용 다수개 단위 클램프 장치

9 다품종 대응의 콜릿 척

  의료 기기에 사용하는 부품은 가공 정밀도가 높고 전형적인 다품종 소량 생산이며 가공물이 달라질 때마다 세팅 교체를 빈번하게 해야만 한다. 그래서 어떤 가공물에도 대응할 수 있도록 4연(連) 팰덱스에 고정밀도 콜릿 척(샤브린 ESX 32)을 사용하여 유압 심압대를 붙임으로써 세팅을 쉽게 하였다. 따라서 시간 단축이 꾀해졌다. 또한 가공 정밀도를 더욱 향상시키기 위하여 팰덱스의 주축을 유압 브레이크로 클램프하는 기구를 가지고 있다.

  이 예에서는 스패너에 의한 수동 콜릿 척을 사용하고 있지만 에어식 드로 바에 의한 당김형 콜릿 척 장치도 많이 사용되고 있다.

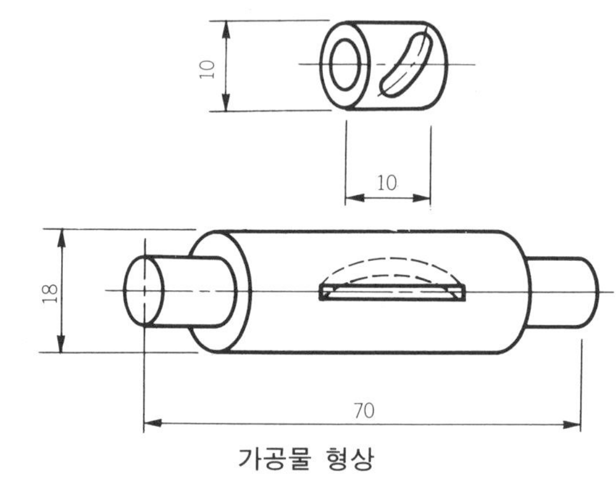

가공물 형상

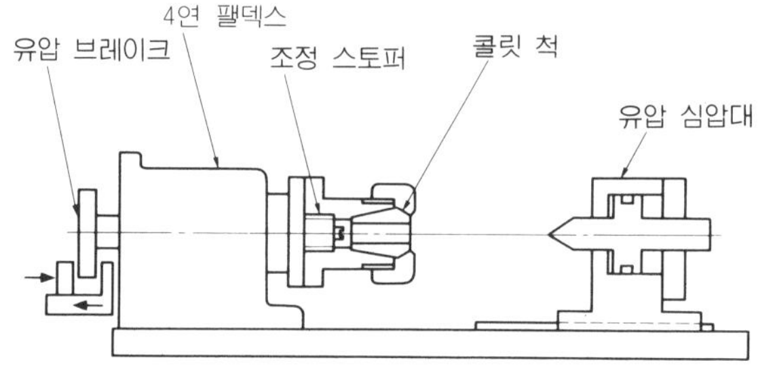

콜릿 척과 유압 심압대

10

끝면 조임 보조구로 5개 단위

　알루미늄 광학 부품의 경통(鏡筒)에 드릴링, 탭핑, 밀링, 엔드 밀 가공을 하는 5연 팰덱스 방식의 분할 고정구이다.

　이 가공물은 박육 파이프로서 일반적인 벌림 척에서는 변형해 버리기 때문에 가공물의 내경을 지지하는 바요네트(獨, Bajonett)식 자동 끝면 조임 보조구를 사용하였다.

　또, 보조구와 당김봉을 교환하면 다른 가공물에 대한 세팅 교체시에도 간단하며 벌림 척에도 사용할 수 있다.

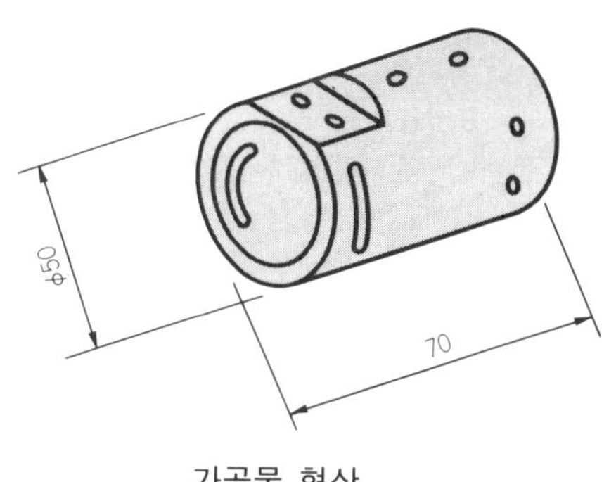

가공물 형상

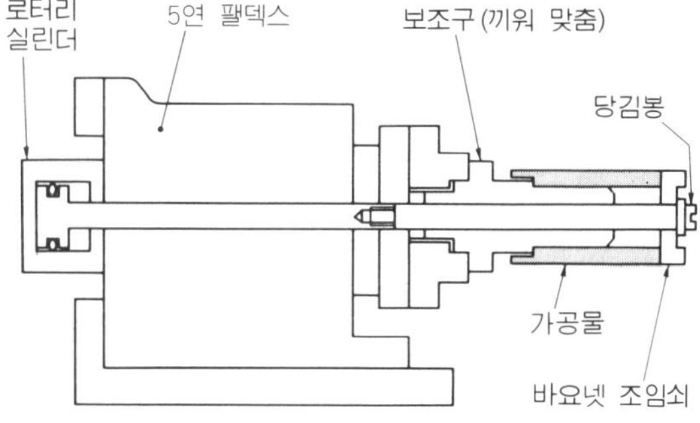

내경 끼워 맞춤에 의한 끝면 조임 보조구

11

벌림 보조구에 의한 12개 단위

　알루미늄제 광학 부품의 드릴링, 탭핑, 엔드 밀 가공을 하는 것으로서 12개 단위의 벌림 보조구를 사용한 자동 클램프 고정구이다. 로터리 에어 실린더를 고정구의 베이스 내부에 설치하여 당김봉을 아래로 당겨 가공물의 내경에 자동적으로 물리게 하는 방식이다.

　벌림 보조구와 당김봉은 탁상 선반에서도 사용이 가능하며 따라서 범용의 보조구 블랭크를 사용할 수 있기 때문에 제작비도 싸다.

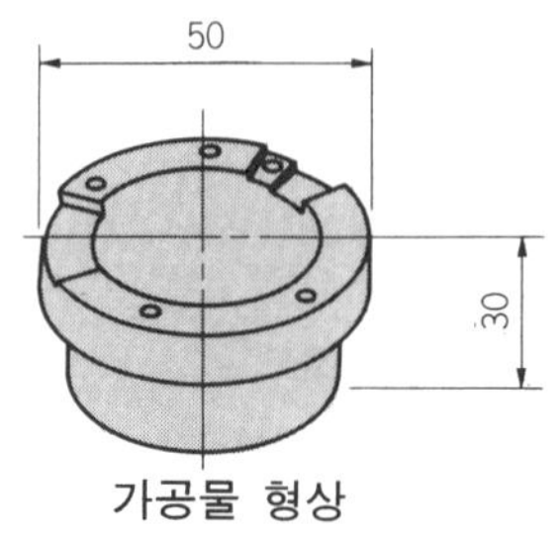

가공물 형상

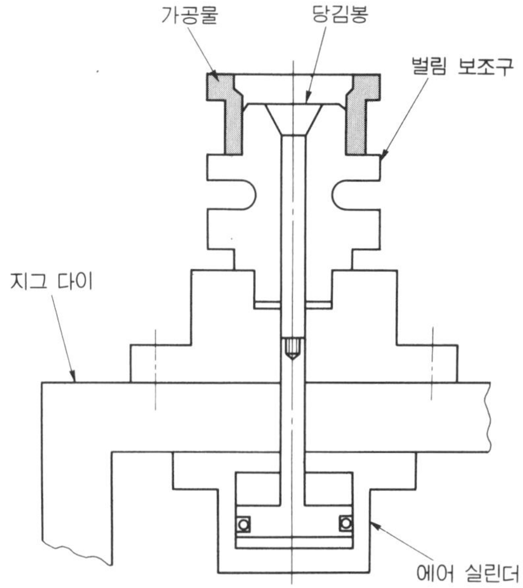

벌림 보조구 자동 클램프 고정구

12

수직 배치
가공물
다수개 단위

이 가공물은 드릴링과 탭핑뿐이기 때문에 단시간에 가공이 종료해 버린다. 그래서 세팅 시간의 단축과 운전 시간을 연장하기 위하여 다수개 단위로 해야만 한다.

그래서 가공물을 8개씩 수동으로 클램프한 카세트를 4개의 고정구 안에 넣고 에어 실린 더에 의해 자동 클램프하는 방식으로 하였다. 카세트는 1개 더 준비해 두고 MC에서 가공 하는 동안 다음 가공물을 준비할 수 있다.

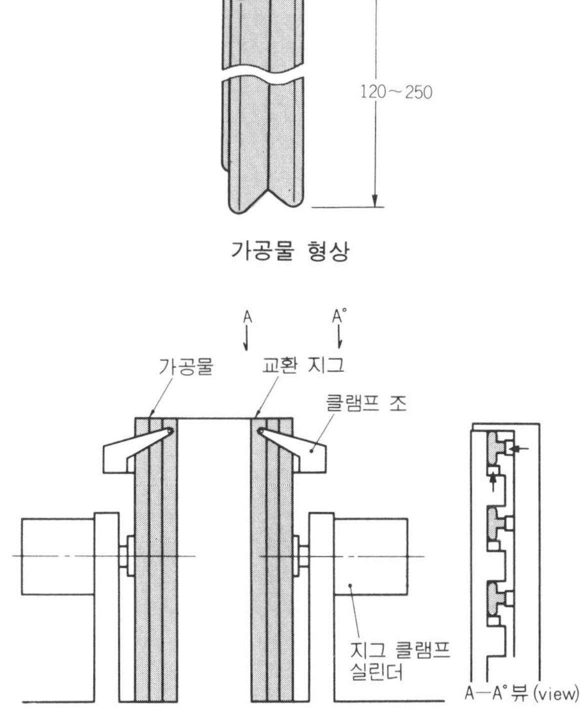

수직 배치 가공물 32개 단위 카세트 고정구

13

수평 배치 가공물 다수개 단위

　알루미늄 압출 이형 샤프트의 상면에 드릴링과 탭핑을 하는 사이드 클램프 방식의 다수개 단위 고정구이다. 가공 시간의 단축과 가공물의 착탈이 간단히 이루어지도록 가공물의 상면보다 낮은 위치에 고정하는 사이드 클램프 방식으로 하고 에어 실린더로 복수의 클램프 핀을 움직여서 클램프를 확실히 하고 있다.

　고정구의 중앙 1개소에 워크 스토퍼를 설치하고 있으며 원칙적으로는 10개 단위의 고정구이지만 중간 스토퍼를 2개소 더 추가하면 길이가 짧은 가공물용으로서 사진과 같이 20개 단위의 가공도 가능하다.

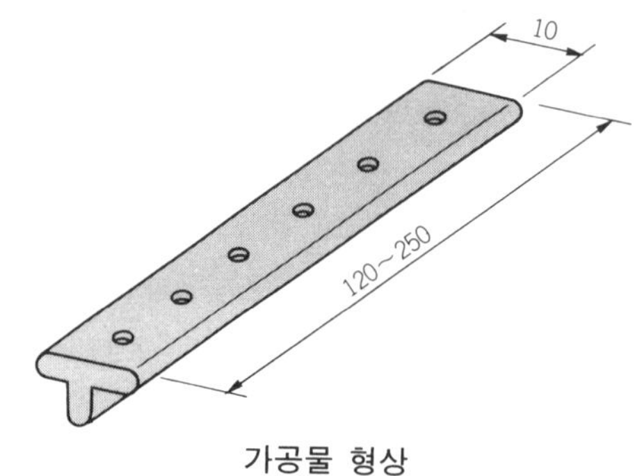

가공물 형상

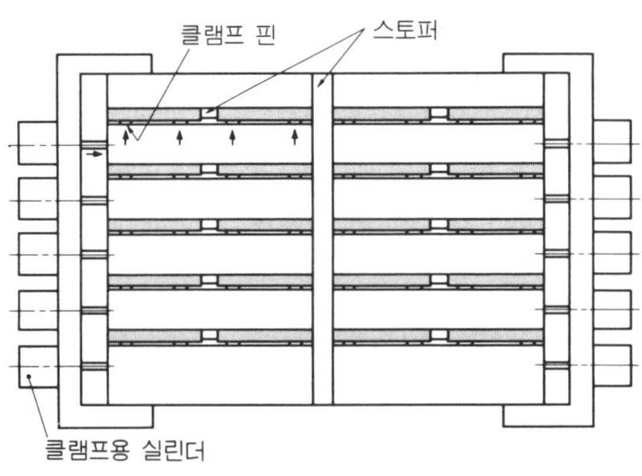

수평 배치 가공물 다수개 단위 자동 클램프

14 각도 위치 결정 분할 고정구

　기어와 같은 형의 가공물을 로봇으로 공급하여 각도 위치 결정한 후, 이빨의 바닥면에 수 개소의 구멍을 뚫기 위한 전자동 분할 고정구이다.

　가공물은 수평형 MC에 설치한 2연 팰덱스의 벌림 보조구에 자동 공급되며 위치 결정 실린더 A로 대략의 위치 결정을 하고 위치 결정 실린더 B로 최종 각도의 위치를 결정하고 나서 자동 클램프한다. 그 후, 팰덱스로 이빨 바닥면을 분할하면서 구멍을 뚫고 가공 종료 후에 언클램프하여 로봇으로 완성품을 꺼내는 기구로 되어 있다.

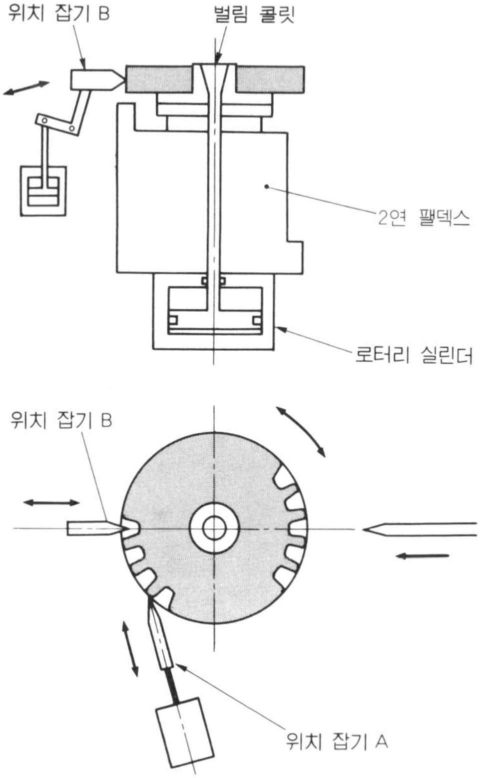

각도 위치 결정 부착 드릴링 분할 고정구

MC에 의한 중 · 소 로트 가공용 고정구의 실제

머시닝 센터의 잠재 능력을 충분히 인출하여 가공의 부가 가치를 높이기 위해서는 중 · 소 로트 생산에 있어서 그 유효한 활용을 꾀하는 것이 중요하다.

여기에 가공물의 형상, 크기 등에 맞추어 MC를 효과적으로 사용하기 위한 고정구의 실제 예를 소개해 본다.

1 이것은 수직형 MC의 로터리 테이블을 활용한 실례이다. 로터리 테이블의 중앙의 구멍에 밀링 척을 부착한다. 그리고 이 척의 구멍 지름에 맞는, 사진과 같은 고정구를 만들어 척에 물린다. 이렇게 하면 기준을 잡기 쉬워 세팅이 신속해지며 또한 고정구의 제작 시간도 단축된다.

⬆ 이 고정구로 세팅이 빨라진다

2 가공물은 다이캐스트 주물로서 중앙 부분의 외경을 고정구의 기준으로 하고 있다. 살 두께가 얇기 때문에 엔드 밀로 측면 가공을 하는 부분은 판스프링으로 채터링 방지 대책을 하고 있다. 바닥면은 5점 접촉이지만 3점은 고정, 2점은 스프링 방식으로 되어 있다.

3점 접촉으로 가공물을 고정시키고 다른 2점으로는 안정을 유지하게 한 것이다.

⬆ 다이캐스트 주물의 가공물 완성품

⬆ 고정구. 좌측의 2개소에 채터링 방지용 스프링이 있다 ⬆ 가공물을 고정한 상태

3 형상은 달라도 치수를 맞추어 조합하는 부품이기 때문에 2개의 부품을 각각 따로따로 가공하지 않고 동일 기계, 동일 고정구로 동시에 2개의 부품을 가공할 수 있도록 고정구를 고안하였다. 그렇게 함으로써 높이나 피치 정밀도를 맞출 수가 있었다.

⬆ 한쌍으로 조합되는 부품의 동시 가공

4 외부가 이형이고 박판을 프레스 블랭킹한 「∧」모양 부품이다. 다행히도 「∧」의 정점에 구멍이 있기 때문에 이 구멍을 기준 구멍으로 하여 가장 먼 곳에 방향 결정을 위한 스토퍼를 설치한다. 이형이라 해도 기준이 통일되어 있으면 염려할 필요가 없다. 사진의 앞쪽에 보이는 조임판도 2개 동시에 조여질 수 있도록 하고 있다.

⬆ 이형 부품의 구멍을 기준으로 4개 동시 고정

5 1과 마찬가지로 로터리 테이블과 밀링 척을 활용한 것이다. 가공물이 작고 90° 방향으로 회전시키지 않으면 가공할 수 없는 부분이 포함되어 있다. 이 때에 커터가 다른 가공물과 간섭하지 않도록 배려하면서 가능한 한 다수개 단위로 붙인다. 조임은 원판형으로 1개소로 하여 착탈을 빠르게 한 예이다.

⬆ 가공물을 6개 부착한 고정구

6 로터리 테이블을 활용하고 있지만 가공물이 커서 고정구까지 포함하면 중량이 많이 나가기 때문에 테일 스톡을 이용하여 센터와 센터 구멍으로 지지하고 있다. 그리고 1대의 기계를 유효하게 사용할 수 있도록 1개의 고정구로 양면 가공할 수 있도록 한 것이다. 즉, 한쪽에서는 겉을 가공하고 반대쪽에서는 속을 가공할 수 있도록 한 것이다.

⬆ 가공물을 2개 단위로 부착하여 양면을 가공

7 양축이 연삭 다듬질되어 있는 가공물의 중앙 부분의 구멍을 가공한다. 고정구는 양축을 기준으로 하고 중심을 향하여 구멍을 가공하도록 하고 있다. 양축을 고정하고 있는 부분은 홈이 가지 않도록 플라스틱을 이용하고 있다.

⬆ 양축에서 연삭 제(除) 다듬질된 가공물

⬆ 고정구의 형상   ⬆ 양축의 고정 부분은 플라스틱으로 보호

8 1로트에서의 가공수가 어느 정도 통합되어 있는 경우는 한정된 고정구에서 가능한 한 많은 수의 가공물을 고정하고 싶은 것이다. 이 고정구는 가공물간의 스페이스를 가능한 한 좁게 하여 고정 개수를 많게 하고 고정판도 2개씩 조이고 있다.

⬆ 가공수에 맞추어 다수개를 고정한다

9 동일한 다수개 고정에서도 이것은 원형 형상의 가공물인 경우이다. 가공물에 스텝 축이 있기 때문에 고정구에 슬릿을 넣어 스프링성을 갖게 하고 축 부분을 끼워 넣는 방식을 취하고 있다. 작업성은 더 좋아졌다.

⬆ 원형의 가공물을 다수개 부착하는 고정구

10 로터리 테이블의 분할 기능을 살려서 6면체의 고정구를 사용하면 더 많은 개수를 고정할 수가 있다. 이 고정구는 테일 스톡과 로터리 테이블과의 거리를 최대한 길게 하여 가공물의 뒷면을 나란히 함으로써 2배의 개수를 고정하도록 고안한 것이다.

⬆ 6면체의 고정구로 다수개 가공

11 수평형 MC의 팰릿 위에 각형의 고정구를 얹어 가공할 경우, 가공물 고정시에 팰릿 테이블이 자유롭게 회전되지 않는 구조로 되어 있을 때에는 45° 방향에 고정구를 고정하도록 하여 내측에 고정한 가공물의 착탈이 원활하게 이루어지도록 할 필요가 있다.

⬆ 고정구를 테이블에 45° 방향으로 세트

12 수평형 MC의 팰릿 테이블상에 다수개를 고정하고 싶은 경우, 이와 같은 6면체의 고정구가 편리하다. 각각의 면에서 많은 종류의 부품 가공이 이루어지도록 하여 기계의 가동률을 향상시키고 있다. 가공물의 크기나 가공 수량에 따라서는 8면체나 12면체 등의 고정구도 생각할 수 있다.

⬆ 수평형 MC용의 육면체 고정구

MC에 의한 소형 부품 가공의 능률 향상을 꾀한다

　보통, 부품 가공을 할 때에 「이 부품은 크기 때문에 이 MC로」라든가, 「이 MC는 소형 가공의 전용기이다」 등으로 말하고 있다. 그렇다면 어떻게 대형과 소형을 구분하는 것일까?

　물론, 그 크기로 구분하고 있지만 몇 mm까지, 몇 mm 이상이라고 확실히 구분하는 것이 아니라 대개 각 현장이나 개인의 감각으로 구분해서 부르는 것이 현실이다.

　그러나 이것으로는 좀 애매하기 때문에 먼저 소형 부품이라고 하는 특징을 열거하고 가공시에 무엇이 요구되고 있는지를 확실히 알아 본다.

　① 전체의 치수 정밀도가 높다.

　② 얇은 부분이 많고 조임 등의 응력으로 변형하기 쉽다.

　③ 비교적 로트수가 많다(50~500개 이상).

　④ 가공 면적이 작기 때문에 가공 시간이 짧다.

　다시 말해, 가공 시간이 짧음에 비해 가공 정밀도가 높고 고정 방법 등이 어려운 부품이라고 할 수 있다.

　이와 같은 가공물을 MC에서 어떻게 효율적으로 가공하는가는 고정구의 선악이 중요한 포인트가 된다. 단, 생산 원가가 낮은 것이나 로트수가 적은 경우는 고정구의 제작 비용을 싸게 억제해야만 된다는 것은 두 말할 것도 없다.

　여기서는 로터리 가공 헤드가 붙은 수직형 MC를 사용한 가공 예를 몇 가지 소개하면서 그 고정구에 관하여 생각해 본다.

● 원형 부품의 가공

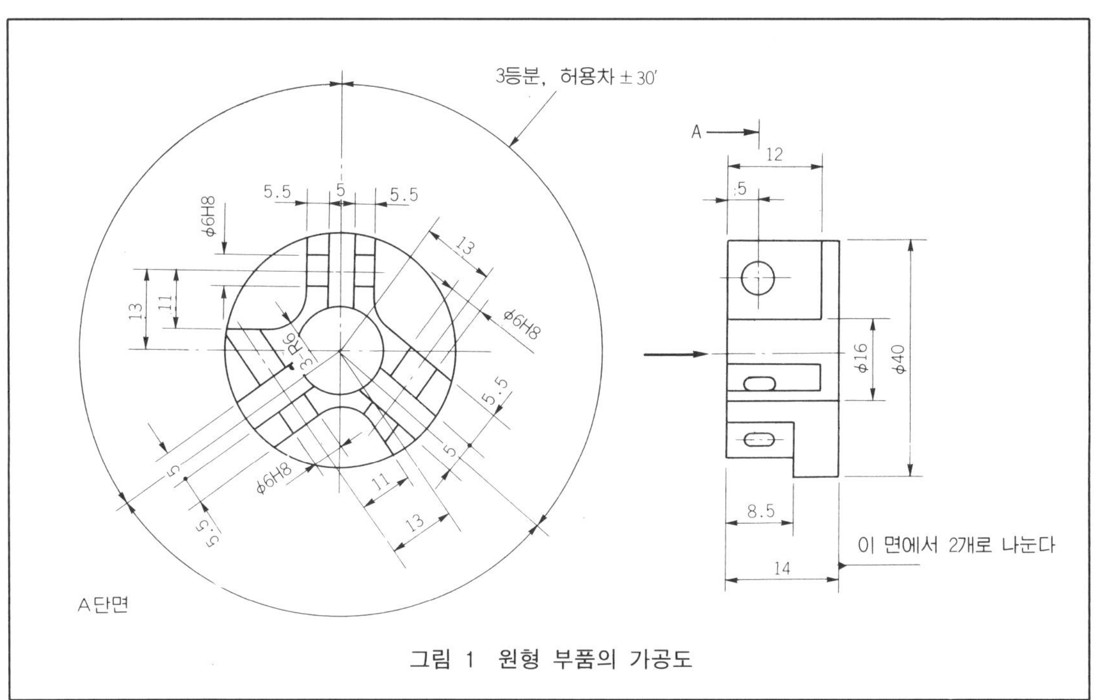

그림 1　원형 부품의 가공도

　그림 1, **사진** 1과 같은 형상의 부품은 앞 공정의 선반에서 환봉을 2개 단위의 치수로 가공해 두고 **사진** 2와 같은 원주 방향 가공용과 **사진** 3과 같은 상하 방향 가공용 2개의 고정구를 사용하여 가공하기로 한다.

　이와 같은 가공 방법에서는 사용하는 커터와 고정구와의 간섭 체크가 중요한 문제로 된다. 최초의 가공에서는 싱글 블록 등을 이용하여 간섭 체크를 하지만 재가공할 때를 위하여 사용한 홀더 지름이나 돌출량 등을 기록해 두는 것이 중요하다.

　마지막에 2개로 나누는 공정은 선반에서 잘라 다듬질한다.

사진 1　완성 부품

사진 2 원주 방향 가공용 고정구   사진 3 상하 방향 가공용 고정구

● 더브테일 홈맞춤의 알루미늄 부품 가공

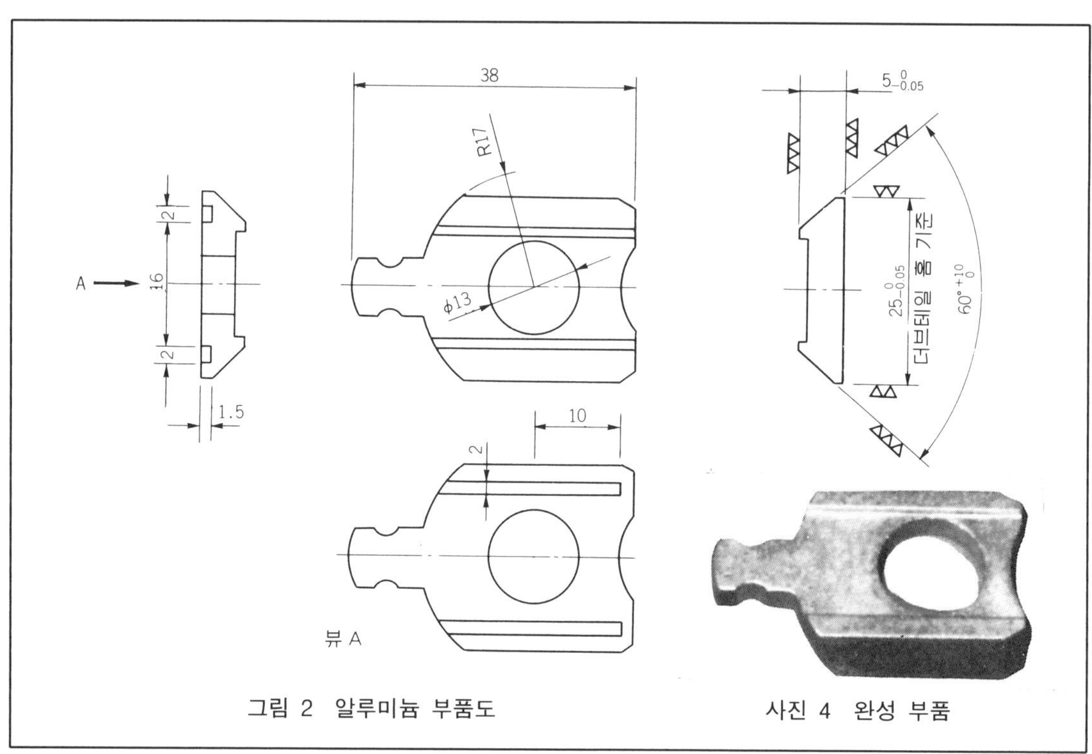

그림 2 알루미늄 부품도   사진 4 완성 부품

그림 2, 사진 4는 알루미늄 다이캐스트제 부품으로서 더브테일 홈맞춤의 수(雄)부품이다. 가공을 시작하기 위해서는 먼저 기준면을 깎고 이를 위한 고정구를 제작한다. 그러나 이 부품은 기준면(**그림 3**의 ①)을 깎기 위한 고정 방법이 어려운 형이다.

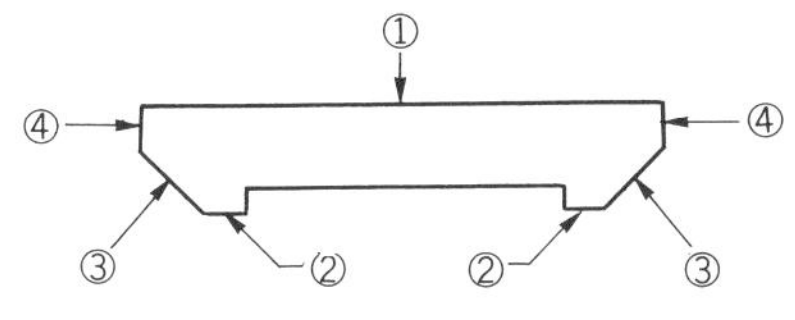

그림 3 가공 순서

기준면을 가공하기 위하여 절삭 여유를 위한 보스 등을 붙여 처킹하게 되면 아무래도 능률적이라 할 수가 없다. 그래서 **사진 5**와 같은 고정구를 만들었다. 가공물의 어깨(R 17 부분)에서 받고 뒤에서 M 6 볼트 2개로 미는 고정 방법을 택하였다.

이 M 6 볼트의 끝에는 ϕ 4 mm 강구가 매입되어 있으며 가공물의 주물 표면에 대해 점 접촉으로 밀도록 되어 있다. 또한, R 17부에는 다이캐스팅시의 빼기 구배가 붙어 있으며 바로 옆에서 밀면 떠올라 버린다. 그래서 10° 정도 비스듬히 위에서 밀도록 하고 있다.

가공은 황삭과 다듬질의 2회로 나누어 행한다. 황삭은 초경 2매 날 엔드 밀에서 0.1 mm 의 다듬질 여유를 주어 가공하고 이 때는 조임 볼트를 강하게 조여 둔다. 그리고 다음의 다듬질 공정에서는 MC를 M 00에서 일시 정지시켜 조임을 바로 잡는다.

조임 변형의 영향을 피하기 위하여 가능한 한 약하게 조이기 때문에 절삭 저항이 크면 가공물이 날아가 버린다.

그래서 **사진 6**과 같은 커터를 사용해 보았다. 절삭날 끝은 소결 다이아몬드 한쪽날 바이트(노즈 R 0.3)로서 직접 만든 바이트 홀더에 부착하였으며, 회전했을 때의 날끝 지름은 약 35 mm이다. 커터로서는 밸런스가 좋지 않지만 회전수 2000 rpm 정도에서는 충분한 기능을 발휘한다.

이와 같은 커터를 1개 준비해 두면 단차(段差)가 있는 부분의 내측 가공이나 자리면의 원호 가공 등, 공구 간섭이 일어나기 쉬운 부분의 경절삭에서 ▽▽▽ 평면 가공에 편리하다.

절삭 방향은 R 17부가 다운 컷이 되도록, 즉 저항을 받아내는 쪽을 고정측으로 한다.

다음의 제 2 공정에서는 가공한 ①면을 기준으로 하여 ②면, ③면, ④면을 동시 가공하는 고정구를 제작하였다(**사진 7**).

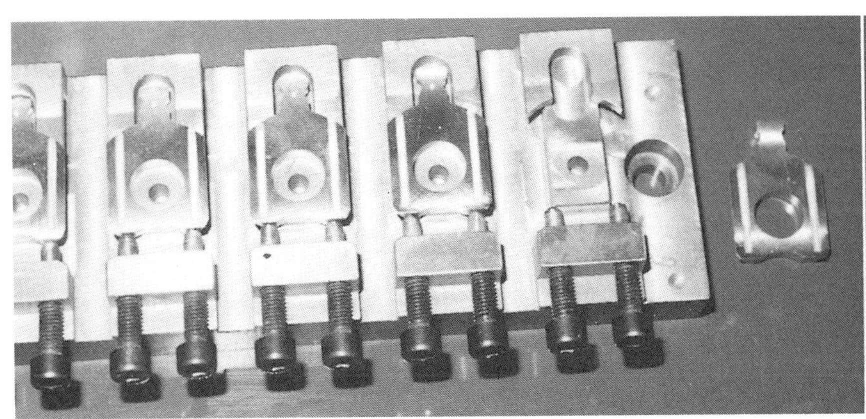

사진 5 제 1 공정의 고정구

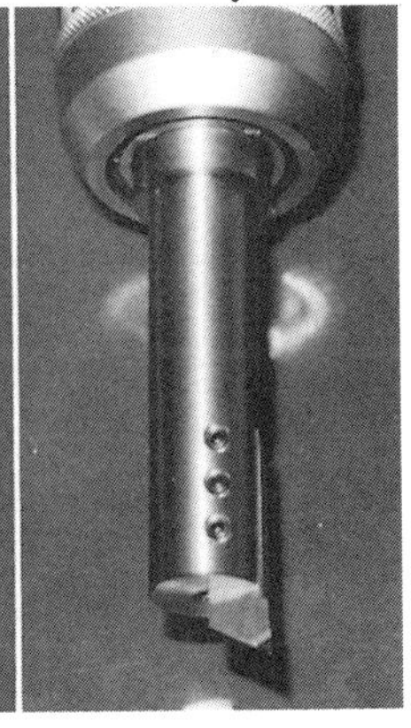

사진 6 커터

여기서의 포인트는 처킹 횟수를 어떻게 줄이느냐는 것이다. 1회의 처킹으로 가공할 수 있는 면은 전부 가공하며 가능한 한 많은 면을 가공할 수 있는 고정구를 생각해내야만 한다.

이와 같은 가공을 하기 위해서는 MC에 로터리 가공 헤드가 붙은 기계나, 분할대가 붙은 기계가 필요하다(**사진 8**). 또한 로터리 가공 헤드를 사용하는 경우는 회전이 웜 기어 구동이기 때문에 1방향 위치 결정 등을 하여 백래시에 의한 회전 오차를 NC 프로그램상에서 제거하는 고안이 필요하다.

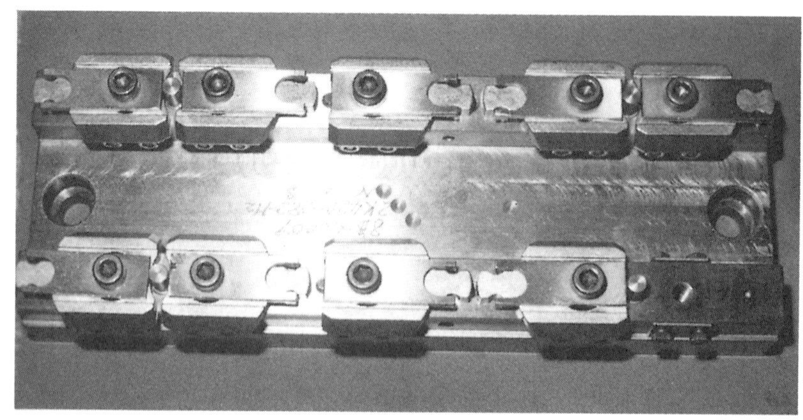

사진 7　제 2 공정의 고정구

고정 방법은 가공물의 폭 2 mm 홈을 이용하여 위치를 결정하고, ϕ 13 mm 구명에 M 6 볼트를 부착한 전용 조임판에 고정한다(**사진 9**). ②면과 ③면은 제 1 공정에서 사용한 전용 바이트로 그리고 ④면은 ϕ 10 mm의 엔드 밀 측면을 사용하여 가공한다.

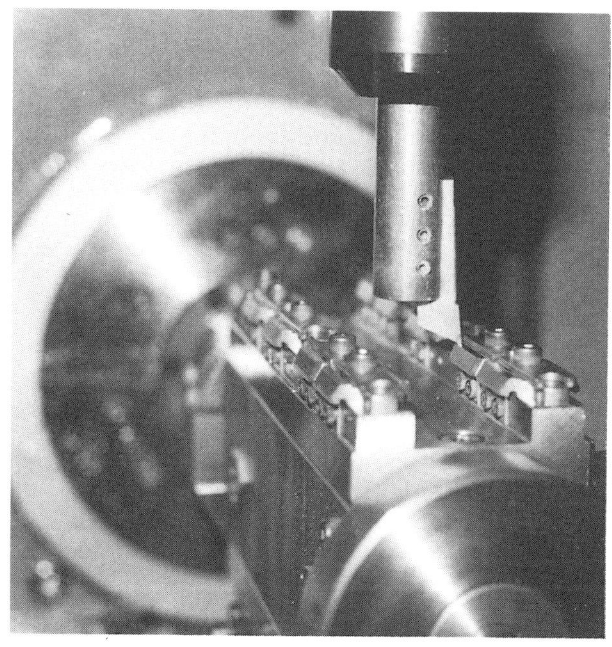

사진 8　로터리 워크 헤드에 고정한다

사진 9　전용 조임판

또한, 여기서는 10개 단위의 고정구로 했지만 제1공정에서는 5개 단위의 고정구로 했기 때문에 제1공정과 제2공정을 동시에 가공하는 경우는 제1공정의 고정구를 2세트 준비하지 않으면 원활한 공정 흐름을 실현할 수 없다.

● 각(角)진 부품의 가공

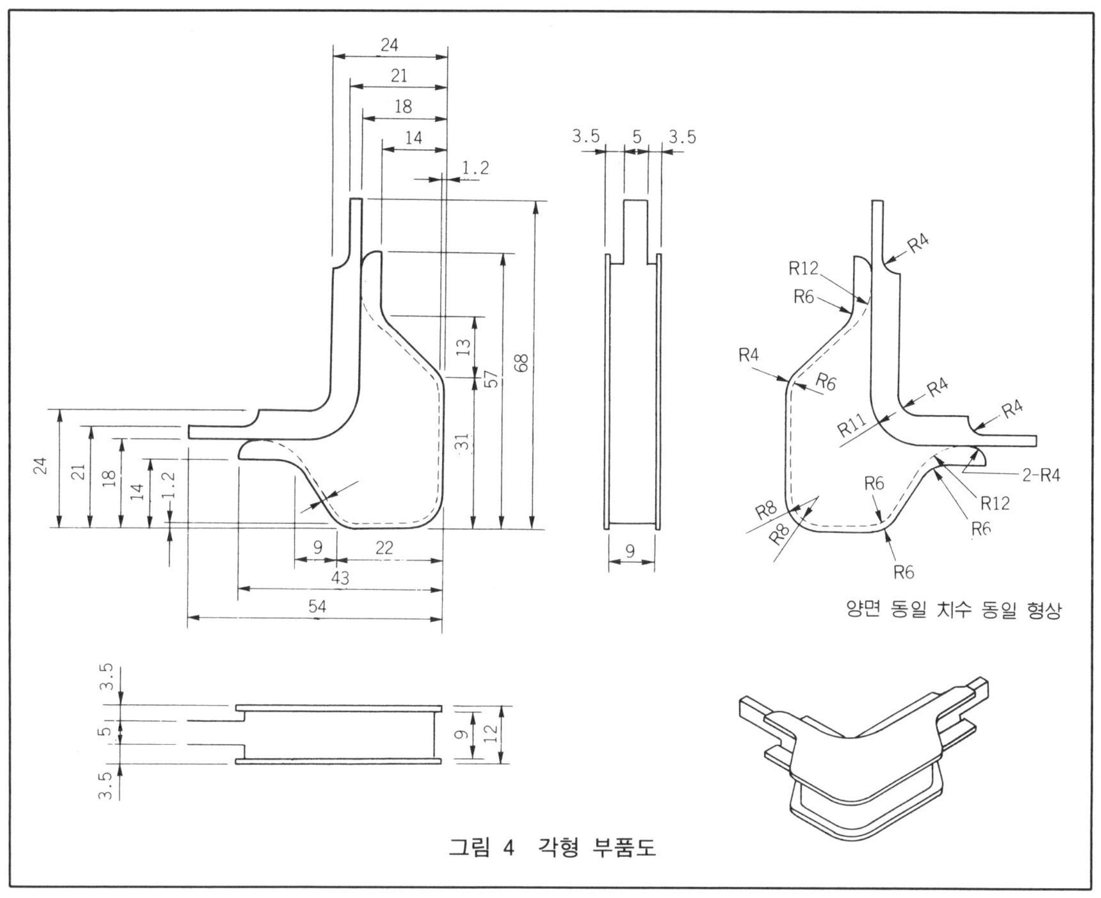

그림 4 각형 부품도

이 부품은 **그림 4**와 같은 형상을 하고 있으며 재질은 알루미늄으로서 판재를 전면 절삭 가공으로 다듬질하는 부품이다.

제1공정에서 판재를 절단(블록 가공이지만)하고 이 때에 다수개 단위를 생각한다. 형상 치수에서는 서로 결합한 2개 단위가 재료의 낭비도 줄이고 후공정에서의 고정도 간단히 되도록 하였다.

그래서 **사진** 10과 같은 MC에 세팅하여 외주 가공을 했지만 이 때에 문제가 되는 것이 폭 9mm의 홈가공이다.

일반적인 T홈 커터를 사용하였던 바 가공면에 채터링 자국이 생겨 그다지 양호한 가공면을 얻지 못하였다.

사진 10 제 1 공정 · 외주 가공

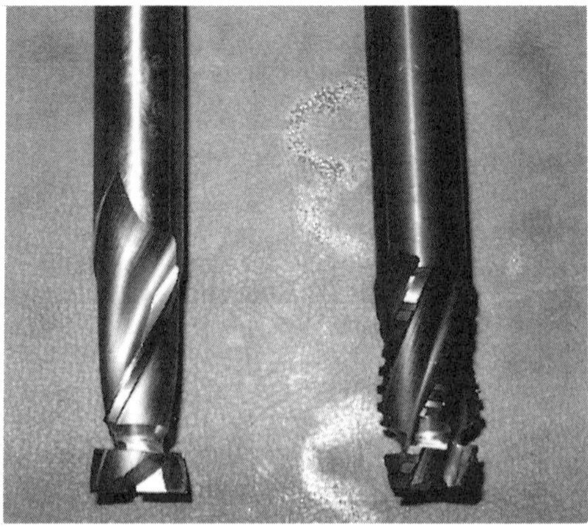

사진 11 T 홈 커터

그래서 다시 **사진** 11과 같은 황삭용과 다듬질용의 엔드 밀을 다시 연삭하여 황삭 → 다듬질 절삭했던 바, 양호한 표면 정밀도로 가공되었다. 또한 이송 속도도 T 홈 커터의 약 2 배의 속도를 낼 수 있었기 때문에 능률면에서도 만족하였다.

이와 같은 가공 요령은 커터의 R를 가공하는 R보다 작게 하는 것이다. 즉, NC 프로그램으로 직선과 직선을 R로 잇는 동작에서 가공 R와 커터 R가 동일한 지름이면 R부에서 움직임이 없어짐으로써 절삭 저항이 급격히 증대하여 R부의 가공면에 채터링이 발생한다. 따라서 가공 R보다 작은 R의 커터로 R부를 절삭하며 돌아가게 함으로써 양호한 가공면을 얻게 된다.

제 2 공정에서는 외측으로부터 조여서 내측의 단차 가공과 2개로 잘라 나누는 가공을 한다(**사진** 12, 13). 이 분리 가공은 절단의 순간에 가공물이 움직이면 가공 정밀도가 영향을 받기 때문에 가장 나중에 이루어진다.

또한 커터의 동작 방법도 단숨에 절단하지 않고 한쪽 측면에서 중앙까지 절반씩 잘라 들어가는 등의 고안이 필요하다.

사진 12 제 2 공정 · 내측의 단차 가공

사진 13 제 2 공정 · 절단 분리   사진 14 플레이트형 고정구를 고정한다「원(元)기판」

● 고정구의 표준화

지금까지의 예에서는 고정구가 전부 플레이트 형태로 되어 있었는데 이것에 관하여 다소 설명을 해본다.

어떤 현장에서는 200×100 mm의 플레이트를 기준 베이스로 하고 그 위에 가공물을 고정하는 방식의 고정구로 통일하고 있다. 이 때 이 플레이트를 「기판」이라 부르며 뒷쪽에 키 홈, 4 모서리에 볼트 고정 구멍을 만들며 또한 측면에는 명찰을 붙이도록 되어 있다.

그리고 이 기판을 얹기 위하여 사진 14와 같은 다이를 수직형 MC의 테이블에 맞추어 만들고 이것을 「원기판(元基板)」이라 부른다. 세팅 교체는 기판만 교환하면 되며 그리고 NC 프로그램의 가공 원점도 원기판의 1개소로 통일되어 있다. 이렇게 하면 다음과 같은 장점이 있다.

① 재가공시 세팅 시간이 짧아진다.

② 세팅에 숙련이 필요하지 않다.

③ 고정구의 패턴화가 가능해지며 제작이 쉽다.

④ 정리가 간단하고 관리가 쉽다.

⑤ 사전에 NC 프로그램을 작성할 수 있다.

한편, 문제점으로서는

① 고정구가 조합되어 있기 때문에 누적 오차가 생길 경우의 조정이 어렵다.

② 원기판의 치수 정밀도를 엄격하게 할 필요가 있다.

③ 회전축(로터리 가공 헤드)에서 사용하면 NC 프로그램의 계산이 복잡해진다.

는 점이 있다.

또한 원기판의 재질은 기본적으로 강(鋼)이기 때문에 녹의 발생을 방지하기 위하여 흑염(黑染) 등의 표면 처리를 할 필요가 있다.

원형부품의 고정

선삭 후에 밀링 가공을 하는 것은 비교적 흔한 일이다. 예를 들면 끝면과 내외면을 선삭한 후에 밀링 머신에서 슬릿이나 키홈, 드릴링, 노치, 분할 등의 가공을 하는 경우이다.

이 때, 적절한 범용 고정구가 별로 없다. 그것이 원형 부품을 전문으로 하는 선반과의 다른 점이다. 따라서 다양한 가공물의 형상에 맞추어 고정구를 만들 필요가 있다. 원형 부품을 고정하기 위해서는 다음과 같은 점에 주의하는 것이 중요하다.

① 중심이 잘 맞을 것
② 위치가 잘 맞을 것
③ 고정 변형이 없을 것
④ 가공물에 흠이 가지 않을 것

원형 부품에 흔히 사용하는 벙법으로서 **그림** 1과 같은 V 블록을 이용하여 바이스로 처킹하는 방법이 있다.

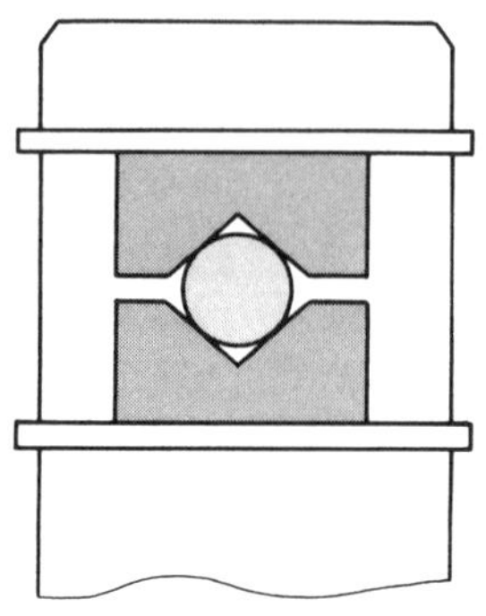

그림 1 V 블록에 의한 환봉의 조임

이것은 센터링이 간단하고 위치 결정도 쉽지만 중공 박물의 가공물에서는 변형이 생기기 쉽고 V 블록과 가공물이 선접촉을 하기 때문에 조임력이 약하여 가공물과 접촉 부분에 흠이 생기기 쉽다는 결점도 있다.

시판되고 있는 원형 부품의 고정구로서는 스크롤 척과 콜릿 척이 있지만 밀링 머신용이 되면 여러 가지의 불편한 점이 나타난다.

예를 들어, 콜릿 척의 경우 처킹할 수 있는 가공물은 ϕ 2, 2.5, 3, 3.5 mm 등으로 0.5~0.3 mm 간격으로 되어야 한다.

따라서 연삭 여유가 0.2~0.3 mm 붙어 있는 가공물의 경우는 외경 치수가 우수리가 되어 확실히 조일 수가 없게 된다. 시판 고정구는 외경을 처킹하는 것이 대부분이며 내경을 물고 싶을 때는 그것에 알맞는 고정구가 별로 없다.

　이러한 점을 감안하면 고정구를 자작(自作)하는 것 외에는 별다른 도리가 없다. 자작할 경우는 앞의 4가지 포인트 외에도 다음의 2가지 사항을 고려해 둘 필요가 있다.

①　범용성이 있을 것

②　자작이 간단할 것

　여기서 범용성이라는 것은 그대로 사용할 수 있다는 의미가 아니라 고정구의 일부에 손을 조금만 대면 다른 가공물에도 사용할 수가 있다는 뜻이다.

　예를 들면, 지름이 달라도 사용이 가능하다든가, 살 두께가 달라도 이용할 수 있다는 것이다. 이러한 점을 감안하여 자작한 고정구(보조구)를 몇 가지 소개해 본다.

분할 보조구

　이것은 원형 부품의 외경을 조이는 고정구 중 가장 간단한 것이다. **그림 2**와 같이 각재에 구멍을 뚫고 2개로 쪼갠 것으로서 가공물을 물도록 하여 바이스로 조인다.

그림 2 원형 부품 조임용 보조구

　가공물의 외주 앞면에 접촉한 상태로 처킹하기 때문에 국부적인 힘이 가해지지 않아 단위 면적당 조임력이 작아도 된다. 따라서 중공의 박물에서도 변형이 가지 않고 센터링도 쉽다. 단, 보조구 구멍 지름과 동일한 지름의 가공물밖에 사용할 수 없다는 단점이 있다.

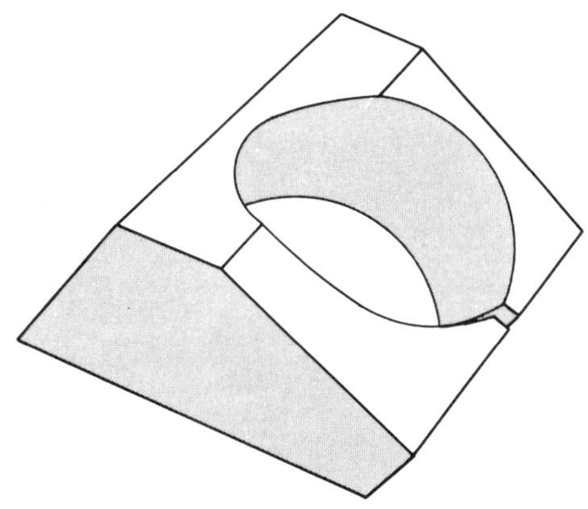

그림 3 끝면 경사 가공용 보조구

　그림 3은 원형 부품의 축심에 대해 어떤 각도를 가진 부품의 가공에 사용하는 보조구이다. 이 그림에서는 슬릿이 1개소에만 나 있다.

　이와 같이 분할 보조구는 가공의 내용에 대응하여 다양한 형상으로 바꾸는 것이 간단하다. 또한 **그림** 4와 같이 구멍에 단차를 붙여 Z방향의 위치 결정을 할 수도 있다. 이 경우는 가공물의 외경 공차를 0.1 mm 정도 이내로 억제할 필요가 있다.

소형 부품용 외경 조임 보조구

　그림 5는 비교적 작은 원형 부품의 끝면 가공에 사용하는 고정구이다. 직육면체인 본체에 붙어 있는 핸들을 돌려 본체 윗쪽의 구멍에 고정한 가공물을 조인다.

　아랫쪽의 구멍은 조임 토크를 조정하기 위한 것이다.

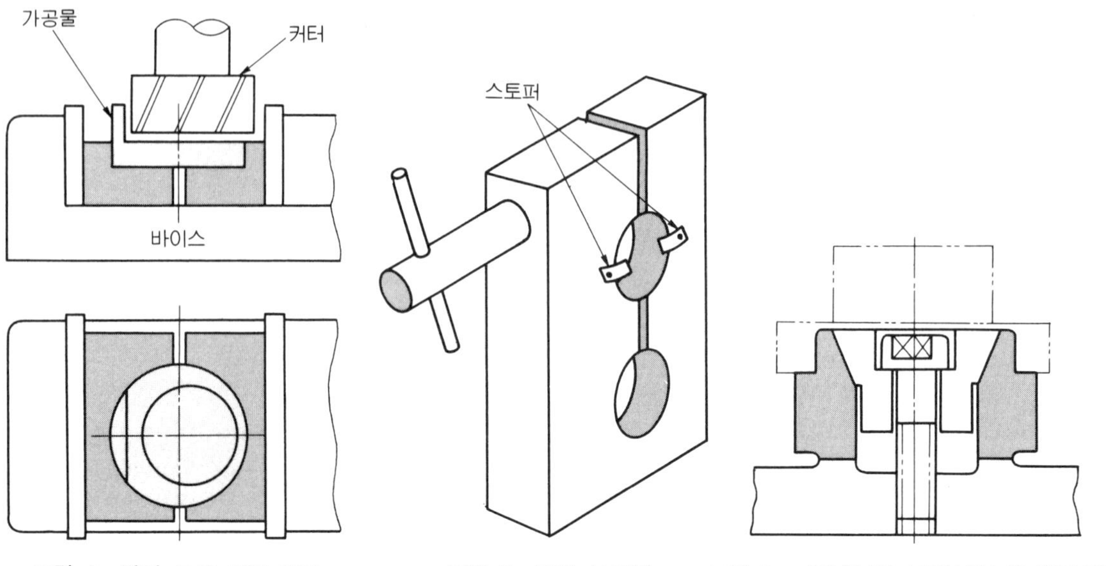

그림 4 원형 부품 조임 블록	그림 5 조임 보조구	그림 6 내장(內張) 조임구(소형 부품용)

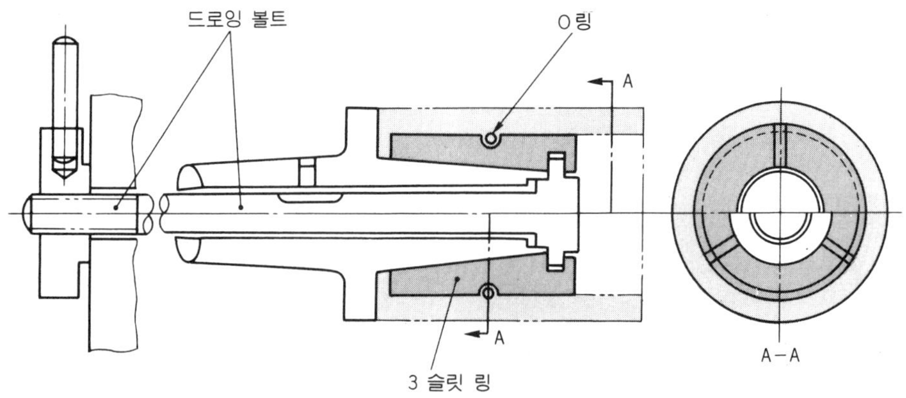

그림 7 끝면 경사 가공용 보조구

원형 부품 내경 조임 보조구

조임 방법은 외경 조임 보조구와 동일한 생각으로 할 수 있는 방식이며 내경을 벌려 조인다. 이것은 선반 작업에서 흔히 사용되는 방법이다.

그림 6의 어둡게 칠해진 부분에는 슬릿이 들어가 있으며 이것으로 조인다. 그러나 조임력은 약하기 때문에 큰 가공물에는 적합하지가 않다.

강도(強度)면에서 확실한 고정구로서는 구조는 조금 복잡하지만 **그림** 7과 같은 것이 있다. 이것은 드로잉 볼트로 당겨 넣는 형식을 취하고 있다.

코어 메탈을 당기면 본체의 테이퍼 부분에 끼워져 있는 3분할 링(O 링으로 지지하고 있다)이 이동하여 가공물을 조인다.

원형 끝면 조임 보조구

중공의 원형 부품의 홈파기나 절단 등의 가공에는 끝면을 고정하는 고정구가 필요하며 **그림** 8, 9가 그러한 고정구이다.

먼저 맨드릴과 테이퍼를 이용하여 가공물의 내경에 맞는 원반을 만든다(외경의 경우도 가능하다).

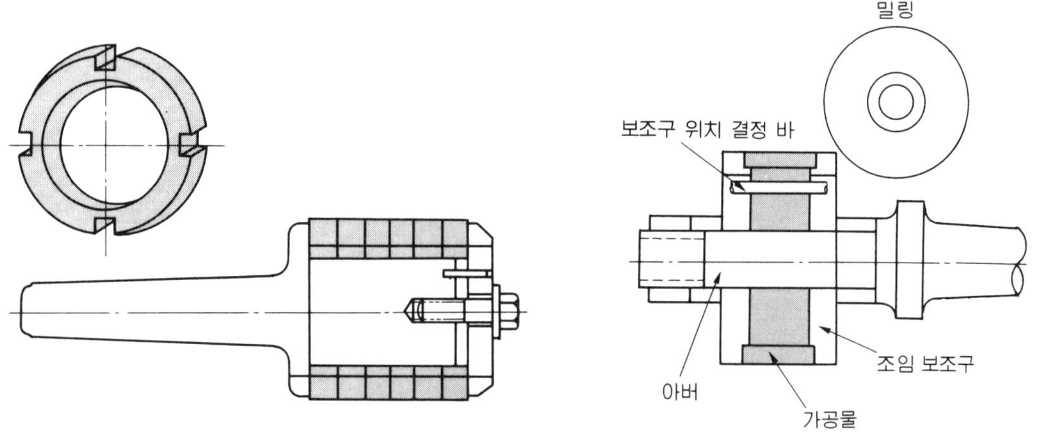

그림 8 원형 부품 끝면 조임 보조구(맨드릴 방식)　　그림 9 원형 부품 끝면 조임 보조구(아버 방식)

원반의 내경은 맨드릴 또는 아버의 지름에 맞추어 두고 2매의 원반의 위치 결정(원주 방향)을 위해 바를 1개 끼워 둔다.

이것과 마찬가지의 이유로 아버와 원반을 위치 결정하기 위하여 키와 키홈을 만들어 둘 필요도 있다.

이들 고정구는 분할대나 원반에 고정하여 사용한다. 따라서 고정구의 생크 형상은 분할대나 원반에 맞는 것이어야만 한다.

긴 원형 부품의 고정

　긴 원형 부품의 고정에는 보통 콜릿 척과 심압대를 사용하지만 형상이 크고 중공인 것에는 효과가 없고 변형의 원인이 되기도 한다. 그래서 **그림** 10과 같은 밴드를 사용한다.

　밴드는 본체와 칼라로 구성되며 칼라 치수를 바꿈으로써 임의의 치수인 원형 부품을 고정할 수도 있다. 또한 분할이 필요한 경우는 분할대와 함께 사용한다.

　이제까지 보아 온 고정구는 실제로 현장에서 자작한 것이다.

　밀링 가공에서 원형 부품을 깎는 경우의 고정 포인트는 고정에 이용할 수 있는 면은 가능한 한 크게 하는 것이다.

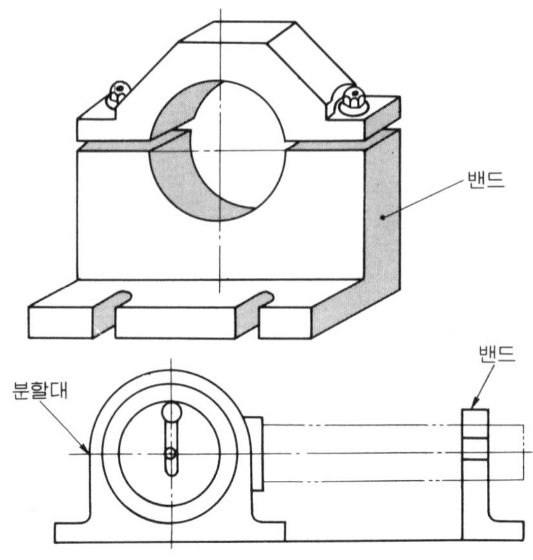

그림 10　긴 부품의 고정 보조구

강관 30개 단위 고정구

● 원형 부품의 고정 사례

　강관의 양끝면에 엔드 밀로 Y, X 방향의 경사 절삭을 하는 1사이클당 30개 단위의 고정구이다.

　가공물은 외경, 전장, 경사 각도, 거기에 사용하는 엔드 밀 지름의 차이에 따라 수 백 가지에 이른다.

　그림과 같이 가공물 10개를 클램프하는 교환 고정구를 6세트 준비하고 3세트는 MC 테이블상에서 사용하고, 그 동안에 나머지 3세트는 전용의 조정용 워크 프리세터로 기계 외부에서 착탈, 대기시켜 둔다.

　이렇게 함으로써 MC의 휴지 시간을 단축할 수 있었다.

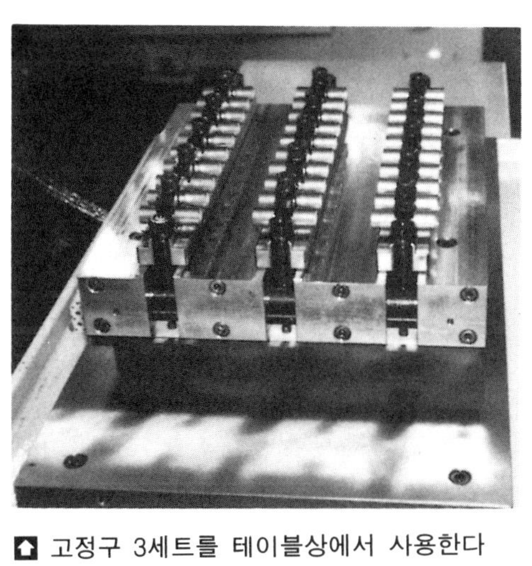

⬆ 고정구 3세트를 테이블상에서 사용한다

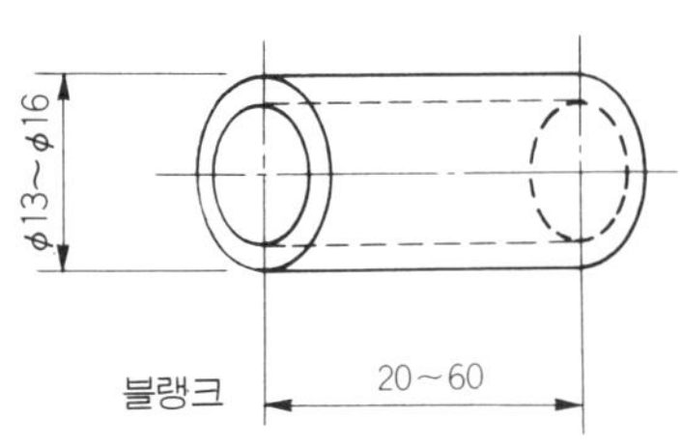

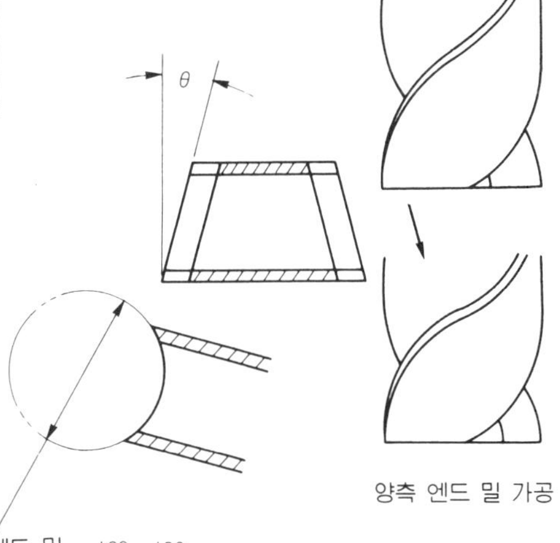

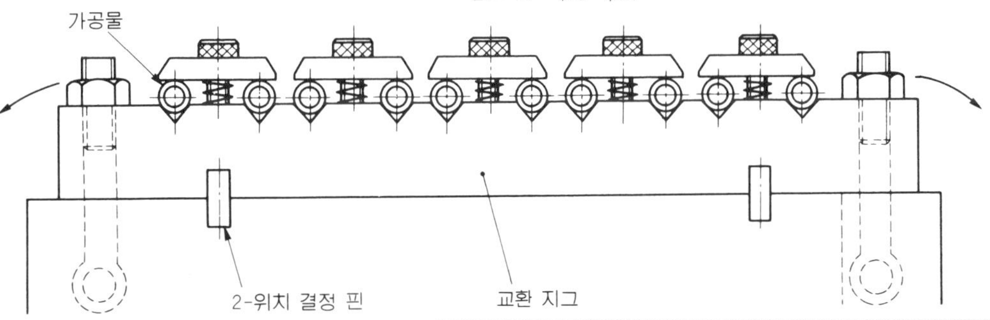

수평형 MC용 다수개 고정구

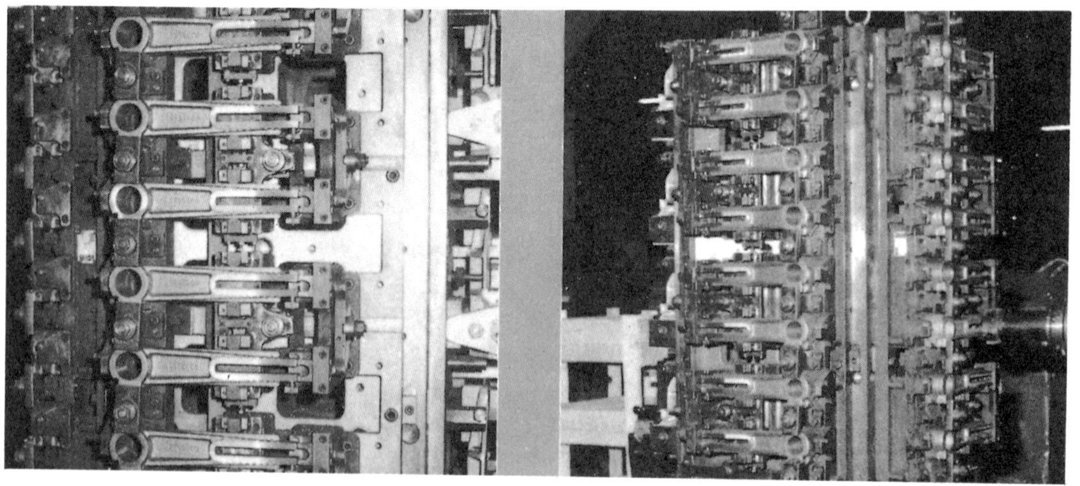

　이제까지 주로 중·대형물 가공을 주체로 한 수평형 MC에서 1개당 가공 시간이 짧은 소형 부품의 가공을 다루어 왔다.

　소형 부품을 수평형 MC에서 가공하여 코스트 다운을 꾀하기 위해서는 고정구가 문제로 된다. 그래서 수평형 MC로 가공하는 경우의 고정구 설계상의 포인트를 열거해 본다.

　① 스트로크를 충분히 살려 가공물을 가능한 한 많이 고정하여 가공 시간을 늘린다.

　② 소형 부품은 1개당 가공 시간이 짧기 때문에 가공물의 착탈을 빠르게 한다.

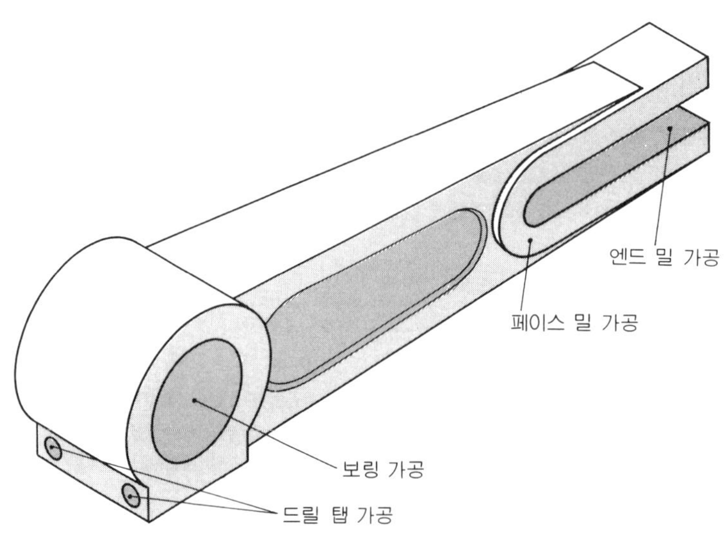

그림 1　가공물 형상

③ 고정구의 교체 세팅을 간단히 하여 기계의 정지 시간을 가능한 한 짧게 한다.

이러한 조건을 만족하는 고정구를 설계할 필요가 있다. 그래서 다음과 같은 고정구를 제작해 보았다(**컷 사진** 참조).

가공물은 **그림** 1과 같은 것으로서 재질은 주철(FCD 45), 가공 내용은 앞 가공없이 엔드밀 가공, 정면 밀링 가공, 탭핑 가공의 3 가지이다.

고정구의 특징

고정구 본체는 **그림** 2와 같은 것이지만 앞서 열거한 포인트에 따라 더 세부적으로 검토한 부분을 열거해 본다.

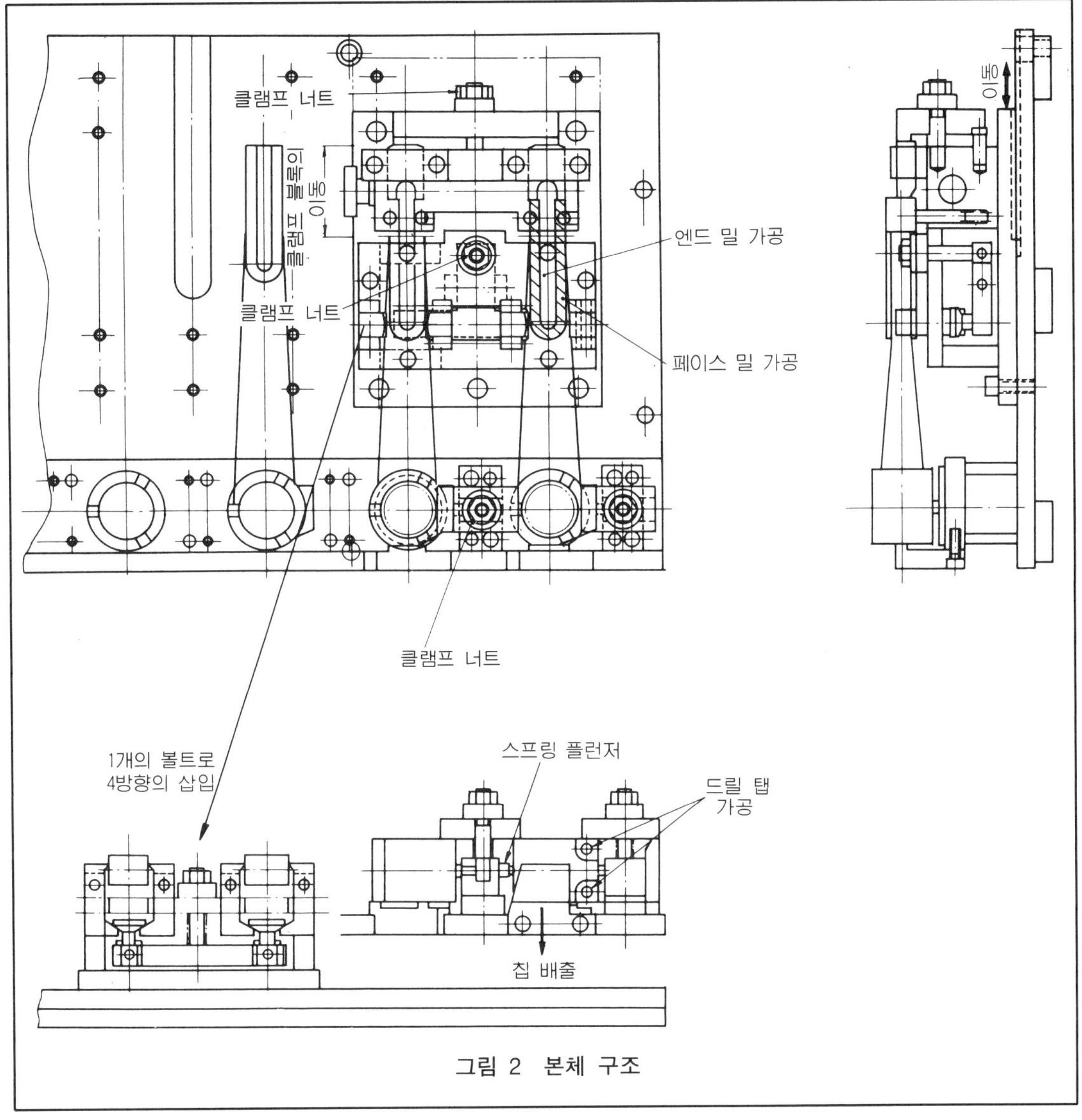

그림 2 본체 구조

① 주물 표면을 고정면으로 하기 때문에 3점 지지에 의한 위치 결정을 한다.

② 주물은 상형과 하형과의 형 어긋남이 생기기 때문에 어느 것인가 한쪽의 형을 기준으로 한 위치 결정을 한다.

③ 절삭 저항의 방향을 고려하여 스토퍼, 조임 방법을 취한다.

④ 칩이 잘 배출되게 한다.

⑤ 조임 부분을 가능한 한 적게 한다.

⑥ 유사 가공물이 고정될 수 있도록 누름쇠 블록의 이동을 가능하게 한다.

⑦ 스프링 플런저를 이용한 가공물의 임시 고정 기구를 채택한다.

⑧ 조임 너트의 조작을 신속하게 하기 위하여 조임 너트를 여러 개 조합한 클램프 너트(뒤에 나옴)로 한다. 또한 조임 너트의 치수를 통일하여 래칫 스패너를 사용함으로써 동작 거리를 작게 한다.

대략 이와 같은 것들이 이 고정구의 특징이다.

이들 중 ①~⑤까지는 일반적인 사항이라고 생각하겠지만 ⑥은 **그림** 1과 같이 형상이 동일해도 길이가 여러 가지이므로 반드시 필요한 것이다.

기구상의 포인트

고정구의 구조는 **그림** 2에서 알 수 있듯이 가공물의 위치 결정과 조임이 간단히 이루어지도록 한 것으로서 스프링 플런저, 클램프 너트를 사용하고 있다.

이것들은 기구적으로 어려운 것이 아님에도 불구하고 사용 여부에 따라 작업의 용이성이나 속도에 큰 차이가 난다.

● 스프링 플런저

그림 3에 나와 있는 것이 스프링 플런저이다. 재질은 S50C, 센터 핀은 내마모성을 갖게 하기 위하여 담금질되어 있다. 구조는 매우 간단하며 센터 핀을 스프링으로 눌러 가공물을 센터 핀에서 임시로 지지하도록 사용한다.

● 클램프 너트

이것은 자사 제품의 조임용 너트의 일례로서 정식 이름은 아니지만 **그림** 4, 5와 같은 구조로 되어 있다. 너트 A에 스패너를 걸어 조임쇠를 조일 때에 작은 회전각으로 너트 B를 크게 움직여 신속하게 고정, 해체를 하는 것이다.

그림 4에서 너트 A는 M12의 보통 나사(피치 1.75 mm)로서 축에 끼워져 있는데 일반 나사와 다른 점은 그 외경에 M24×3의 왼나사가 파져 있다는 것이다. 그리고 이 외경 나사부에는 너트 B가 끼워져 있다. 또한 너트 B에는 돌기가 있는데 이것이 조임쇠의 노치에 끼워져 너트 B가 회전하지 않도록 스토퍼의 역할을 담당하고 있다.

클램프 너트는 **그림** 5와 같이 사용한다. 여기서 너트 A의 머리에 스패너를 걸어 1회전시키면 너트 A는 1.75 mm 진행한다. 동시에 너트 B는 왼나사이기 때문에 너트 A와 같은 방향으로 3 mm 진행하게 된다. 너트 A를 조금만 돌려도 조임쇠를 실제로 누르고 있는 너트 B가 크게 움직이기 때문에 조이거나 풀거나 하는 동작은 작아도 된다.

다수개 단위이면서도 가공물의 형상이 여러 가지이면 그 설계에는 골치가 아파진다. 그리고 가공물의 고정, 해체가 간단하고 일정한 고정 정밀도를 내야 한다면 더욱 복잡해진다.

그러나 이와 같은 다양한 조건을 만족하는 고정구를 사용하여 가공의 능률화를 꾀하지 않으면 코스트 다운이 실현될 수 없음은 확실하다.

고정구의 선악이 코스트 다운의 양부를 결정한다고 해도 과언이 아니다.

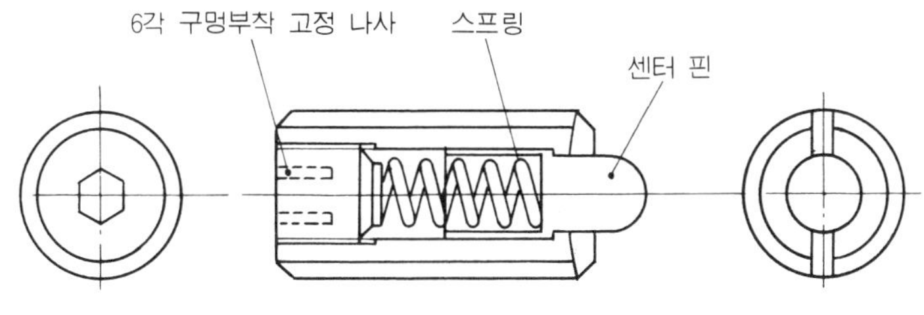

그림 3   스프링 플런저

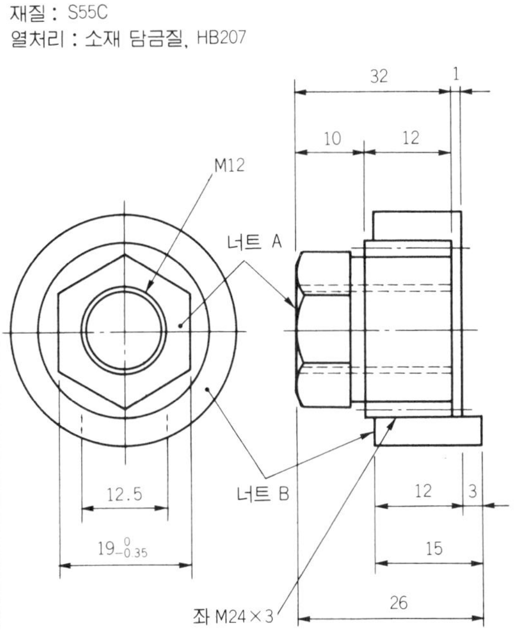

그림 4   클램프 너트 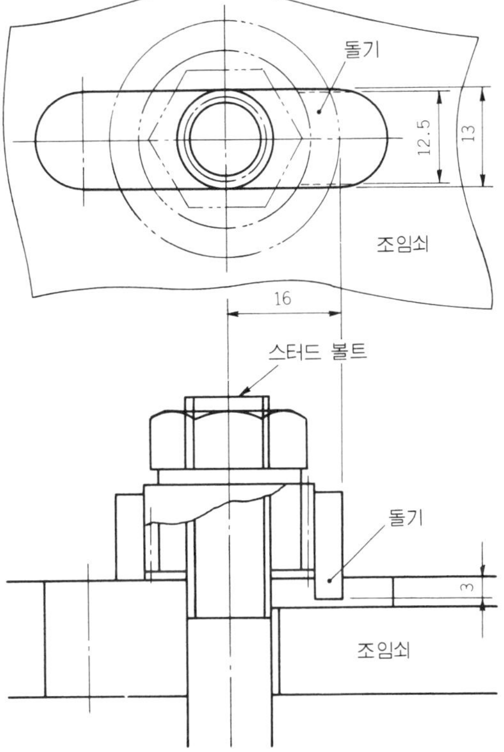   그림 5   조임쇠와 클램프 너트와의 관계 위치 치수

실린더 블록 4면 가공 고정구

● 수평형 MC용 고정구의 사례

수평형 MC로 가공하는 엔진 실린더 블록용의 고정구이다. 가공 내용은 앵글 사이드면과 스트레이트 사이드면이 밀링 가공, 드릴링, 보링, 탭핑되는 것으로 전부 4면 가공이다.

이 고정구는 가공물의 실린더 구멍을 통한 클램프 방법에 의해 유압 실린더를 사용하여 조인다.

먼저 클램프 레버는 가공물을 반입하기 전에 미리 가공물의 실린더 구멍에 넣어 두며 컨베이어 위를 고정구의 소정 위치까지 이동시켰을 때, 이 클램프 레버는 정확히 유압 실린더의 훅 속에 들어 가도록 되어 있다.

이 때, 클램프 레버가 비스듬히 들어가 있으면 훅에 잘 들어가지 않기 때문에 가이드를 사용하여 중심에 오도록 수정한다.

다음에 로케이트 핀의 레버를 180° 회전시켜 핀을 가공물의 기준 구멍에 넣음으로써 위치 결정을 한다(이 고정구를 사용하여 4기통과 6기통용의 실린더 블록을 가공하기 때문에 로케이트 핀이 4개소 있다).

여기서 반송용의 롤러를 레버로 내려 패드에 가공물을 얹는다. 이 반송용 롤러는 링크 기구로 되어 있어 롤러 봉의 4 코너에 링크를 부착하여 편심 캠으로 롤러 봉을 상하로 움직인다. 상승단에서는 컨베이어와 위치, 높이가 모두 맞추어져 있다.

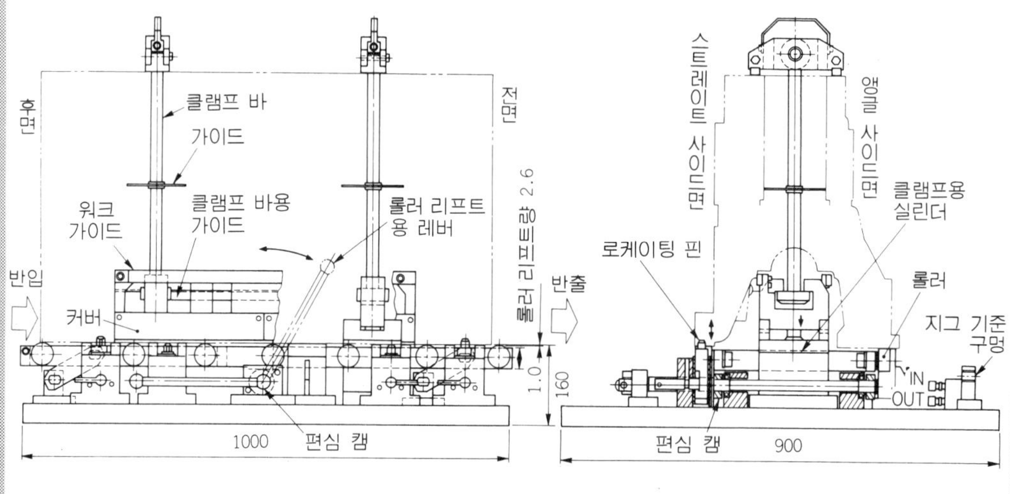

여기서 주의해야만 할 것은 레버 조작의 힘을 가볍게 해주는 것이다. 힘은 레버 길이와 캠 중심에서의 작용점까지의 거리 및 마찰 저항에 의해 결정된다. 이 고정구에는 중량 250 kg의 가공물을 길이가 270 mm인 레버를 사용하여 약 7 kg의 힘으로 들어 올리고 있다.

그림을 보면, 캠 축을 지지하는 브래킷 속에 베어링을 넣고 마찰 저항을 줄이고 있다.

또한, 이 고정구에는 사용하고 있지 않지만 편심 캠의 외측에 베어링을 끼워 캠의 마모를 방지하는 방법도 있다. 마지막으로 조작반의 클램프용 버튼을 눌러 유압 실린더로 클램프한다.

이 고정구의 특징은 가공물의 고정, 해체가 간단하면서도 단시간에 이루어질 수 있다는 점, 또한 구조물이 대부분 가공물의 내측에 들어가 있기 때문에 가공시에 공구와 고정구와의 간섭이 없다는 점이다.

따라서 공구에 무리한 움직임이 없고 위치 결정 시간을 단축할 수 있다. 그리고 공구의 길이를 짧게 하여 공구의 강성(剛性)을 유지할 수가 있다. 이것은 MC 가공에서는 가장 중요한 것이다.

조립 방식으로 지그 제작을 합리화한다

● T홈 기준에 의한 시스템의 예

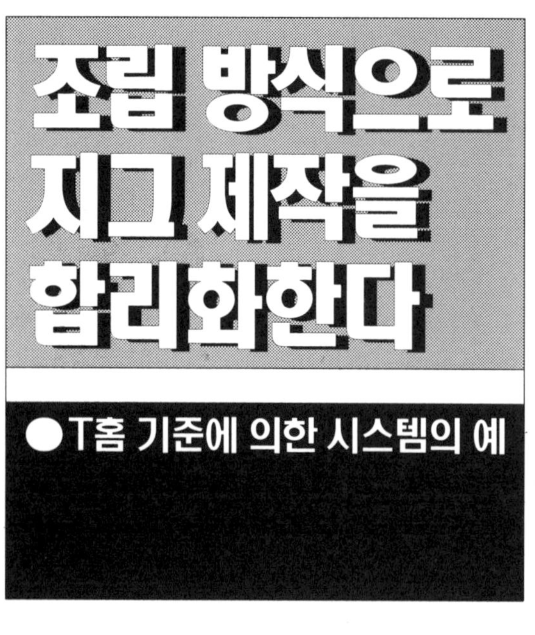

◔ 조립식 지그의 유용성

일상의 일들 중에서 지그의 제작은 종종 단납기를 요구하고 있다. 신규 생산은 대개의 경우 다소 무리한 일정이 요구되며 그리고 지그의 제작은 자칫하면 뒤로 미루기 쉽다. 그 시간의 지연을 가능한 한 만회해야만 한다. 이것은 시작품(試作品) 가공에 대해서도 마찬가지라 할 수 있다.

또한 생산 부품을 긴급히 설계 변경하는 경우의 지그의 변경이나 현재 사용하고 있는 시대에 뒤떨어진 지그는 개선되어야만 한다는 잠재 요구가 공장 내에는 늘 존재하고 있다.

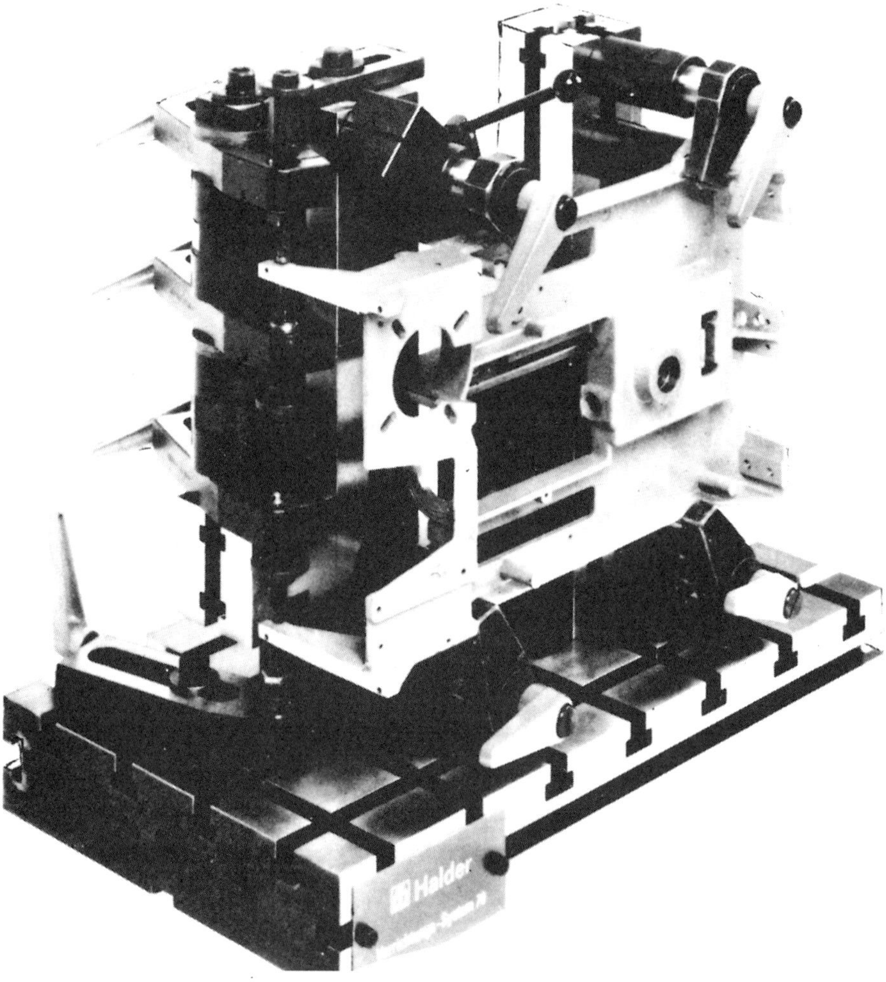

그렇기 때문에 개별 생산 공장에서 견실한 지그를 갖고 싶다고 해서 그 때마다 전용 지그를 만들었다가는 코스트적으로 수지가 맞지 않는 여러 가지의 경제적, 시간적 요구가 조립식 지그의 발전을 이끌어 가고 있다고 볼 수 있다.

만약 조립식 지그가 없으면 시간과 돈이 많이 소요되는 지그를 그 때마다 만들든가, 아니면 지그없이 가공 시간이 길어짐으로써 많아지는 제조 비용을 감수해야만 한다.

경제적인 입장에서 보면 조립식 지그는 뛰어난 장점을 가지고 있다. 우선, 지그를 위한 투자 자본이 적어도 되고, 지그의 보관 스페이스가 작아도 되며, 지그의 설계비나 제조비도 감소한다.

조립식 지그는 예를 들면, 시작품을 가공하기 위한 지그(시험 제작에는 설계 변경이 이루어진 것), 1개의 가공물 가공용 지그, 전용 지그를 입수할 수 없을 때, 전용 지그가 파손되어 수리중이라 사용할 수 없을 때, 사용 빈도가 적어 전용 지그로서는 경제적으로 수지가 맞지 않을 때 등에 효과를 발휘한다. 그리고 보완품의 제작이나 유저에 대한 긴급한 서비스 등에도 흔히 사용된다. 또한 NC기나 MC에서의 조임 지그로서도 효과가 크다.

이미 유럽에서는 10개사에 가까운 메이커가 각각 특징이 있는 조립식 지그를 판매하고 있으며 견본시에서도 매회 전시를 하고 있다.

여기서는 그 중에서 독일에서 대부분의 유명 공장이 사용하고 있는 엘빈·할더사(일본에서는 일본정기 상회가 취급)의 제품을 소개한다.

◑ 조립식 지그의 기능

가공물의 조임이라고 하는 종합적인 기능에는 다음과 같은 부분적인 기능이 있다. 즉, 가공물의 위치 결정, 고정, 힘의 전달, 이완 등이며 어떤 경우에는 공구의 위치 결정이나 그 안내 등도 포함된다. 이들 부분적인 기능의 상호 관계를 예로 든 것이 **그림 1**의 드릴링 지그이다.

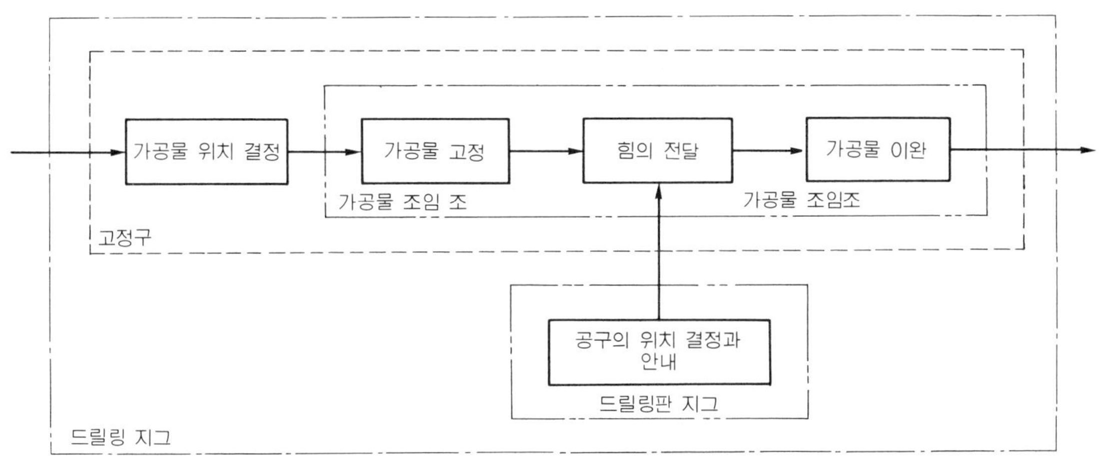

그림 1 드릴링 지그를 구성하는 각종 능력 및 그 기능 부품

가공물 조임조라는 표시는 **그림 1**에 따르면 보조 수단으로 보아야만 하며 가공물을 반복해서 동일한 위치에 고정하는 것은 불가능하다. 이것은 주로 평행한 평면을 가진 어떤 형상의 부품에 불과하다고 할 수 있다. 이에 비해 지그는 가공물의 반복 위치 결정의 정밀도가 정확히 고려된다.

◑ 조립식 지그의 시스템

기본적인 시스템은 어떤 수량의 각종 구성 요소(유닛)로 구성되어 있다. 다종류의 구성 유닛을 다수개 사용하여 조합시킴으로써 실로 다종 다양한 지그가 만들어지고 있다.

1조의 조립식 지그 속에는 소위 반드시 있어야만 하는 기초 유닛을 항상 포함하고 있다. 이 유닛이 없으면 지그 제작이 불가능하게 된다. 이와 같은 불가결한 유닛은 지그를 제작하는 경우에는 베이스 플레이트나 고정 나사와 같은 것이다.

그리고 기능적 유닛과 가공 유닛이라고 하는 개념의 것도 있다. 기능적 유닛이란, 가공물 조임조와 같은 것으로서 그 자체가 지그에 있어서의 부분 기능을 만족시키고 있는 것이다.

가공용 유닛은 맞대기용 블록과 같은 것으로서 타 구성 유닛과 조합하여야 비로소 부분적인 기능을 실현하는 것이다.

할더사의 시스템에는 새로운 부품군을 포함하고 있다. 즉, 기초 유닛, 조립용 유닛, 지지용 유닛, 조임용 유닛, 맞대기용 유닛, 드릴링 유닛, 보호용 유닛, 특수 유닛, 측정용 유닛 그리고 표준 부품이다.

이들은 대부분의 경우, 복수의 것을 조합하여 드릴링, 밀링 가공, 연삭, 검사 등의 지그로서 사용할 뿐만 아니라 조임 지그로서 변형이 생기기 쉬운 박육의 가공물을 비롯한 모든 종류의 가공물을 변형없이 조일 수가 있다.

그 밖에 당사가 제작한 특수한 부품으로서 예를 들면, 어떤 가공물을 가공하기 위하여 어떤 구멍을 기준으로 하여 고정해야만 하는 경우, 단지 기준으로 하는 필요 부품만을 추가 제작하면 된다.

공장이 조립식 지그의 유닛을 갖출 때에는 자사에서 어떠한 부품에 대해 사용할 것인가를 잘 검토하여 그 가공의 개별적 요구에 맞도록 구성 유닛을 선정해야만 한다.

이미 유사 가공이 발표되고 나서 상당히 많은 시간이 흘렀으므로 공장도 유사 가공에 익숙해져 있을 것이다. 그래서 어떤 형상의 부품에 한정한다면 무턱대고 많은 수의 유닛을 갖출 필요가 없다고 생각한다.

전체의 구성 유닛(베이스 플레이트도 마찬가지)이 침탄 담금질되고 경도는 HRC 60이며 연삭 다듬질되어 있다.

베이스 플레이트나 구성 블록은 DIN 16 M_n C_r 5(침탄용 망간 · 크롬강, JIS에는 해당품 없음)로서 각 홈의 치수는 14 mm, H 7, 조임 나사는 M 12이다. 각부의 주요 치수는 ± 0.01 mm 공차 이내로 가공되어 있다.

사진 1 베이스 플레이트를 결합할 수 있는 결합용 각형 블록

① **기초가 되는 구성 유닛**……베이스 플레이트의 치수는 230×420 mm, 300×490 mm, 370×630 mm의 3종류가 있다. 플레이트 결합용의 각형 블록은 70×70×420, 490 및 630 mm이며 플레이트를 확실하게 결합시키기 위하여 사용한다. 만약 이것이 없으면 홈간 70 mm와 조임의 표면은 동일 평면이 되기 어렵다(**사진 1**).

지름 ϕ300~400 mm의 T홈이 붙은 원형 베이스 플레이트는 선회하는 지그를 조립하기 위해 사용한다.

② **조립용 유닛**……위치 결정용 블록, 홈이 붙은 앵글 플레이트, 조임용 각재, 보강용 부품은 전부 18종류이며, 그 변종은 희망하는 위치 결정점을 만들기 위해 사용한다. **사진 2**는 이들의 조립용 유닛이다.

사진 2 조립용 유닛

③ **보강용 앵글 플레이트**……지그의 조립에 강성(剛性)을 가지게 하여 큰 절삭력을 흡수하며 그리고 큰 가공물의 중량을 지지하기 위하여 **사진 3**과 같은 8종류 크기의 앵글 플레이트가 있다.

④ **조임용 유닛**……특별히 개발된 홈이 붙은 부품과 홈이 붙은 고정구는 형이 무너지지 않도록 또한 절삭력을 흡수하도록 개별 조립용 유닛을 단단히 결합한다. 자칫하면 늘어나기 쉬운 긴 나사에 의한 결합을 필요로 하지 않는다. 하향으로 밀어 붙이는 유닛은 편심 캠 또는 나사를 사용하고 있다.

사진 3　보강용 앵글 플레이트

레버식 조임구, 상하 방향 위치 결정 조임구, 자동 보정 조임구는 통상의 지그를 조립하는 경우에도 충분히 이용할 수 있다.

또한 이것들은 기계의 테이블에 직접 고정할 수도 있다.

그 밖의 경우에 따라서는 다른 조립 지그 시스템과도 조합하여 사용할 수 있다. **사진 4**는 이들 유닛의 일부이다. 조임용의 유닛은 각각 형이 다른 34종류를 포함하고 있다.

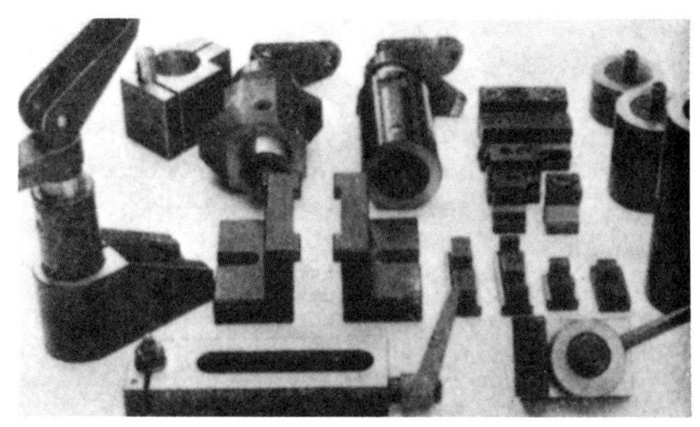

사진 4　조임용 유닛

사진 5　보강용 유닛

⑤ **보강용 유닛**……이것에는 35종류의 유닛이 있으며 가장 많이 사용되는 것은 지름 ϕ 4~60 mm이며 기초 유닛이나 조립용 유닛상의 간격편(片)이나 간격 블록에 고정된다(**사진 5**). 이것들은 구멍이나 보강점, 또는 보강면(面)을 사용하여 가공물의 위치 결정을 위해 사용한다.

⑥ **드릴링용 유닛**……고정용 지그에 대해서는 이미 잘 알려져 있기 때문에 다음은 드릴링에 관한 유닛만의 문제이다. 즉, 여러 가지 형의 드릴링 부시의 효과적인 사용 여부를 말하는 것으로 이것은 어디까지나 사용 상황에 맞아야만 하는 것이다. 이를 위해 드릴링 유닛에는 여러 가지의 것이 있다(**사진 6**).

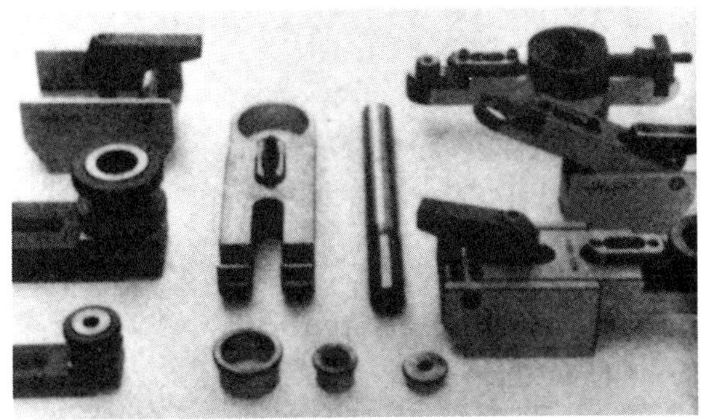

사진 6 드릴링용 유닛

드릴링 부시의 고정은 길이와 폭이 다른 27개의 부시 홀더로 행할 수가 있다. 전체의 부시 홀더는 급속 고정 기구에 의해 신속하고 확실하게 고정된다. 가공물을 간단히 고정 또는 해체하기 위하여 부시 홀더는 선회가 가능하게 되어 있다.

고정 부시를 사용하여 가공하고 아울러 그 위치에서 다양한 지름의 구멍이 필요한 경우, 부시 홀더는 이동이 가능할 뿐만 아니라 보강용 유닛으로부터 해체하여 다른 것과 교환할 수도 있다.

◑ 사용 방법과 실례

(1) 지그의 조립

공장에서 조립식 지그를 사용하고자 할 때 지그 제조의 확실한 합리화 여부를 관계 부문에서 확인할 필요가 있다. 어중간한 생각으로 도입하면 충분한 효과를 발휘할 수가 없다.

이것에 관계하는 종업원의 범위는 가공물을 정확하게 조이는 지그의 설계자로부터 작업 준비를 하는 지그 조립공, 그것으로부터 지그를 만들어 내는 일부의 공구공까지이다. 파트 프로그램으로 행하는 NC 가공일 때는 프로그래머 자신이 지그를 조립하는 것이 가장 바람직하다.

바꾸어 말하면, 조립식 지그를 사용한 지그 설계를 할 수 있는 생산 기술 부문내의 작업 계획 요원이 파트 프로그램도 만들 수 있는 것이다(생산 기술 요원이라 해도 아무에게나 맡겨서는 안된다). 조립식 지그 도입 초기에는 메이커에서 개인 교육을 시키는 것도 좋은 방법이다.

지금 어떤 가공물을 가공하기 위해 지그를 만들고자 할 경우, 가공의 준비 즉, 가공 계획이 우선 문제가 된다. 그리고 조립식 지그를 사용하는 경우는 통상의 전용 지그와는 달리 지그의 구조를 충분히 고려할 필요가 있다. 가공시의 가공물의 자세나 기계상의 관계 치수, 미가공품 등의 자료를 근거로 조립식 지그를 구성할 때 지그에 작용하는 조임력이나 절삭력에 대한 지식과 마찬가지로 구조상의 고려가 필요하게 된다.

예를 들면, 절삭력은 조임이 풀리는 방향으로 작용하지 않도록 한다. 즉, 절삭중에 가공물을 안전하게 조여 둠과 동시에 절삭력의 통로를 짧게 함으로써 가공 변형을 최소로 할 수가 있다.

조립식 지그의 제작자는 먼저 필요한 부품을 준비하고 다음에 전부 가(假)고정하며 마지막에 가공물을 고정하여 조임 나사 등으로 클램프한다. 특히 드릴링 지그의 경우는 정확한 센터링 작업이 필요하다. 예를 들어, 늦어진다고 생각되어도 최저 1회는 NC 기계상에서 지그와 절삭 공구와의 사이에 간섭이 생길지의 여부를 확인해야만 한다.

시험용의 가공물을 절삭 가공하고 다음으로 치수 계측을 하며 그것이 끝나야 비로소 지그의 조립이 종료했다고 말할 수 있다. 그리고 그 결과는 조립 지도표라 할 수 있는 카르테(獨, karte, 기록 카드)에 정확하게 기록해야만 한다.

(2) 밀링 가공용 지그의 실례

사진 7은 밀링 가공 또는 MC용의 조립식 지그로서 이것으로 각 구성 유닛과의 관계를 알 수 있다고 생각한다. 이 경우에 문제로 되는 것은 절삭량이 많다는 것으로서 이 때에는 큰 절삭력이 발생한다.

사진 7 밀링 가공용 지그

특히 가공물의 키가 크고, 따라서 지그의 키가 높아질 때에는 강성을 크게 하여 지그 자체의 변형을 가능한 한 작게 하는 강력한 지지 방법을 생각해야만 한다.

(3) 드릴링 가공용 지그의 실례

드릴링 가공에는 부시 홀더와 부시를 사용하는 통상의 가공 방법과, NC기에 의한 가공 방법이 있다.

어느 쪽 가공 방법에서나 가공해야 할 구멍의 위치는 가공물 외부의 무엇인가에 의해 결정되고 있다. 전자의 경우는 드릴링 부시의 위치이며 후자의 경우는 NC 장치내의 메모리에 의한다.

가공시 일반적으로 요구되는 금긋기 작업은 생략할 수가 있다. 드릴링 지그를 사용하여 얻어지는 치수 공차는 지그 자체의 공차와도 관계가 있음은 물론, 그 밖에 가장 큰 것은 드릴과 탭의 형이고, 그 다음은 스터브(단척) 툴링의 사용 여부, 또한 드릴의 단면 형상의 대칭 정밀도, 드릴 선단의 형이나 연마의 대칭 등이 문제가 된다.

조립식 지그에 의한 드릴링 지그의 일례가 **사진 8**에 나와 있다. 이것은 어떤 레버의 드릴링용 지그로서 이미 가공이 끝난 구멍을 기준으로 고정되어 있다. 이것은 고정에 의해 가공물이 변형하는 것을 방지하기 위하여 스프링 지지에 의한 보정 유닛이 고정되어 있어 변형이 없는 조임을 확실히 하고 있다.

그 밖의 각종 유닛의 배치는 충분히 연구할 필요가 있다.

사진 8 드릴링 가공용 지그

(4) 기록의 작성, 분류와 정리

조립식 지그를 사용할 때에 필요한 것은 조립 지도표의 작성이다. 이것을 만들면 많은 목적을 달성할 수가 있게 된다(**표 1**).

표 1 조립 지도표의 예

<table>
<tr><td colspan="5" align="center">지그 조립 가이드</td></tr>
<tr><td colspan="5">도면 번호 :

가공물 :

지 그 :</td></tr>
<tr><td colspan="5">작업 방법=</td></tr>
<tr><td colspan="2" align="center">사 진
워크 고정후</td><td colspan="3" align="center">사 진
워크 고정전</td></tr>
<tr><td colspan="5">조립</td></tr>
<tr><td>일 자</td><td>성 명</td><td>소요 시간</td><td>사 용 기 계</td><td>비 고</td></tr>
<tr><td>1</td><td></td><td></td><td></td><td></td></tr>
<tr><td>2</td><td></td><td></td><td></td><td></td></tr>
<tr><td>3</td><td></td><td></td><td></td><td></td></tr>
<tr><td>4</td><td></td><td></td><td></td><td></td></tr>
<tr><td>5</td><td></td><td></td><td></td><td></td></tr>
</table>

동일한 가공물에 대해 반복 사용할 경우는 가공물의 확인과 지그 번호, 사진을 근거로 하여 사용할 유닛 찾기 및 그것들을 정확하게 조합할 수가 있다. 또한 이것에 의해 지그의 재조립이 간단해짐으로써 조립 시간도 단축되고 동시에 표준 조립 시간도 결정, 기입할 수가 있다.

박육의 경사 구멍 가공용 교환 부시

● 드릴링 지그의 사례

　가공물은 금형 저압 주조법에 의한 알루미늄 주물의 하우징으로서 치수는 $100 \times 300 \times 200$ mm, 중량은 2.5 kg이다. 절삭성은 양호하지만 살이 얇은 부분이 있어 조임 변형에 주의할 필요가 있다.

　가공 구멍은 $\phi 10$ mm$_{+0.022}$로서 제법 고정밀도이기 때문에 드릴 가공만으로는 무리이며 또한 월생산이 1000개 정도로서 전용기로 할 정도도 아니기 때문에 드릴링 지그를 만들기로 하였다.

　$\phi 10$ mm$_{+0.022}$의 정밀도를 내기 위해 공구로는 $\phi 9.5$ 드릴, $\phi 10$ 리머의 2개를 차례로 통과할 필요가 있다. 이를 위해 부시는 교환형으로 해야만 한다. 또한, 가공물의 종류에 따라서는 구멍에 자리파기부가 있기 때문에 $\phi 20$의 일자(一字) 드릴을 통과하게 한다. 이 때 선단은 $\phi 10$의 가이드를 붙이고 부시는 사용하지 않는다. 그러나 교환 부시를 뺀 후의 지름을 $\phi 20$ 이상으로 취해 둘 필요가 있다.

　그림 1, 2에서 교환 부시 ①, ②를 뺄 때 경사져 있는 점을 주의한다. 이것은 $\phi 10$을 뺄 때 경사져 있기 때문에 공구가 살이 없는 쪽으로 도망가는 것을 방지하기 위하여 부시측을 반대로 경사지게 해 둔 이유이다.

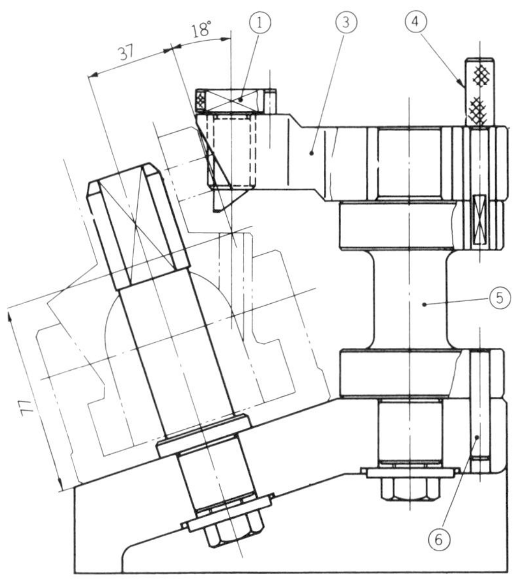

그림 1　드릴링 지그(교환 부시 ①)

교환 부시를 가공물 곁에까지 가지고 가면 칩의 배제가 어려워진다.

부시 플레이트 ③은 포스트 ⑤에서 뺄 수가 있다. 이것은 가공물 착탈을 위한 것으로 방향성을 주기 위한 꽂음핀 ④가 있다.

가공물 자체는 다음의 이유에서 특별히 클램프 등은 하지 않는다.

- 절삭력이 가공물을 눌러 주는 방향이다.
- 드릴링은 일반적으로 절삭력이 그다지 크지 않다.
- 착탈에 시간이 걸리지 않는다.
- 조임 변형이 없다.

사용하는 기계는 직립 드릴링 머신이지만 3연 축이며 공통의 헤드로 되어 있어 지그를 미끄럼 이동하는 것이 간단하다. 드릴은 수동 이송이고 가능한 한 빠르게 이송하는 것이 좋으며 리머에서는 표면 거칠기나 치수 정밀도를 유지하기 위하여 자동 이송으로 한다.

드릴 가공이 끝나면 부시를 교환하고 다음 축으로 이동하며 리머가 끝나면 교환 부시를 사용하지 않고 $\phi 20$의 스폿 페이싱 가공을 한다. 스폿 페이싱을 할 때는 공구가 깊이 방향의 치수에 도달한 지점에서 2~3초간 이송을 정지하여 스폿 페이싱면의 정밀도를 내도록 한다.

착탈은 ③의 부시 플레이트를 절반 정도 뽑아 직각 방향으로 해두면 가공물은 위로부터 간단히 꽂을 수가 있다. ⑥의 위치 결정 핀은 2방향에 있다.

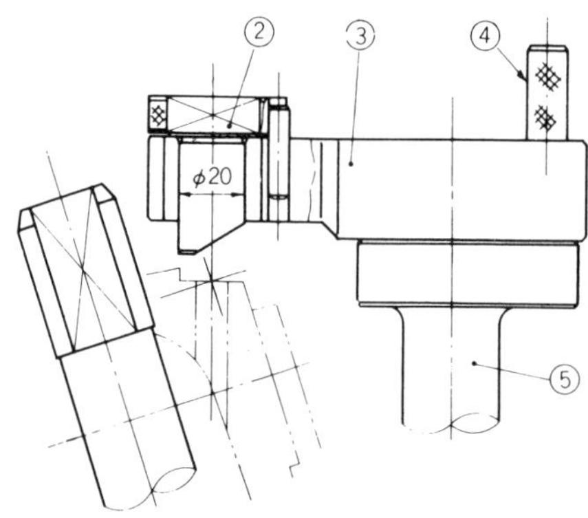

그림 2 드릴링 지그(교환 부시 ②)

플렉시블한 조립식 고정구

기준 구멍 방식에 의한 시스템의 예

⬆ MC의 APC(자동 팰릿 교환 장치)에 탑재된 조립식 가공물 고정 시스템

독일을 중심으로 한 유럽 여러 나라에서는 다품종 소량 생산에 대응하여 각종의 조립식 지그가 개발되어 있다. 이들 시스템은 대별하여 ①홈에 의한 것(전항의 「조립 방식으로 지그 제작을 합리화한다」 참조), ②구멍에 의한 것으로 나눌 수가 있으며 여기서는 구멍에 의한 시스템에 관하여 소개하기로 한다.

브류코사(독일)가 개발한 「조립식 가공물 고정 시스템」은 벤츠, 휴렛 팩커드, 지멘스, 만 사 등의 유력 기업에서 채택하고 있으며 다품종 소량 생산 시대의 지그에 있어서 하나의 방향을 제시하고 있다고 생각한다.

브류코사의 가공물 고정 시스템은 **그림** 1과 같이 격자상으로 나사 구멍과 핀 구멍을 교 대로 뚫은 정반 위에 동일한 고정 구멍을 가진 각종 구성 부품을 사용하여 가공물을 고정 하는 것이다. 이 격자의 간격 및 구멍 지름에 의해 3가지의 시스템으로 나눌 수가 있다.

① 310 시스템 : 격자 간격 30 mm(±0.01 mm), 나사 구멍 M 10, 핀 구멍 10.015 mm

② 412 시스템 : 격자 간격 40 mm(±0.01 mm), 나사 구멍 M 12, 핀 구멍 12.02 mm

③ 516 시스템 : 격자 간격 50 mm(±0.01 mm), 나사 구멍 M 16, 핀 구멍 16.02 mm

이 3가지 시스템은 격자 간격과 구멍 지름이 다를 뿐이며 시스템의 기본적인 성능이나 구성 부품의 종류는 동일하다. 구성 부품을 대별하면 다음과 같은 것이 있다.

① **기초 부품**……정반(**사진** 1), 양면 앵글 플레이트(**사진** 2), 입체 정반(**사진** 3) 등 타 구성 부품을 고정하는 베이스가 되는 것이다.

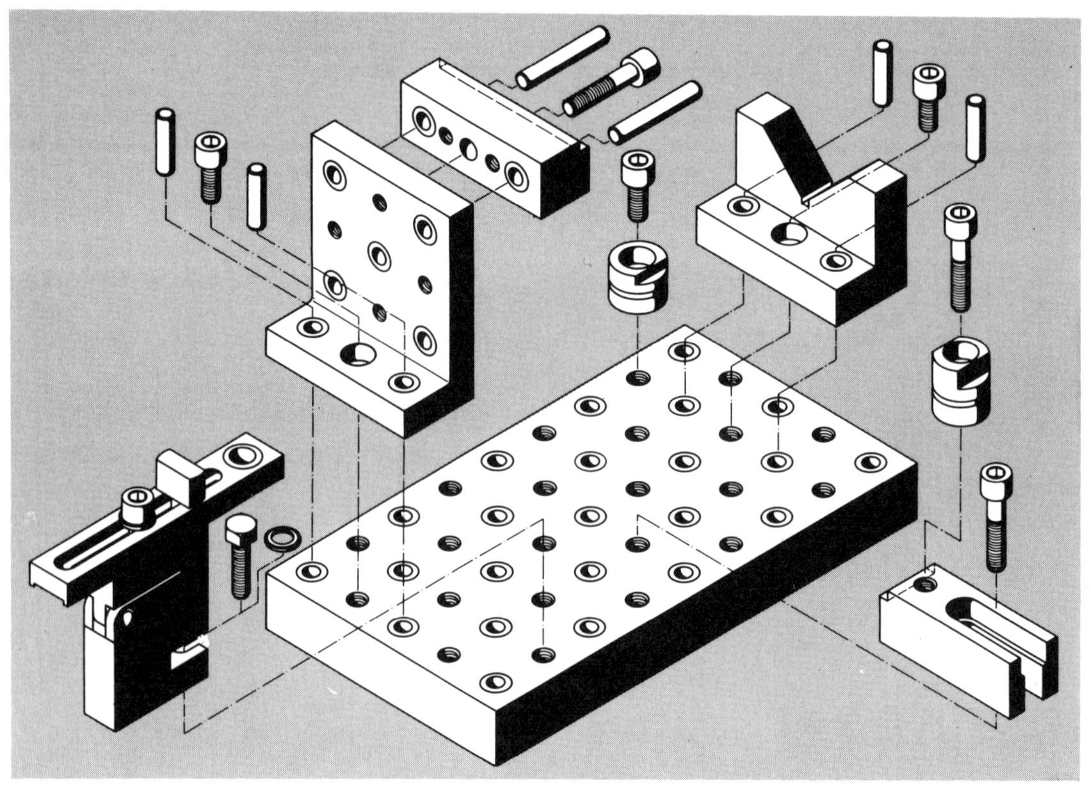

그림 1 조립식 가공물 고정 시스템

② **보조 부품**……블록(**사진 4**), 앵글(**사진 5**), 서포트 등 수평, 수직 방향의 위치를 잡기 위한 각종 부품이다.

③ **위치 결정 부품**……V 블록(**사진 6**)이나 각종 정밀 소형 부품(**사진 7, 8**)으로서 가공물의 정확한 위치 결정을 한다든가 유지한다.

④ **조임 부품**……바이스나 클램프류(**사진 9, 10**)로서 가공물을 고정하기 위해 사용한다.

⑤ **특수 부품**……사인대(**사진 11**) 등 개별 용도에 특별히 요구되는 부품이다.

이들 부품은 전부 표준화되어 있기 때문에 부품끼리 조합할 수도 있다. 따라서 조합을 통해 거의 모든 가공물에 대해 유효하게 이용할 수 있다.

구멍에 의한 이 조립식 지그를 사용하는 이점으로서 대표적인 것을 몇 가지 들어 본다.

● 위치 결정의 용이성

기계 가공에서 누구나 가장 머리 아파하는 것이 어떻게 하면 빠르게 가공물을 정확한 위치에 고정하는가 하는 것이다. 가공물의 위치 결정에 시간이 걸릴수록 그만큼 공작 기계의 가동 시간이 짧아진다.

그리고 다품종 소량 생산의 경우, 직접 기계의 베이스에서 위치 결정을 하는 일은 드물고 대부분 무엇인가의 보조 베이스 플레이트를 사용하고 있다.

사진 1 정반

사진 2 양면 앵글 플레이트

사진 3 입체 정반

사진 4 블록

사진 5 앵글

사진 6 V 블록

사진 7 위치 결정 부품

사진 8 조합 서포트

사진 9 퀵 클램프

사진 10 조합 클램프

사진 11 사인대

이 경우는 보조 베이스 플레이트의 성능이 가공 정밀도나 능률에 크게 영향을 미친다. 베이스 플레이트에서 정확히 위치 결정이 되고 또한 공작 기계에의 고정이 간단해야만 한다. 이것을 용이하게 하기 위해서는 정반이 표준화됨과 동시에 정밀도가 높아야 한다. 애써 정반에 정확히 고정되어도 정반 자체의 정밀도가 나쁘면 또 한번의 위치 결정의 수정을 해야만 한다.

정반상에서의 위치 결정에는 구멍에 의한 조립식 지그가 가장 능력을 발휘한다. 공차 ±0.01 mm로 구멍이 뚫린 정반상에 동일 수준의 정밀도로 제작되어 있는 각종의 위치 결정용 표준 부품을 사용하면 기준이 되는 점뿐만 아니라 기준선이나 기준면을 설정하기가 용이하다.

브류코사의 정반과 각종 구성 부품은 마스터 플레이트을 사용한 특별한 주조 방법에 의한 고경도 주철 라이너를 짜넣음으로써 그 정밀도를 유지하고 있다. 그렇기 때문에 장시간에 걸쳐 오차가 생기지 않도록 되어 있다.

● 위치 결정의 재현성

실제의 가공시에는 위치 결정의 재현성이 생산 효율에 크게 영향을 미친다. 이 시스템에서는 정반과 구성 부품, 부품끼리의 결합을 나사와 핀에 의하도록 되어 있다.

이 방법이면 나사를 정확히 조임으로써 작업자의 개인차에 의한 미소한 불균일을 방지할 수가 있다. 한번 지그 구성을 결정하면 누구나 숙련공과 동일한 정밀도로 위치 결정을 할 수 있기 때문에 팰릿 시스템으로 사용한 경우, 생산 효율을 크게 개선할 수가 있다.

사진 12 사용 예 ①

사진 13 사용 예 ②

사진 14 사용 예 ③

사진 15 사용 예 ④

● 지그 설계

표준화되지 않은 부품을 사용하여 가공물을 고정, 가공할 경우에 문제가 되는 것은 지그 설계에 시간이 너무 많이 걸린다는 것이다.

이전에 해 본 적이 있는 어떤 가공을 하고자 해도 가공물을 어떻게 고정했던지가 확실하지가 않다든지 지그 구성은 알고 있으나 필요한 부품을 찾을 수가 없다든가 해서 또는 새로운 지그를 생각해 낸 경우가 있을 것이라 생각한다.

표준화된 부품으로 구성된 조립식 지그에서는 그와 같은 문제는 대폭 줄어든다. 신규의 가공물에 대해 적절한 지그를 고안했을 때는 그것을 사진으로 찍어 사용한 부품의 표와 함께 보존해 두면 대개의 경우, 누구나 동일한 지그 구성을 재현할 수 있다.

또한 매우 복잡한 지그 구성일 경우, 도중까지의 사진과 부품표나, 가공물을 고정하기 전의 사진이 있으면 편리하다.

표준화 부품을 사용하는 또 하나의 이점은 이전에 고안한 지그를 유사 가공물에도 적용할 수 있다고 하는 점이다. 사진이나 부품표가 정비되어 있으면 새로운 가공물에 대해 그것을 참고하여 새로운 지그를 고안할 수가 있다.

이미 사용한 지그는 안정성, 강도가 실증되어 있기 때문에 그만큼 설계 시간이 짧아진다. 조립식 지그는 이런 의미에서는 오래 사용할수록 유효한 것이 되는 것이다.

● 다양성

이제까지 보아 온 바와 같이 구멍에 의한 조립식 지그가 위치 결정에 편리하며 지그 설계가 간단하다고 해도 각종의 가공물을 자유롭게 고정할 수가 없으면 그다지 유효하다고 할 수는 없다. 그래서 이 조립식 고정 시스템을 사용하여 각종 부품을 고정한 예를 **사진 12∼15**에서 보여 주고 있다.

구멍에 의한 조립식 지그는 구멍의 간격이 미리 결정되어 있기 때문에 여러 가지의 가공물에 대해 융통성 있게 대응할 수 없다고 생각할지도 모른다. 그러나 정반의 구멍에 의해 결정되는 것은 기준이 되는 선이나 면뿐이며 사진과 같은 각종 임의의 길이나 높이를 조절할 수 있는 보조 부품이 있기 때문에 거의 모든 가공물에 이용할 수가 있다.

● 코스트

모든 가공물에 사용할 수 있도록 조립식 지그를 한꺼번에 전부 구입하면 확실히 고가로 될 것이다. 이제까지 사용해 온 지그도 있을 것이며 그 지그를 사용하여 나름대로의 효과도 얻었을 것이다.

또한 어떤 특정의 가공물에만 사용하고 나중에는 사용하지 않는다면 처음부터 전용 지그를 구입하는 것이 현명하다. 조립식 지그를 구입하기 위해서는 전사적인 검토를 하는 것이 중요하다.

　조립식 지그의 특징 중 하나는 전체의 부품이 표준화되어 있다는 점이다. 바꾸어 말하면, 필요한 부품은 나중에 얼마든지 추가할 수가 있다는 것이다. 이와 같은 특징을 이용하여 서서히 조립식 지그를 갖추어 가는 편이 좋을 것이다.

　조립식 지그는 동일 부품을 전혀 다른 가공물에 대해 반복적으로 사용할 수가 있기 때문에 장기적으로 보면, 종래의 지그에 비해 상당히 코스트를 절감할 수가 있다. 그러나 이 특질을 살리기 위해서는 어디까지나 장기적, 반복적으로 사용한다는 것이 전제 조건이다. 그런 의미에서라도 확실한 지그 구입 계획을 세울 필요가 있다.

　또한 코스트면에서의 비교는 단지 지그 자체의 코스트뿐만 아니라 지그의 설계에 요하는 시간이나 위치 결정에 필요한 시간 등도 고려해야만 한다. 그것들은 대상이 되는 가공물이나 사용하는 측의 상황에 따라 크게 달라지기 때문에 단순히 비교할 수는 없다.

● 무인 가공 시스템에의 이용

　조립식 고정 시스템의 성능을 충분히 활용한 예로서 브류코사와 프리쯔 · 워너사(독일)가 공동 개발한 시스템이 **사진 16**에 나와 있다. 이것은 이전에 어떤 전시회에 출품되었던 시스템이지만 2대의 MC를 사용하여 공구의 준비나 가공물의 착탈 등 통상의 가공에 필요한 기능을 전부 시스템화한 것이다.

사진 16　**MC 2대와 이 고정 시스템의 조합**

　이 시스템에서는 각종 가공물의 착탈에 요하는 시간에 맞추어 MC의 가공 속도를 조정한다. 이 방법은 고가인 MC의 정지 시간을 거의 없애고자 하는 것으로, 현재 가장 발전된 시스템이라고 한다. 물론, 여기에는 브류코사의 고정 시스템이 사용되고 있다.

　이 시스템은 25대의 양면 앵글 플레이트와 10대의 입체 정반이 사용되고 있다. 이것은 90개의 상이한 가공물을 고정할 수 있고 45개의 종류가 다른 가공물을 2대의 MC로 연속적으로 가공할 수 있도록 설계되어 있다.

　또한 어떤 가공물에서나 임의로 선택하여 집중적으로 생산할 수 있도록 되어 있기 때문에 필요에 따라 생산함으로써 불필요한 재고를 없앨 수 있다는 이점도 있다.

이 시스템에서는 가공물의 착탈에 요하는 시간이 그대로 생산 능력에 직결된다. 만약 세팅에 많은 시간을 소비한다고 하면 애써 만든 이 고성능 시스템도 그 능력을 충분히 발휘할 수가 없다.

또한 이와 같은 시스템에서는 각종의 부품을 차례 차례 가공한다든가 어떤 부품만을 집중적으로 생산한다는 등의 유연성이 요구된다.

이와 같은 경우에 전용 지그를 피크시에 맞추어 준비하는 것은 코스트면에서 무리이기 때문에 어떤 가공물에 대해서나 공통의 구성 부품을 사용할 수 있는 조립식 지그가 이와 같은 다품종 소량 생산 시스템에 채택되는 큰 이유이다.

공작 기계의 능력을 충분히 발휘시켜 높은 생산 효율을 실현하면서 고정밀도의 가공을 행하기 위해서는 그것에 적합한 지그가 필요함은 당연하다. 여기서 소개한 지그 시스템이 유럽에서 널리 사용되고 있다는 사실은 우리 나라의 기계 공작이 금후 진행해 갈 하나의 방향을 제시하는 것이라고 볼 수 있다.

대형 하우징의 드릴링 · 나사 내기
● 구멍 가공 지그의 사례

　가공물은 지름 $\phi\,200$, 높이 400 mm 원통형의 바닥부에 두께 40 mm의 4각 플랜지가 붙은 총중량 40 kg의 주철제 하우징이다. 4각의 플랜지 부분에 ϕ 24 mm의 구멍을 4개소, 반대측에 M 20의 나사를 4개소 가공한다.

　이미 선반 가공이 끝난 것을 고정하기 때문에 위치 결정에는 중심 구멍을 사용한다. 그러나 회전 방향은 정해지지 않았기 때문에 소재면을 기준으로 할 수 밖에 없으며 상하 가공 구멍의 상호 관계는 그다지 정확도가 요구되지 않는 것이 그나마 다행이다.

　또한 살 두께가 충분하기 때문에 조임 변형의 염려는 없지만 가공하는 구멍이 비교적 크기 때문에 절삭력에 맞설 수 있는 강력한 클램프가 필요하다.

　본래부터 이와 같은 가공 개소의 배치에서는 박스형 지그 형식, 즉 가공물 전체를 에워 싸는 상자형으로 만들었지만 여기서는 그렇게 하지 않기로 하였다. 그 이유는 착탈이 어렵고 다시 말해 상자형 속에 들어가는 상하의 중심선이 반드시 일치한다고는 볼 수 없기 때문에 상자형에서는 고정시에 어긋날 염려가 있다는 것 등이다.

　이러한 점을 고려하여 클램프의 스피드업을 위해 그림의 와셔 ⑤를 사용함으로써 볼트 ⑥은 스패너의 1회전 정도로 클램프할 수 있도록 하였다. 또한 중량을 가능한 한 줄이기 위하여 ①, ② 등의 위치 결정 부시는 중공이다. 또한 ③, ④의 지그 플레이트도 가능한 한 얇게 하여 군살이 없도록 하였다.

　이 지그에서는 공구의 가이드 부시와 가공물 사이에 간극이 없는 형으로 되어 있지만 주철의 경우는 비교적 칩의 흐름이 좋고 부시를 타고 위에까지 나와도 지장은 없다.

　그러나 강의 경우는 피하는 것이 좋다.

　기계는 레이디얼 드릴링 머신을 사용한다. 위의 나사내기 구멍을 뚫을 때는 지그 플레이트 ③이 베이스로 된다.

　따라서 레이디얼 드릴링 머신의 테이블에는 ①이 들어 갈 정도의 구멍이 있는 정반을 준비할 필요가 있다.

　또한 플랜지측을 가공할 때는 ④가 베이스로 되기 때문에 ⑤, ⑥이 들어갈 구멍을 가진 정반이 필요하며 가공 구멍 지름이 크고 재질이 주철이기 때문에 이송은 자동으로 한다.

가공물에 지그를 붙인 상태에서는 중량이 50 kg을 오버하기 때문에 에어 호이스트를 사용하여 상하의 전도(轉倒), 가공물의 착탈을 행한다.

변형의 염려가 없기 때문에 강력하게 조이지만 M 24의 볼트이므로 생산 라인중에 수동으로 클램프하기에는 무리이다.

그래서 에어 구동에 의한 임팩트 렌치를 사용한다.

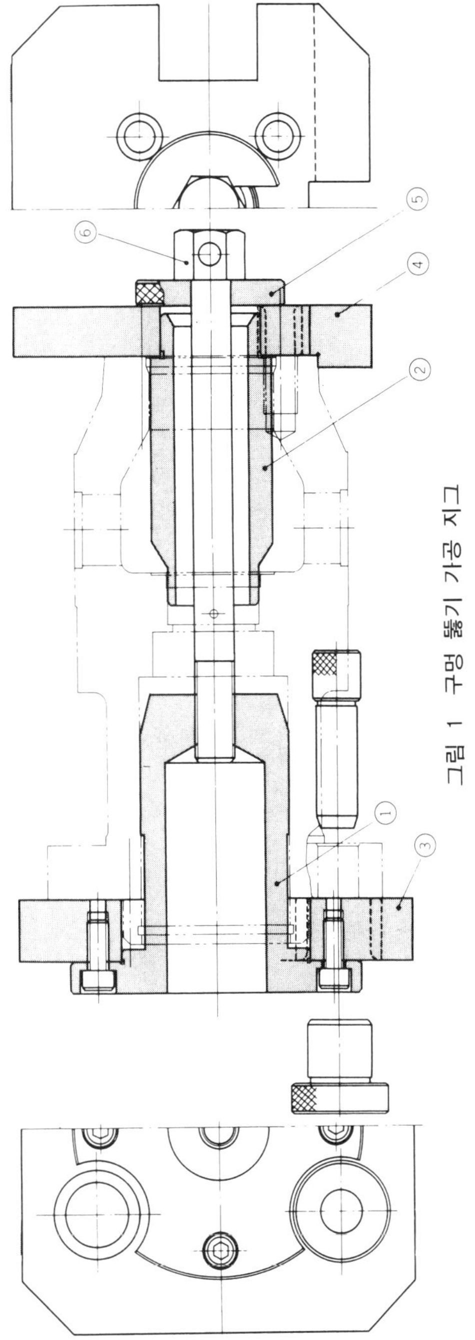

그림 1 구멍 뚫기 가공 지그

블록 지그 시스템의 효과적인 활용

　지그의 다양한 요소는 무엇인가의 기준에 따라 각각 규격화, 표준화되어 공급되고 있다. 방대한 품종과 수량으로 표준화되어 있는 지그의 각 요소를 일람하기 위해서는 제품 카탈로그를 보면 충분하다.

　구미에서는 일반적으로 "Component parts of jigs and fixtures" 또는 "tooling components"라는 명칭으로 1개의 볼트에서 분할 와셔, 스트랩(strap), 캠식 클램프, 게이지 그리고 유압 실린더나 클램프까지 수많은 부품이 제품화되어 있다.

　이 중에는 「클램핑 세트」처럼 스트랩과 볼트, 잭을 키트(kit)로 만들어 또는 독일제의 「MONO-BLOC CLAMP」, 「퀵 클램프」(**사진 1**, 이마오(今尾) 제작소와 독일 · 킵사와의 기술 제휴품)처럼 T홈 테이블에서 사용하는 단위의 클램프로서 공급하고 있는 예도 있다.

　어느 제품이나 사용 빈도와 용도는 적지만 기본적으로는 이들 표준 지그는 전용 지그를 제작하기 위한 부품으로서 이용되든지 아니면 간단한 조임을 목적으로 하여 편의적으로 사용될 뿐이다.

　본래의 지그의 필요성, 즉 고정 작업의 간략화나 효율화를 실현하고 이것을 이용함으로써 작업자의 부담을 가볍게 한다거나 또는 가공 불량을 줄여 일정한 가공 정밀도를 얻는다는 목적을 위해서는 이제까지와 같이 전용 지그에 의존하는 것이 일반적이며 그것도 대부분이 자체 제작하고 있는 것이 현실이다.

● 전용 지그의 문제점

　전용 지그는 사용하는 공작 기계나 대상이 되는 가공물이 확실하기 때문에 기계의 능력이나 절삭의 경향, 버릇, 가공물의 재질, 작업자의 기술 등을 고려하여 설계 제작한다. 따라서 지그로서는 가장 신뢰성이 높고 작업 효율도 풍부하다.

　한편 설계 제작에 필요한 코스트, 기간 또한 가공물의 형상이 변하여 설계 변경이 생겼을 때의 대응, 제품의 라이프 사이클이 다한 후의 이용도의 저하 등, 여러 가지의 문제가 나타난다.

　대량 생산을 고려한 경우는 그다지 중요하지 않지만 제품의 라이프 사이클이 짧다든가 소(小)로트 생산이 일반화된 현재, 이 문제는 커지고 있다고 볼 수 있다.

　먼저 제품의 품종이 증가했기 때문에 여러 종류의 가공물에 대응하여 많은 지그를 한꺼번에 제작해야만 하는 사례가 빈번히 일어나고 있다. 게다가 제품의 개발 사이클에 맞추어 지그의 설계 제작 기간이 짧아지는 등 납기면에서도 무리가 나타나고 있다. 또한 제품의 설계가 변경된 경우, 더욱 빡빡한 일정에 매달려야만 한다.

　다음으로 제품의 로트가 감소함과 더불어 지그에도 코스트 다운이 요구되고 있다. 제품이 변할 때마다 지그를 만들어 가면 이용 후의 지그의 재고가 방대해지며 보관 스페이스나 코스트도 무시할 수가 없다.

　또한 새치기에 가까운 세팅 교체의 문제가 있다. 가공 기계의 고속화나 자동화에도 불구하고 소로트로 짧은 시간에 제품이 흐르기 때문에 세트 교체 작업에 많은 시간이 소요되면 전체 작업에서 차지하는 고

사진 1　T 홈 테이블용 퀵 클램프

정과 가공물 교환 시간의 비율이 지금까지보다 그 이상으로 높아져 버린다.

이와 같은 상황하에서 범용 지그에 대한 요구가 강력해졌기 때문에「블록 지그 시스템」의 개발이 시작되었다.

개발에 있어서 유럽을 중심으로 널리 보급되어 있는 T 홈 시스템을 참고로 하여 많은 것을 배웠다. 이로 인해, 한번 본 적이 있는 것과 유사한 시스템처럼 생각되겠지만 시스템화하는 기본적인 토양과 개념에 있어서 별개의 것이라 생각한다.

● 범용 지그 —— 종래의 T 홈 시스템

T 홈을 기본으로 하여 지그 베이스에 다양한 구성 부품의 고정을 시스템화한 이 지그 시스템은 1960년대에 개발된 이후 표준화에 많은 수의 기업이 참여하고 있다. 그리고 지그 요소의 표준화는 부품 수량과 재질, 다듬질 방법, 부품간의 관련성 등 경험과 실적을 살린 훌륭한 것도 있다.

이 시스템의 특징은 T 홈을 사용한 위치 결정, 조임 위치의 자유로움이다. T 홈에 따라 구성 부품이 미끄러져 이동하기 때문에 부품이 조합되어 감에 따라 상당한 이형물까지 끼어 들 수가 있다.

용도가 넓고 구성 부품을 교환하면 드릴 지그를 비롯하여 밀링 머신, 보링 머신 등에도 사용할 수 있다고 본다.

한편, 이 시스템의 최대의 문제점은 조립의 번잡성과 그리고 재현성이 낮다는 것이다. 구성 부품의 위치 결정을 위해서는 T 홈내에 어댑터를 삽입하기 때문에 조립에 사용하는 부품의 수량이 상당히 많아진다.

또한 가공중의 진동으로 부품이 미소하게 어긋나며 조립 수량이 많을수록 가공물을 교환할 때마다 위치 결정의 정밀도가 저하될 염려가 있다.

또한 T 홈의 경우는 지그 플레이트상의 원위치, 즉 가로와 세로의 2개의 T 홈으로부터 X 방향과 Y 방향으로 결정된 1점을 찾기가 곤란하다. 그리고 2개의 T 홈의 교점으로부터 원위치를 구하기 위해서는 어댑터를 사용하게 되지만 조립 정밀도 면에서는 엄밀성이 결여되어 구체적인 오차는 측정에 의존할 수밖에 없다.

지그 플레이트상에 원위치를 가지고 있지 않는 것은 공작 기계 자체에 원점을 갖춘 것이 일반화된 현재는, 1품씩의 가공에서는 큰 문제가 되지 않지만 로트 생산의 경우에는 상당히 고려해야만 한다.

무인 가공을 하는 경우는 지그 플레이트상의 원위치를 기점으로 하여 가공물이 일정한 위치에 위치 결정되어 있다는 보증이 없으면 가공물을 교환할 때마다 보정을 하든가 아니면 미리 NC 프로그래밍으로 보정 처리를 하는 등 번잡한 작업이 필요해진다.

한번 해체한 조립을 재현할 때도 마찬가지라 할 수 있다. 각 부품의 위치 결정 정밀도 측면에서 대부분의 애매성이 나오기 때문에 재구성시에 동일한 가공물이 동일한 위치에 위치 결정되어 있다는 보증은 매우 하기 힘들다.

이러한 조립의 복잡성이나 고정의 낮은 재현성 때문에 T홈 시스템은 기본적으로 1품 가공을 대상으로 한 지그이며, 주로 시작품 제작용의 지그로서 또는 전용 지그를 만들기 위한 연구용이나 검사용의 지그로서 이용되고 있는 듯하다.

● 범용 지그 ── 기준 구멍 시스템

「블록 지그 시스템」은 컷 사진과 같이 지그 플레이트를 기준으로 하여 각종의 구성 부품을 적목식(積木式)으로 쌓아 올리는 지그 시스템이다. 범용성을 목적으로 하고 있다는 점은 T홈 시스템과 동일하지만 구성 부품을 적목식으로 쌓아 올리기 위한 기본 방식으로서 지그 플레이트에 위치 결정과 조임을 동시에 행하는 기준 구멍을 가지고 있다.

이 기준 구멍의 이점은 우선, T홈과는 달리 작업자가 임의의 기준 구멍에 지그 플레이트상의 원위치를 간단히 구할 수 있다는 것이다.

기준 구멍은 표준 플레이트의 가공물 작업면 위에 50±0.02 mm의 정밀도로 종횡으로 배치되어 있기 때문에 1점마다 위치 파악이 간단하다.

다음에 세팅의 재현성을 향상시키기 위하여 위치 결정은 소정의 볼트(로케이트 볼트)로 구성 부품을 고정하는 방식을 취하고 있다. 구성 부품을 몇번이나 동일 위치에 위치 결정할 수 있기 때문에 한번 조립한 세팅은 작업자의 기량 차이로 인한 정밀도상의 틀어짐을 최소한으로 억제하여 다시 재현할 수가 있다.

또한 장시간의 반복 사용에 견딜 수 있도록 담금질 처리한 부시와 나사를 기준 구멍에 2단으로 삽입하고 있다.

기준 구멍은 **사진 2**와 같이 지그 플레이트에 붙여진 어드레스 번호에 의해 개별 번지를 알 수 있도록 되어 있다. 이 번지와 구성 부품의 품명으로 고정 기록을 남길 수가 있다.

사진 2 플레이트에 첨부된 어드레스 번호

이 방법은 얼핏 보아선 단순한 것 같지만 실제적이며 신뢰성도 높다. 설계실에서 결정된 조립을 작업 현장으로 정확하게 전달하기 위해서는 매우 효과적이다. 작업자는 기록서의 지시에 따라 조립하면 되기 때문에 작업이 원활하고 확실하며 지그 플레이트상에 원위치를 가지지 않아 개별 부품 위치의 재현성이 곤란하다고 하는 T홈 시스템의 문제점을 해소하고 있다.

지그 플레이트는 MC 등의 팰릿 체인저화에 따라 표준화가 진행되고 있다. 재질적으로는 열변형이나 경년 변화가 적고 진동 흡수성이 풍부한 주철을 사용하며 평행도, 직각도, 평면도 등은 1/100 수준의 정밀도로 다듬질되어 있다.

● 기준 구멍 방식의 지그 플레이트

「블록 지그 시스템」의 지그 플레이트에는 다음과 같은 종류가 있다.

① 그리드 플레이트⋯⋯밀링 머신, 수직형 MC에 대응. 복수의 플레이트를 종횡으로 연결할 수가 있기 때문에 대형 가공물을 세트할 수 있다. 보조 플레이트를 이용하면 횡방향으로부터의 가공에도 사용할 수 있다

② 라운드 그리드 플레이트⋯⋯NC 분할 테이블에 대응

③ 더블 앵글 플레이트

④ 4면 앵글 플레이트(**사진 3**)

⑤ MC 플레이트⋯⋯수평형 MC에 대응. JIS 규격 팰릿 테이블에 적응

이 기준 구멍 시스템은 50 mm 간격으로 밖에 부품을 배치할 수 없기 때문에 세팅 위치의 자유를 제한할 염려가 있다. 그래서 일부의 클램프, 스토퍼, 서포터에는 조정 기능을 부여하여 보조하고 있다.

또한 각종 구성 부품은 탭 구멍이 있어 50 mm 간격의 중간에 고정 구멍을 가지게 한 중간 어댑터로서 이용할 수 있도록 되어 있다. 이것은 고정시의 부품의 간섭을 피하고 또 적상(積上) 블록으로서 이용하기 위한 것이다.

사진 3 4면 앵글 플레이트

구성부의 각 요소는 다음과 같다.

① 로케이터……수평 방향, 고저의 위치 결정

② 서포터……고저의 위치 결정(앞뒤 조정형 서포터, 고저 조정형 서포터)

③ 클램프

④ 스토퍼

⑤ 보조 부품……클램프의 기능 보조, 기타

다음에 구성 부품의 몇 가지에 대하여 실용 예를 소개한다.

그림 1은 밀링 가공을 대상으로 하고 있다. 에지 서포터 A에서 가공물의 한 끝을 지지함과 동시에 위치를 결정하고 포인트 클램프 B의 연삭면에서 가공물의 반대측을 지지하면서 수평 조임을 하고 있다.

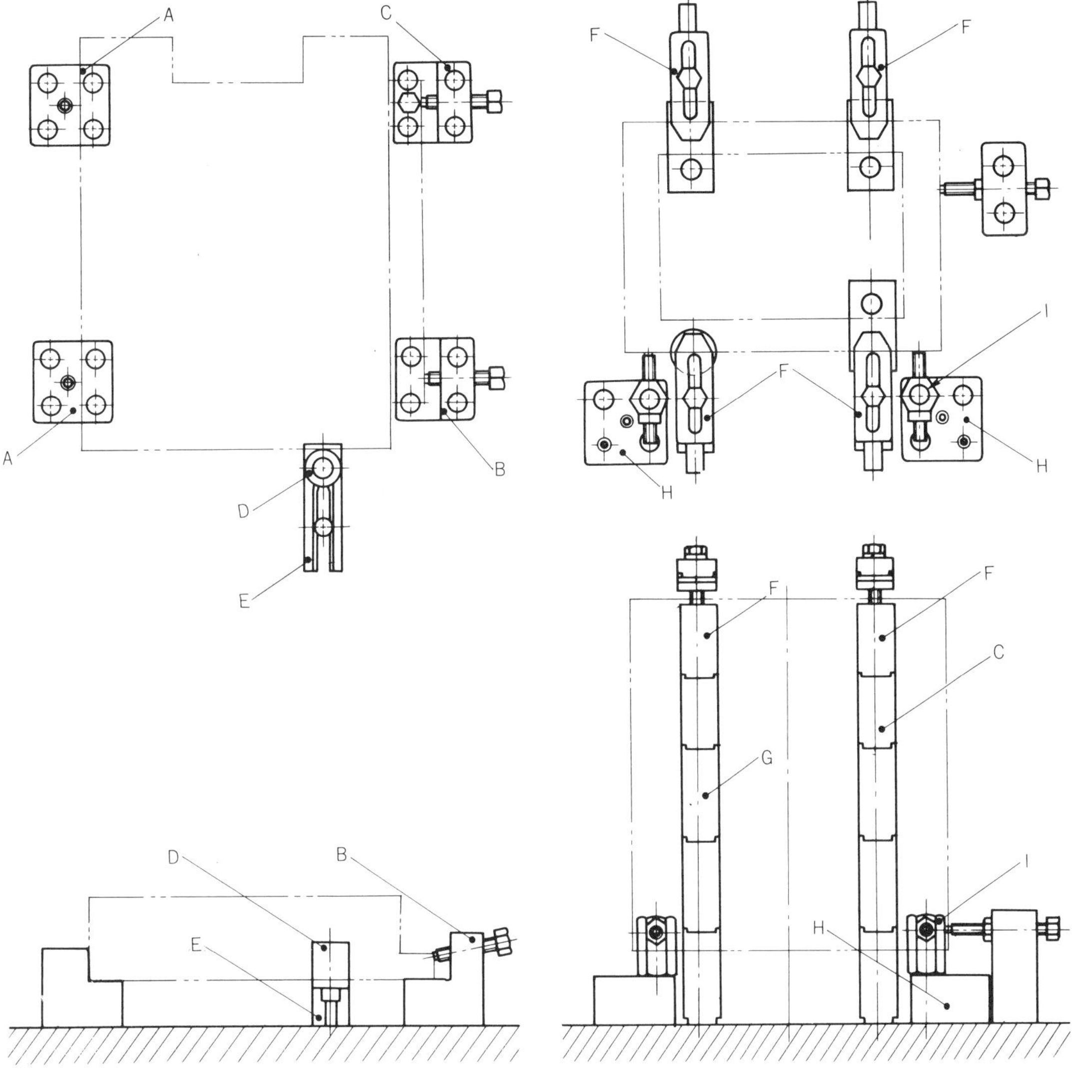

그림 1 밀링 가공도의 예   그림 2 수평형 **MC**에 의한 드릴링 가공용의 예

　가공 면적이 넓고 비교적 얇은 가공물이며 공구의 압력에 의한 변형을 피하기 위하여 지지부에 받침면이 넓은 타입을 사용하고 있다.

　4점 지지의 1개소는 어저스트 포인트 클램프 C를 사용하여 조정식으로 되어 있다. 로케이트 서포터 D를 앞뒤 조정의 어저스트 서포터 E에 쌓아 올려 가공물의 한 끝이 닿게 하고 있다.

　그림 2는 수평형 MC를 사용한 구멍 가공이다. 키가 큰 가공물이기 때문에 핀 엔드 클램프 F를 익스텐셔너 P형 G로 쌓아 올리고 있다. 대개의 클램프는 이와 같이 연장이 가능하도록 전용 블록을 준비하고 있다. 바이트 스페이서 H를 고정하여 어저스트 스토퍼 I의 높이를 보충하고 있다.

　그림 3은 수직형 MC에 의한 구멍 가공의 예이다.

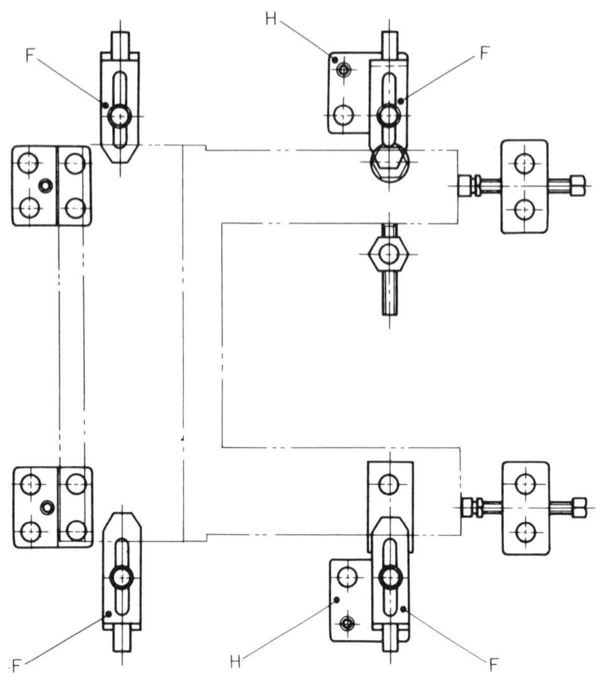

　「ㄷ」자 모양의 이형 가공물이기 때문에 비틀림을 고려하여 4 모서리에서 위치 결정과 지지, 조임을 하고 있다. 2개의 암 부분에는 채터링이 발생하지 않도록 유의하였다. 핀 엔드 클램프 F에는 하이트 스페이서 H를 연장하여 2개소에 사용하였다.

　이들 3가지의 실용 예에서 구성 부품의 요소의 존재 방식과 적목식의 기본이 이해되었으리라 믿지만 고정의 범용성 측면에서는 그 일부에 지나지 않는다. 가공물의 재질이나 형상, 가공 내용으로부터 다양한 요구와 조건이 나오기 때문에 구체적인 예를 들기는 곤란하다.

　기초적인 고정의 법칙을 찾아 내기 위해서는 보다 많은 실례를 접하여 실제적인 지식과 경험을 얻어야만 한다고 생각한다. 이것은 이 시스템 뿐만 아니라 범용 지그 그 자체에 주어진 과제라 할 수 있다. 아무튼 이 시스템을 활용함으로써 80% 정도의 지그의 제작을 절감할 수 있다고 생각한다.

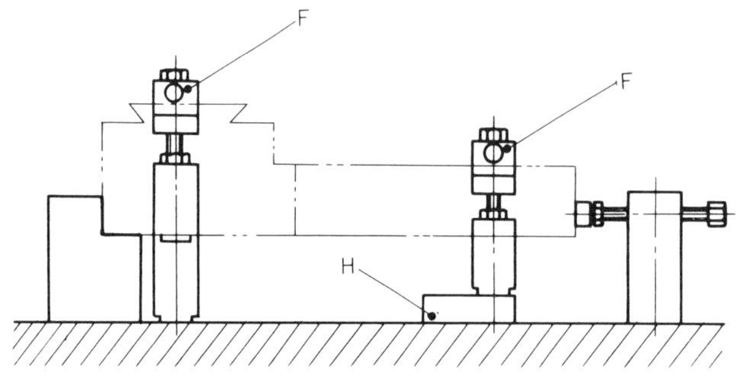

그림 3　수직형 MC에 의한 드릴링 가공용의 예

● 금후의 과제

블록 지그 시스템 개발의 목표는 전용 지그와 시작(試作) 지그의 각각의 문제점을 보완하여 양자의 중간에서 지그의 새로운 입장을 구하고 종합적인 지그 시스템을 확립하는 것이다.

FA화, FMS화가 진행하여 다품종 소량 생산에 대응한 가공물 반복 세팅의 효율화와 간략화가 요구되고 있다. 그리고 전용 지그화를 꾀할 정도의 양이 아니고 더구나 충분한 코스트나 기간이 주어지지 아니한 상태에서 소로트용의 표준 지그로서 금방 사용할 수 있도록 하기 위하여 이 시스템이 탄생되었다.

현재 시스템의 충실과 개량을 진행하고 있지만 NC 공작 기계, MC가 취급하는 전체의 가공 내용을 서포트하기에는 아직 불충분하며 이를 위해서는 FMS와 MC 자체의 규격 통일 등 상황에 맞는 대응이 불가결하다.

4등분 드릴링 6개 단위 분할 지그

● 드릴링 지그의 사례

　가공물을 6개 동시에 공급하여 90° 분할하면서 4방향에서 구멍을 뚫고 가공이 종료되면 컨베이어로 자동 배출시키는 전자동 고정구이다.

　고정구의 동작은 다음과 같다.

　① 고정구 전체가 90° 분할 기어로 상향(上向)으로 되며 그리고 가공물이 6개 동시에 공급된다. 그 후에 고정구 전체가 원래의 횡향(橫向) 위치로 복귀한다.

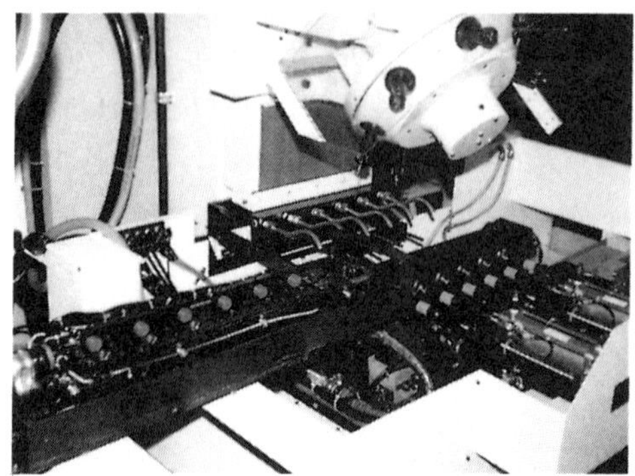

　② 클램프 실린더로 6개의 가공물을 동시에 눌러 클램프한다.

　③ 가공물을 90° 분할하면서 수평 구멍 가공을 한다.

　④ 녹 아웃 핀으로 가공물 6개를 동시에 컨베이어상으로 배출하고 드릴의 절손 검사를 한다.

　⑤ 고정구 전체를 다시 상향으로 90° 분할하고 고정구의 세정을 한다.

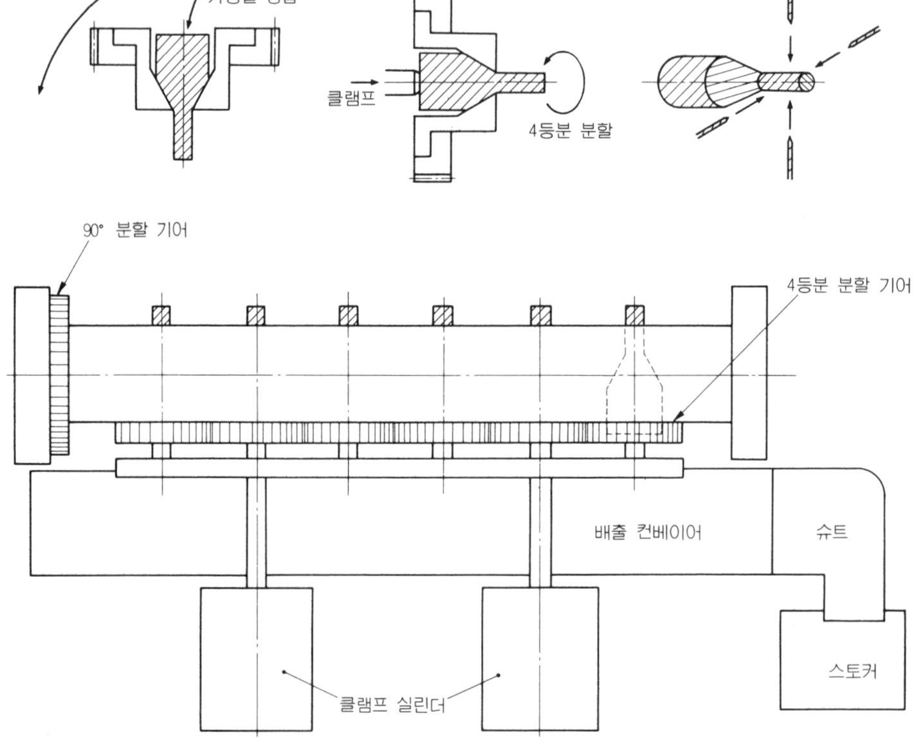

임의로 조합할 수 있는 병렬 바이스

⬆ 동일 가공물의 다수개 동시 가공의 예

⬆ 긴 가공물을 복수대의 병렬 바이스로 문다

◎ 병렬 바이스란

머신 바이스는 공작 기계 특히 밀링 머신이나 MC용의 가장 범용적인 고정구로서 사용되고 있다. 가공물을 홀딩하기 위한 조건은 가공물의 위치를 정확하게 유지한 그대로의 상태에서 확실하게 무는 것, 즉 가공물의 위치 결정 정밀도와 조임력의 2가지이다.

1대의 기계로 가공물을 1개씩 가공하면 문제가 없지만 생산 효율을 올리기 위하여 1대의 기계로 복수 대의 머신 바이스에 각각의 가공물을 세트하여 가공하고 싶은 경우는 **그림** 1과 같은 H 치수, L 치수가 일정할 필요가 있다.

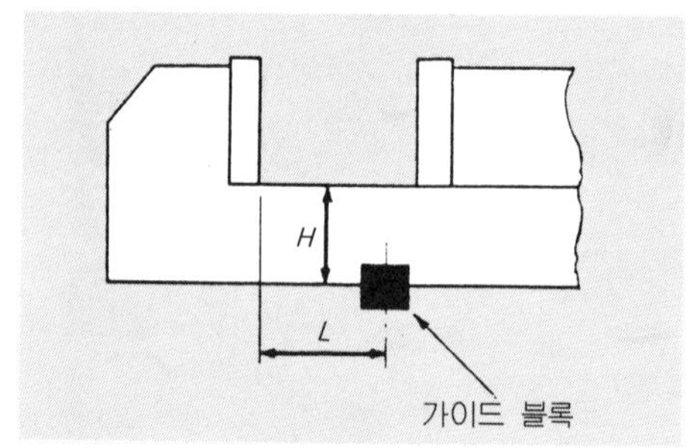

그림 1 H와 L 치수

즉, 머신 바이스의 가공물 설치면의 높이와 고정 부품까지의 치수(공작 기계와의 상대적인 관계에서 보면 가이드 블록에서 고정 부품까지의 치수)가 복수대(臺)의 바이스에서 서로 차이가 나지 않도록 해야 한다.

이것은 수직형 MC의 경우, 복수의 가공물이 Y축 및 Z축 방향의 일정 위치에 세트되는 것을 의미한다.

더 바란다면 머신 바이스의 가공물 스토퍼 고정 구멍을 이용하여 가공물에 적합한 스토퍼를 준비하면 이것으로 가공물의 X, Y, Z 방향의 위치가 결정됨으로써 동시 다수개의 반복 생산, 즉 양산이 가능한 상태가 된다. **사진** 1은 가공물 스토퍼의 예이다.

병렬 바이스는 복수 대의 머신 바이스에 있어서 ① 가공물 설치면의 높이(H 치수)와, ② 가이드 블록으로부터의 고정 부품의 위치(L 치수)의 각각의 상호차가 어떤 규격값 이내에 들어가 있는 것이라고 말할 수 있다(예를 들면, 쓰다코마(津田駒) 공업의 규격에 의하면 상호차 ±0.01 mm 이내).

◎ 병렬 바이스 시스템

종래의 병렬 바이스는 유저가 충분히 만족하는 공급 체제가 취해져 있다고는 볼 수 없는 면이 있었다. 따라서 유저가 희망하는 바이스 대수를 특별히 만들게 되고 이것은 유저 측에서 보면 특정의 대수에 국한되는 추가 비용이 필요하게 되며 특별한 제작 기간이 필요하다는 등의 제약이 된다.

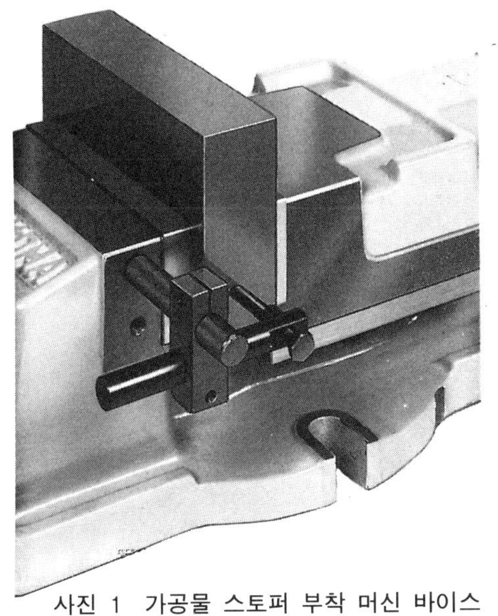

사진 1 가공물 스토퍼 부착 머신 바이스

그래서 쓰다코마 공업에서는 병렬 바이스로서의 필요 치수(H, L 치수)를 절대값으로 보증함으로써 이 문제를 해결하고 병렬 바이스의 표준품화를 도모하고 있다.

기번(機番)의 말미 기호 R 또는 S의 어느 쪽인가와 일치시켜 머신 바이스를 선택하여 조합하면 병렬 바이스가 된다. 병렬 바이스의 내용은 다음과 같다.

① 병렬화의 대상이 되는 머신 바이스는 L 치수가 기종에 따라 전부 절대값이 0.01 mm 이내의 상호차 내로 제작된다.

② H 치수에는 2 랭크가 있으며 바이스 기번의 말미 기호를 동일하게 하면 0.01 mm 이내의 상호차로 된다.

③ 주요 기종의 대부분은 병렬 바이스로 되며 이들 바이스에는 바이스와 $H \cdot L$을 심볼화한 병렬 바이스 마크를 표시한다.

④ 단, 스텝 가이드 블록이 붙은 병렬 바이스는 종래대로 특별 주문한다.

⑤ 이미 유저가 사용하고 있는 머신 바이스와의 병렬화는 보증할 수 없다(이미 사용 상태에 있는 머신 바이스는 흠이나 타흔, 마모 등에 의해 엄밀한 보증이 불가능하기 때문).

◻ 병렬 바이스의 장점과 활용

단체인 머신 바이스 자체는 범용적인 고정구로서 클램프 기능을 중시하는 경향이 있었다.

그 후, 병렬 바이스로 되어 가공물의 위치 결정 기능이 매우 중시된 결과, 양산 가공에도 충분히 대응할 수 있게 됨으로써 종래의 전용 고정구 일부의 대체가 가능케 되었다.

그러나 이와 같은 이점은 종래에는 특별히 제작된 병렬 바이스에서 처음으로 실현된 것이었다. 그래서 유저에 있어서는 특별 제작으로 인한 불만도 있고 또한 용도도 한정된다는 면이 있었다.

새로운 병렬 바이스는 언제, 어디서나 몇대든지 자유롭게 머신 바이스를 조합하여 병렬화할 수 있음으로써 종래의 병렬 바이스의 문제점을 해결하고 있다.

그래서 새로운 병렬 바이스의 활용 방법을 다음에 열거해 본다.

① 동종의 가공물을 다수개 나열하여 한번에 가공할 수 있다.

② 긴 가공물도 복수 대의 병렬 바이스로 확실히 물 수가 있다.

③ MC에 의한 다공정의 가공에서는 세트할 머신 바이스 수만큼의 공정을 짤 수 있다.

④ **사진 2**와 같이 매스 블록이나 앵글 플레이트, 정반 등에 자유롭게 조합시킬 수 있어 이용 범위를 넓힐 수가 있다.

⑤ APC(자동 팰릿 교환 장치)에 부속되면 더욱 효과적인 이용이 가능하다.

이와 같이 새로운 병렬 바이스는 제법 범용적인 사용 방법이 가능하며 이용 분야도 넓다.

최근에는 병렬화가 용이한 컴팩트형 머신 바이스나 양산 가공에 적합한 유공압을 이용한 병렬 바이스도 개발되어 나름대로의 특징을 가진 기종이 대부분이며 최적의 선택을 할 수 있도록 되어 있다.

사진 2　매스 블록 등에 조합한다

조임력이 디지털로 표시되는 바이스

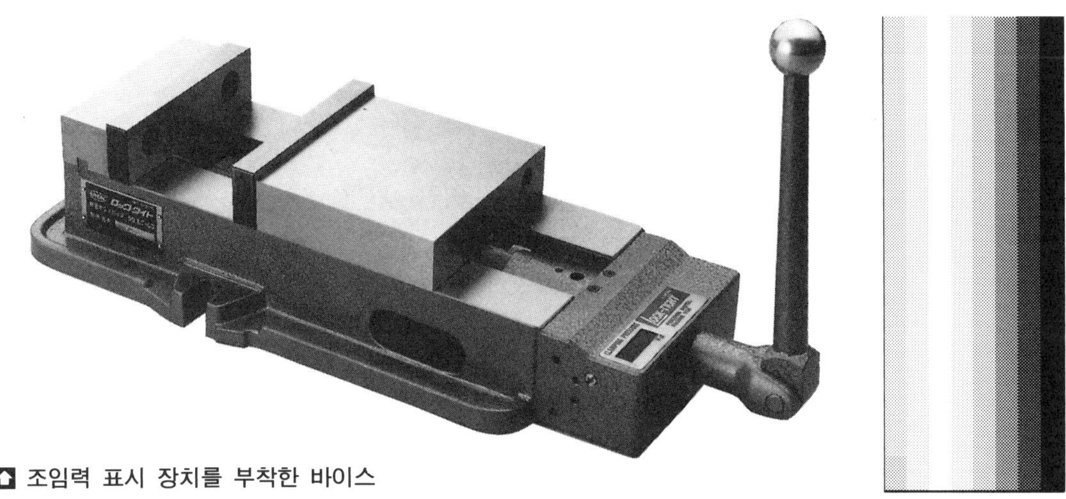

⬆ 조임력 표시 장치를 부착한 바이스

▣ 초정밀 가공과 고정구

　초정밀 가공과 같은 정밀도가 높은 가공을 하기 위해서는 많은 조건이 만족되어야만 한다. 그것에는 공작 기계에 nm(나노미터＝0.001 μm) 레벨의 정밀도가 필요하며 동시에 각 기계 요소는 10^{-8} N/m 정도의 높은 강성이 요구된다. 또한 공작 기계의 이상적인 동작에 대해 충실히 가공물을 절삭할 수 있는 절삭 공구가 중요한 포인트가 된다.

　그 밖에 가공 환경이나 온도, 진동 등도 있지만 인위적인 요인으로서 가공물의 고정이나 클램프에 특별한 고안이나 배려가 필요하며 언클램프시의 스프링백(탄성 복귀), 잔류 응력을 해방했을 때의 변형 등도 매우 큰 문제이다.

　기계 본체를 비롯하여 공구나 온도, 진동 등은 이제까지 많은 연구에 의해 정량적으로 해석되어 왔다.

　그러나 가공물의 고정이나 클램프 기술은 무한히 현장 측면에 가까운 생산 기술로서 취급되어 각 기업, 각 직장의 고유 기술로서 가공 기술의 조역처럼 생각되는 경향이 있으며 그 본질은 경험이나 직감에 의한 정성적인 영역이다라고 생각된다.

　여기서는 가공물을 고정했을 때의 조임력을 디지털로 표시하여 이상적(理想的)인 조임력을 설정할 수 있는 정밀 바이스(나베야제, 미·일 특허)를, 이것을 사용한 테스트 피스의 가공 예와 함께 소개한다.

▣ 디지털 표시의 이점

1~10개 정도로 가공 수량이 적은 가공물이나 가공 비율이 적은 것은 전용 고정구 등을

제작하지 않고 범용성이 풍부한 바이스를 사용하는 것이 일반적이다.

　그러나 최근에는 소로트에서도 정밀도가 높은 가공물이 요구되기 때문에 범용 고정구인 바이스를 정밀 가공용으로서 새로운 설계 사상에 기초하여 제작해야만 한다는 요구가 높아지고 있다.

　종래의 바이스의 설계 사상은 다음과 같다.

　① 바이스 자체의 높은 정밀도

　② 바이스 자체의 높은 강성(剛性)

　③ 높은 조임력을 가질 것

　④ 조작성이 양호할 것

　그러나 현재 가장 절실히 요구되고 있는 절삭 가공 그 자체의 개량, 개선을 고려하여 정밀 가공을 위한 충분한 배려에는 빼놓을 수 없는 면도 있는 것같다.

　새로운 조임력 표시 장치가 붙은 바이스는 기본적으로 이들 설계 조건을 만족하면서 실제의 작업 현장에서 가장 범하기 쉬운, 가공물 클램프시의 역학적 변형을 최소로 하기 위해서 조임력을 순간적으로 디지털 표시(**사진 1**)할 수 있도록 한 것이다.

사진 1　조임력의 디지털 표시부

조임력을 디지털로 표시함으로서 다음과 같은 장점이 있다.

　① 지나친 조임에 의한 가공물의 스프링백이나 잔류 응력을 발생시키지 않는 적정한 조임력을 설정할 수 있어 고정밀도의 가공이 가능해진다.

　② 최적의 조임력 설정을 양산 이전에 확인할 수 있다.

　③ 최적의 조임력 설정을 작업 표준서에 유효 숫자로 지시할 수 있다.

　이와 같이 정밀 가공시의 미소한 컨트롤이 가능하다. 또한 이들 특징은 다음과 같은 효과를 가져다 준다.

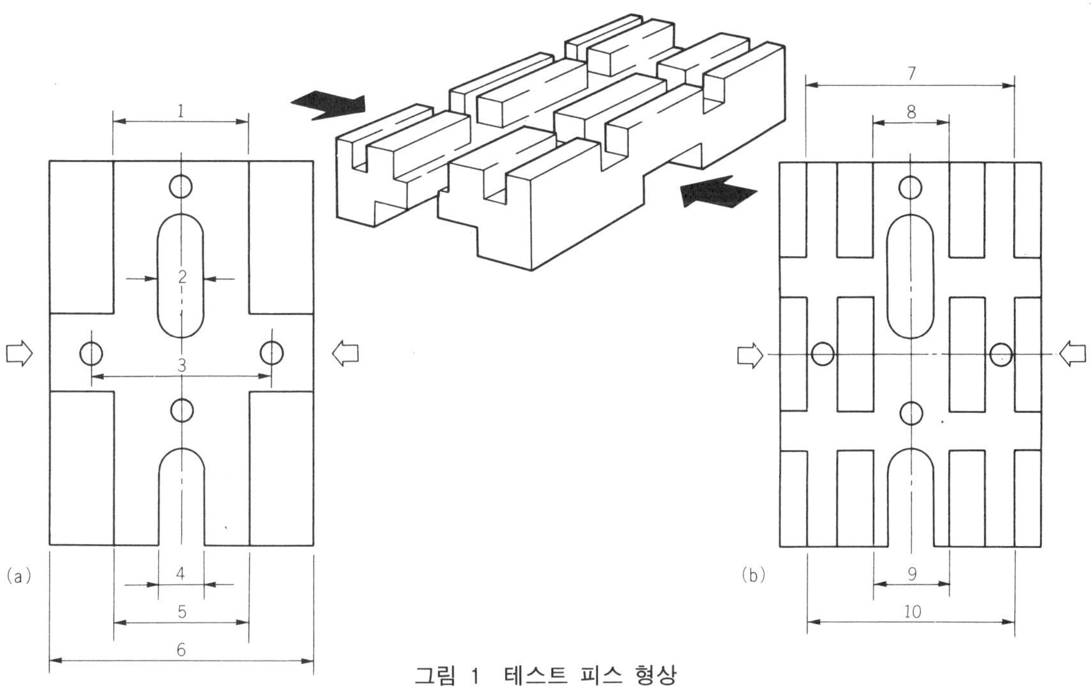

그림 1 테스트 피스 형상

표 1 조임력과 변형량의 관계

측 정 개 소	Al						S45C					
조임력	300kg	500kg	1000kg	1500kg	2000kg	3000kg	300kg	500kg	1000kg	1500kg	2000kg	3000kg
	변 형 량 (μm)						변 형 량 (μm)					
a － 1	27	47	89	108	155	235	25	40	67	98	133	193
2.	24	42	77	109	155	232	20	34	62	90	118	192
3	22	40	89	114	157	223	20	35	64	88	121	210
4	27	45	81	108	137	218	18	36	65	93	123	196
5	28	43	83	111	150	229	20	33	63	91	127	190
6	22	42	78	111	157	250	17	36	66	91	123	202
b － 7	23	41	76	114	143	256	16	31	63	88	111	180
8	20	36	68	103	137	222	17	29	54	83	117	179
9	25	38	73	110	143	219	16	29	52	89	122	186
10	18	36	76	116	151	265	20	33	66	91	119	194

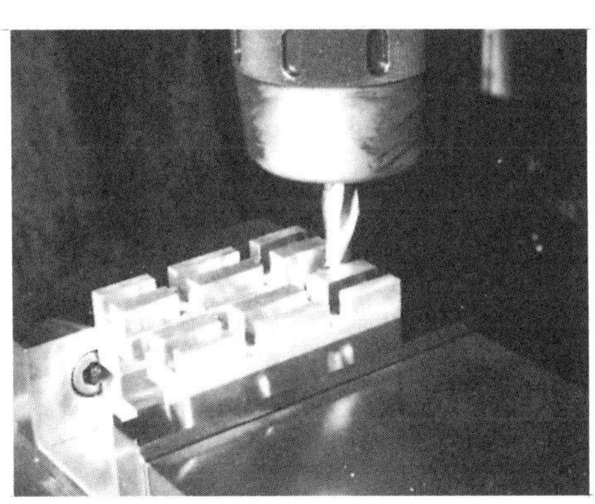

사진 2 테스트 피스의 절삭

표 2 절삭 깊이량과 조임력의 관계

절삭 조건 (ϕ20mm, 4날)	절삭 깊이		0.1mm	0.2mm	0.3mm
			조 임 력 (kgf)		
Al	회전수(rpm)	1480	200	300	300
	이송(mm)	315			
S45C	회전수(rpm)	440	300	300	500
	이송(mm)	102			
SS41	회전수(rpm)	660	300	400	700
	이송(mm)	122			
SUS304	회전수(rpm)	290	300	300	300
	이송(mm)	51			

① 강성(剛性)이 낮은 형상의 가공물에서도 양호한 정밀도로 가공할 수 있다.

② 알루미늄, 동, 티탄 합금 등 비교적 가공성이 낮고 복잡한 형상의 것에서도 고정밀도 가공을 할 수 있다.

③ 양산 전에 적정한 조임력을 설정하여 정확한 작업 표준서를 만들 수가 있다.

④ 정확한 작업 표준서의 지시에 따라 미숙련자도 정확한 작업을 할 수 있다.

⑤ 기능 훈련 지도시에 명확한 지도가 가능하고 감각에 의해 유효 숫자의 지시로 바꿀 수 있다.

⑥ 특정품의 만성적인 가공 불량을 해소할 수 있다.

이러한 특징과 효과는 이제까지의 바이스에 대한 사고 방식을 바꾸어 사용 방법이나 사용 범위를 확대하였다고 볼 수 있다.

▣ 조임력의 사고 방식

그림 1과 같은 테스트 피스(재질 : 알루미늄 또는 S45C)를 화살표의 방향으로부터 클램프하고 조임력을 300~3000 kg으로 변화시켜 절삭하였다(**사진 2**). 그리고 클램프한 그대로의 상태와 언클램프했을 때의 변형량을 측정해 보았다. 결과는 **표** 1과 같았다.

그림 1의 테스트 피스의 형상은 강성(剛性)의 면에서 불안정하여 조임력의 변화에 따라 가공 후, 언클램프시의 스프링백이 크게 변화하는 것을 알 수 있다.

다음에 **표** 2는 어떤 형상의 테스트 피스의 다듬질 가공에서 0.1~0.3 mm의 절삭 깊이량에 대한 조임력을 조사해 본 것이다. 조임력은 절삭 깊이량의 변화에 따라 미소하게 변화하였다. 2개의 표에서 알 수 있듯이 절삭 조건을 높이려면 조임력을 강하게 해야만 하며 조임력이 너무 강하면 변형량이 커진다. 적절한 조임력이란 양자의 조화이다.

종래부터의 통념인 바이스로 강력하게 고정한다고 하는 사고 방식은 반드시 좋다고는 볼 수 없으며 재질, 형상, 요구 정밀도 등에 따라 절삭 조건과 조임력을 검토해 가면서 확실히 고정하는 것이 바람직할 것이다.

▣ 표시 방법

바이스의 조임력을 알아 내는 방법으로서는 종래부터 유압식 바이스에서는 부르동관 등의 미터를 설치한 것이 일반적이며 그 밖에 조임력과 핸들 조작 토크의 관계를 계산하여 그래프로 구하였다.

이 조임력 표시 장치가 붙은 바이스는 로드셀로 검출한 미소 전기 신호를 앰프에 의해 디지털 패널 미터에 표시할 수 있는 값으로 증폭하여 디지털 표시하는 방법을 취하고 있다.

전원은 경제성과 작업성을 고려하여 축전지 내장식으로 하고 다시 자동 파워 오프 기능에 의해 바이스 ON 후 1분간 계측, 표시되고 이 1분이 지나면 자동적으로 전원이 끊어지도록 되어 있다. 또, 1회의 충전으로 약 600회의 계측, 표시가 가능하다.

PART 4

연삭기용 고정구

원통 연삭 자동화를 가능케 한 워크 드라이버

자동화, 생력화가 진행되는 부품 가공에 있어서 최근까지 자동화가 어려웠던 공정이 원통 연삭 가공이었다. 그 원인은 양센터 지지의 가공물을 자동적으로 처킹하여 양센터를 기준으로 양호한 정밀도로 구동시키고, 다시 자동적으로 언처킹하는 고정구가 없었기 때문이다.

이러한 원통 연삭 가공 공정의 자동화, 생력화를 가능케 한 고정구가 여기서 소개하는 워크 드라이버이다.

위는 브레이크 장치가 붙은 워크 드라이버 CP-130형

● 종래의 가공물 구동 방법

원통 연삭기는 문자 그대로 원통 외경을 연삭하는 것이며 베드상에 숫돌(그라인딩 스톤)축대와 테이블을 가지며 숫돌축대에는 숫돌축과 구동 장치, 테이블에는 주축대와 심압대가 있다.

가공물은 주축대와 심압대의 양센터에서 지지하며 주축대의 가공물 구동 장치에서 회전시킨다. 그리고 테이블은 유압으로 좌우 운동을 하는 구조로 되어 있다. 실체의 가공은 양센터 지지이지만 양센터 모두 회전하지 않는 고정 센터의 경우나 편측 또는 양측 모두가 회전하는 회전 센터의 경우가 있다.

연삭이라는 정밀 가공을 목적으로 하는 가공물의 고정 방법은 연삭 가공시의 운동 요소의 수가 적은 것이 기본이며 양센터는 고정 센터인 것이 바람직한 것으로 되어 있다. 그러나 이 경우는 고정 센터의 형상 정밀도가 정확하고 동시에 센터를 고정하는 센터 구멍도 정확하게 연삭 다듬질된 것이어야만 한다.

회전 센터에서는 회전 센터와 센터 축과의 편심이나 방향에 의한 어긋남이 가공물의 회전 정밀도에 오차로서 가산되어 버린다.

가공물의 형상에는 여러 가지가 있으며 그 가공물에 가장 적합한 고정 방법을 선택해야만 되는데 여기서 주의할 점은 다음과 같다.

① 고정이 간단할 것
② 센터링이 용이할 것
③ 가공중의 연삭 부하를 무리없이 받아 줄 수 있을 것

양센터 지지 가공물의 회전 방법은 선반의 양센터 가공과 동일하며 가공물에 「돌리개(carrier)」를 고정하고 그 가공물을 주축대와 심압대의 양센터로 지지한다.

그리고 주축단(端)의 드라이브 핀(회전봉)을 돌리개에 끼우고 그것을 통해 가공물에 회전 운동을 제공한다.

최근까지 양고정 센터 지지의 가공물을 자동적으로 처킹하고 또한 회전 운동을 가능케 하는 고정구가 어떻게 하여 불가능했을까? 그 이유는 연삭 가공의 엄격한 가공 정밀도에 있었다고 볼 수 있다.

예를 들면, 외경 및 원통도의 공차 ± 0.01은 보통이며 최근에는 $\pm$ 수 μm, 또는 $1\,\mu$m 이하(서브미크론)의 공차도 요구되고 있다. 또한 표면 거칠기도 기계나 숫돌(그라인딩)의 발달에 따라 요구 정밀도가 높아지고 있다.

요구 정밀도가 ± 0.01 정도이면 주축대 측에 콜릿 척이나 공압 또는 유압 구동식의 파워 척을 사용하여 타 가공 방법과 마찬가지로 자동화가 진행되었을지도 모른다. 그러나 이 엄격한 요구 정밀도가 장해의 하나로 되고 있다.

본래, 파워 척 등을 사용한 고정 방법은 선삭 가공용으로 개발되어 발전해 온 것이며 원통 연삭에는 사용하지 않았다.

즉, 원통 연삭의 기본인 고정 센터를 내장하는 구조가 아니라 편측 센터에 의한 원통

절삭이나 편측 지지에 의한 단면(端面) 절삭, 내면 절삭에 적합한 구조였으므로 원통 절삭
용 고정구로서는 사용될 수 없었다.

● 고정 센터 삽입 워크 드라이버

그리고 종래부터 행해지고 있는 「돌리개」 회전식의 주축대측 MT(모스 테이퍼) 고정 센
터를 떼내고 **그림** 1과 같은 MT 고정 센터 삽입의 워크 드라이버를 그대로 바꾸어 붙이
기만 하여 사용할 수 있는 원통 연삭기용의 고정구가 등장하였다.

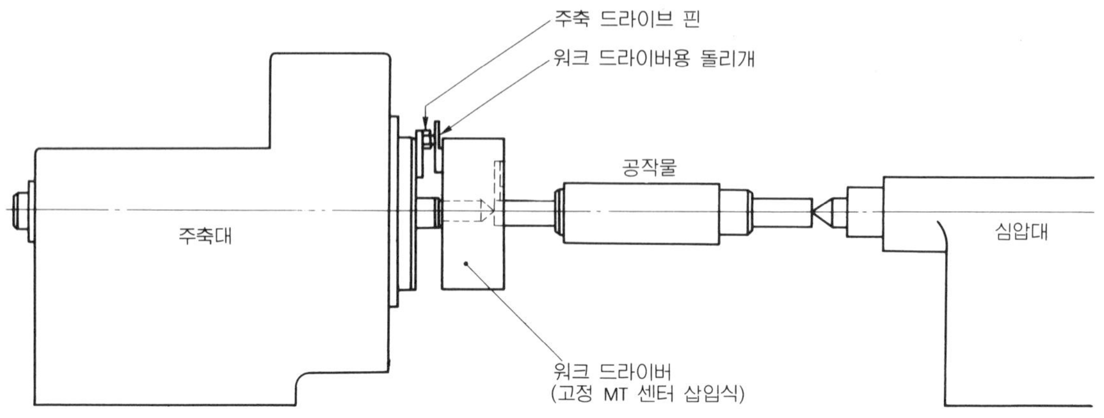

그림 1　워크 드라이버의 사용

이것은 메이야사(스위스)의 「워크 드라이버」로서 이제까지는 사람의 손으로 고정, 해체
해 왔던 「돌리개」를 사용하지 않고 양센터로 가공물을 지지하는 것만으로 원통 연삭이 가
능하고 게다가 엄격한 가공 정밀도를 만족시킬 수 있는 것이다.

이 고정구의 특징은 먼저, 일반적인 자동 척처럼 척의 개폐 동작에 필요한 유공압원(油
空壓源)이 필요없다는 것이다.

그림 2는 워크 드라이버의 구조를 보여 주고 있다. 주축대 구동 장치의 드라이브 핀에
워크 드라이버 삽입의 조(爪, jaw) 개폐용 돌리개를 걸어 둠으로써 주축이 회전하면 가공
물을 물고 있는 조가 조여지며 회전을 정지하면 조가 벌어지는 구조이다.

조의 형상은 가공물을 무는 부분이 편심 R로 되어 있어 주축이 회전하여 가공물을 물
었을 때 그 편심 R가 쐐기 상태로 되어 연삭 부하가 가공물에 걸리면 쐐기 작용으로 그
부하에 비례하여 조임력을 증가시키도록 되어 있다.

또 이 3개의 조는 연삭중에도 무리없이 플로팅하는 기구로 되어 있다. 이 기구는 원통
연삭기용 워크 드라이버로서 가장 중요한 요소이다. 가공물의 센터 구멍과 그 외경의 진
동은 만족할 만한 정밀도로 다듬질되어 있지 않기 때문이다.

특히 연삭 가공의 제1공정에서는 열처리한 흑피 상태에서 처킹하여 연삭하는 수가 많
기 때문이다.

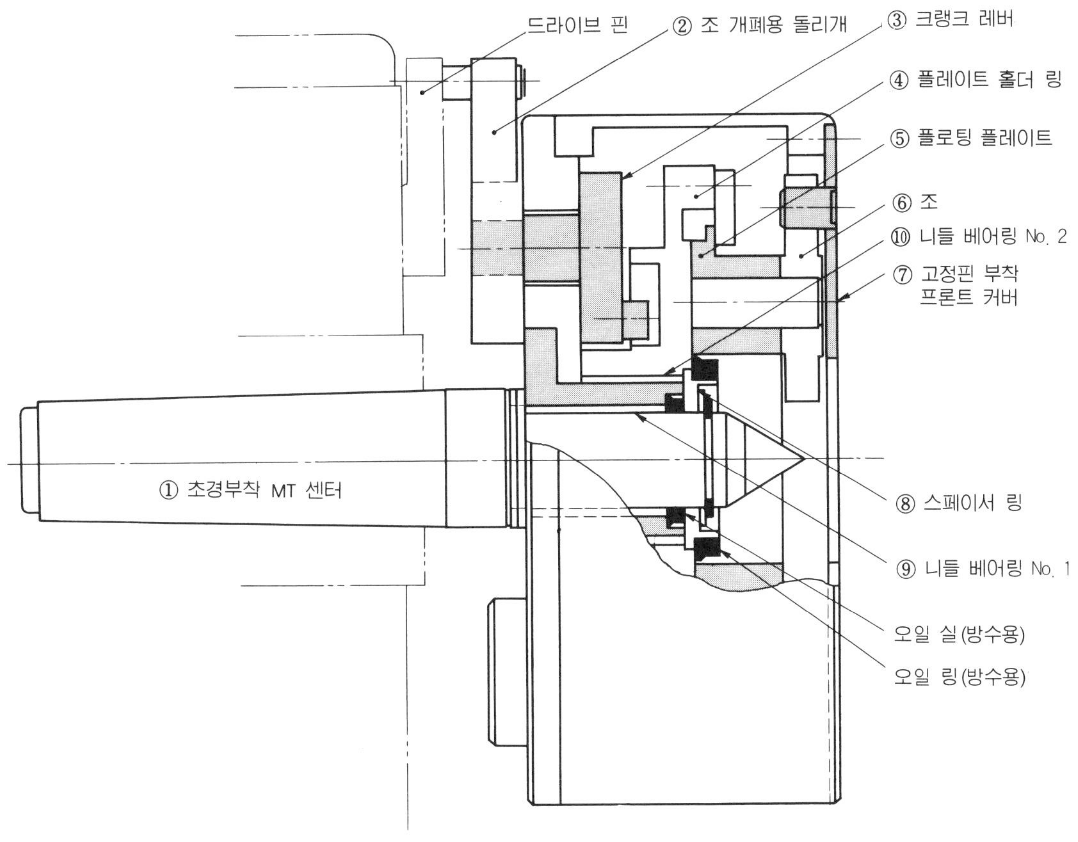

그림 2 워크 드라이버의 구조

원통 연삭처럼 양 센터를 기준으로 한 가공에서는 가공물의 외경과 센터 구멍의 진동을 어떻게 흡수하는가 하는 것이 매우 중요하다.

그래서 이 플로팅 기구를 채택함으로써 원통 연삭기의 가공물 처킹이 가능케 되었다고 볼 수 있다.

이 워크 드라이버는 4종류이며 8종의 조를 조합함으로써 $\phi 2.5 \sim 87\,\mathrm{mm}$ 까지의 넓은 범위의 가공물 외경에 대응할 수 있다(**표 1**).

표 1 워크 드라이버의 기종과 척 지름의 범위

조 No.	CP-100 ϕ (mm)	CP-130 ϕ (mm)	CP-165 ϕ (mm)	CP-200 ϕ (mm)
No. 1	2.5~3.5	4.9~7.9	7.5~14.5	40.5~47.0
No. 2	3.4~4.4	7.5~10.5	13.0~19.5	45.5~52.0
No. 3	4.3~5.3	10.0~13.0	19.0~25.0	51.5~57.5
No. 4	5.3~6.3	12.8~16.2	24.5~30.0	57.0~62.5
No. 5	6.3~7.3	16.0~20.0	29.5~34.5	62.0~67.0
No. 6	7.3~8.3	—	34.0~38.5	66.5~71.0
No. 7	8.3~9.3	—	38.0~42.0	70.5~75.0
No. 8	9.3~10.3	—	—	~87(특별 시방)

소직경용 CP-100형은 중심 진동 정밀도 3 μm 이하를 보증하고 있다.

또한 대형 가공물용으로서는 CP-200 스페셜(최대 ϕ 87 mm)이 크랭크 샤프트 연삭용에 활용되고 있다.

또 광 파이버용 커넥터와 같은 서브미크론 수준의 진동 정밀도 요구에도 대응할 수 있는 기종이 개발중이다.

● 워크 드라이버의 구성

워크 드라이버는 고정 센터인 초경부착 MT 센터를 기준으로 전체를 구성하고 있다.

각 구성 부품의 역할은 다음과 같다(**그림 3** 참조).

① **초경 부착 MT 센터**……주축대측의 고정 센터의 역할과 워크 드라이버 전체를 유지하며 고정 스핀들의 역할을 겸하고 있다.

② **조 개폐용 돌리개**……조를 개폐하는 역할과 워크 드라이버 전체를 회전하는 작용을 겸하고 있다.

③ **크랭크 레버**……조 개폐용 돌리개로부터 전해 받은 회전 운동을 플레이트 홀더링에 원운동으로서 전달한다.

④ **플레이트 홀더링**……플로팅 플레이트를 내장하고 그 플레이트를 플로팅시키는 기구를 보유함과 동시에 원운동을 한다.

⑤ **플로팅 플레이트**……플로팅 홀더링내에 있으며 360° 플로팅이 가능하다. 또한 플레이트면에 3분할된 고정핀을 가지며 그 핀으로 조를 구성하고 있다.

⑥ **조**……플로팅 플레이트를 3분할하는 핀으로 구성시키며 그 고정 구멍의 중심으로로부터 편심한 R선상에 가공물을 처킹하는 면을 가지고 있다. 그 편심 R을 쐐기 작용으로 바꾸는 U자형의 홈이 있다(조는 3매).

⑦ **프론트 커버 고정핀**……프론트 커버에 3등분할 배치, 고정된 핀으로서 조 개폐용 돌리개로 원운동하는 조의 U자 홈에 들어가 있다. 원운동하는 조에 반대 방향의 원운동을 하게 하여 조의 편심 R면에서 가공물을 무는 작용을 한다.

⑧ **스페이서 링**……워크 드라이버의 스러스트용 메탈 링으로서의 역할과 3매의 스페이서 링을 전후로 교체함으로써 초경 센터의 선단 출입을 조정하는 작용도 겸하고 있다.

⑨ **니들 베어링 No.1**……MT 센터를 고정 스핀들로서 삽입하여 워크 드라이버 전체의 회전 운동을 원활하게 한다.

⑩ **니들 베어링 No.2**……조 개폐용 돌리개로부터 전해지는 원운동을 무리없이 작동시키는 작용을 한다.

● 조 개폐의 구조

그림 3은 조가 벌여져 가공물을 고정, 해체하는 상태, **그림 4**는 가공물을 처킹한 상태이다.

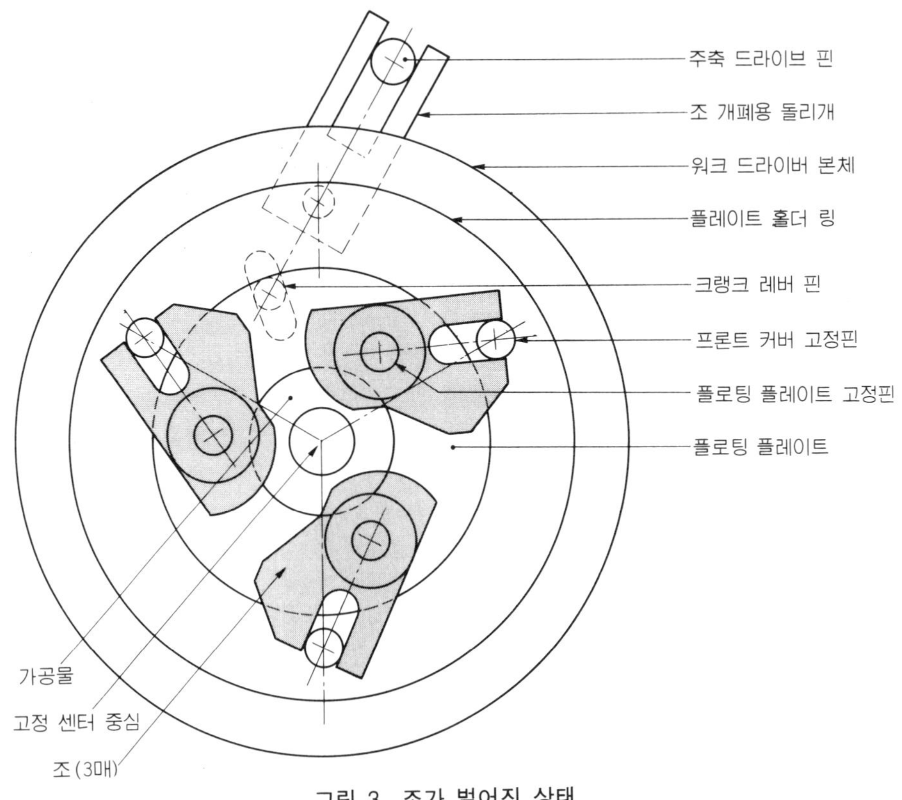

그림 3 조가 벌어진 상태

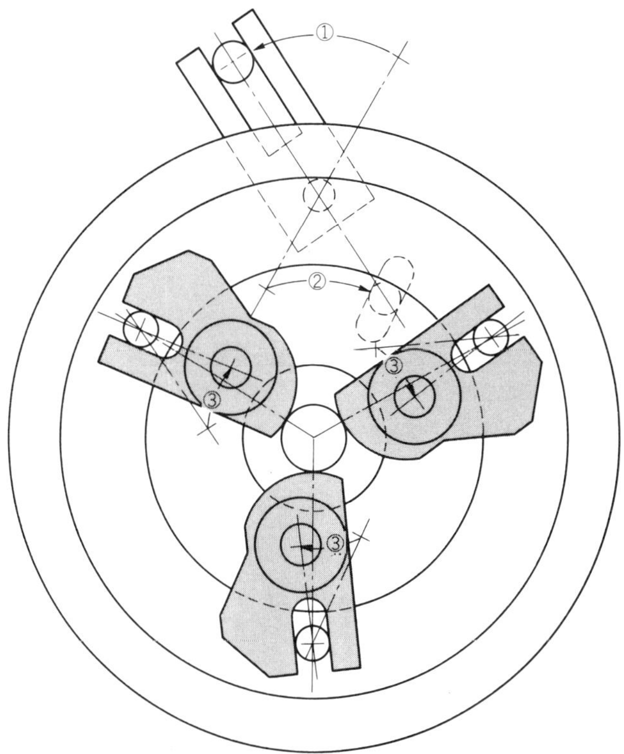

그림 4 조가 오므라들어 가공물을 처킹한 상태

주축 구동 장치의 드라이브 핀이 돌기 시작하면 드라이브 핀에 걸려 있는 조 개폐용 돌리개가 **그림 4**의 ①의 방향으로 움직여서 크랭크 레버를 통해 플레이트 홀더링에 내장되어 있는 플로팅 플레이트를 ②의 방향으로 원운동으로서 이동시키며 이에 의해 플로팅 플레이트의 고정핀에 고정된 조는 ③의 방향으로 작동한다.

이 때, U자형 홈에는 프론트 커버 고정핀이 걸려 있기 때문에 조는 **그림 4**와 같은 자세로 위치를 바꾸며 편심 R면에서 가공물을 처킹하고 연삭 부하가 걸리면 가공물을 무는 힘이 더욱 커지게 되어 슬립을 방지하는 구조로 되어 있다.

● 워크 드라이버의 효과

(1) 착탈 시간의 단축

어떤 긴 부품의 원통 연삭 가공에서 가공물의 착탈 시간을 조사해 보았더니 다음과 같은 결과가 나왔다.

① 가공물에 돌리개를 붙이는데　　　　　　　3 초
② 가공물을 양센터 사이에 세트하는데　　　　3 초
③ 연삭 자동 운전에　　　　　　　　　　　　15 초
④ 양센터로부터 가공물을 제거하는데　　　　2 초
⑤ 가공물로부터 돌리개를 제거하는데　　　　2 초

이 연삭 가공 택트 타임중 가공물의 착탈 시간이 10초이다.

이 연삭반에 고정구 CP-130형을 붙이는 경우, ⑤의 가공물을 양센터로부터 제거할 때에 심압 센터를 그대로 두고 다음 가공물을 고정할 수가 있어 ⑤의 2초에 1초를 더한 정도로 연삭 자동 운전에 들어 갈 수가 있다.

즉, 돌리개의 제거 시간 등 7초의 시간 단축이 가능하다.

또한 작업자가 가장 힘들어 하는 고정, 해체 작업이 없어져 작업 효율을 향상하였다. 1인당 기계 보유 대수도 그 전까지는 1.5대였던 것이 2.5~3대로 늘어남으로써 완전 자동화가 아니더라도 가공 코스트의 절감에 기여한 일례이다.

(2) 자동화, 로봇화

로봇이나 로딩 장치를 사용한 원통 연삭 가공의 자동화, 생력화를 생각해 본다.

자동화하는 경우에 가장 중요한 것은 로봇 등에 의한 가공물의 공급, 반출시에 워크 드라이버의 조가 완전히 벌어져 있어야만 한다는 조건이 선행돼야 하는 것이다.

주축이 급정지하면 조는 100% 벌어지지만 보다 확실하게 벌어지게 하기 위한 부속품으로서 브레이크 장치가 있다.

연삭 가공이 종료된 후, 이 브레이크 장치로 워크 드라이버의 본체에 가볍게 브레이크 효과를 주어 주축을 역전시킨다.

조는 확실히 벌어지며 가공물의 공급이나 반출시에 가공물이 조에 부딪히는 일이 없이 로봇이나 로딩 등을 사용한 원통 연삭기의 무인화 라인을 구성할 수가 있다.

워크 드라이버 외에도 메이어사제의 오토매틱 다이나믹 밸런서가 있다. 이 고정구는 연삭기에 사용하는 숫돌의 정(靜)밸런스를 취하지 않아도 연삭기에 숫돌이 고정된 상태 그대로 언밸런스를 제거하는 동적 밸런서이다.

금후, 연삭 가공이 더욱 고정밀도화해갈 것을 생각하면 이 다이나믹 밸런서도 연삭기용 고정구로서의 필요성이 높아질 것으로 생각된다.

원판 외경 연삭용의 척

● 원통 연삭용 고정구의 사례

외경 ϕ 54 mm, 두께 10 mm 정도의 원판의 편측에 2개의 조(爪)가 튀어 나온 형상을 한 담금질강의 외경부를 연삭한다. 연삭 정밀도는 0.05 mm로서 그다지 고정밀도는 아니지만 무는 부분이 매우 적다는 점이 문제이다. 침탄 담금질이기 때문에 담금질 자체의 변형도 크고 또한 속이 무르기 때문에 세게 조이면 변형될 염려가 있다. 생산 개수는 월 2만개이다.

이 가공물은 무는 부분이 적고 게다가 숫돌이 척 조의 근처까지 오기 때문에 정밀도가 높고 강성(剛性)도 요구됨으로써 베이스로서는 시판되는 고정밀도 3조 척을 사용하고 있다.

무는데는 동심성이 필요하므로 경사 캠면에 의해 3개의 조가 동시에 동심으로 작동하게 되고 연삭력은 레이디얼 방향으로 작용하기 때문에 각부의 부품 결합부에는 항상 녹 핀 또는 끼워 맞춤으로 하여 어긋남을 방지하고 있다.

일반적으로 연삭 가공은 열의 발생을 억제하기 위하여 대량의 쿨런트를 사용하는데 그렇게 되면 고정구의 각부에 쿨런트가 들어가 녹의 원인이 되기도 한다. 또한 슬라이딩부의 오일이 새어 나와 작동 불량이 되기도 하기 때문에 밀봉에 충분히 신경을 써야 한다.

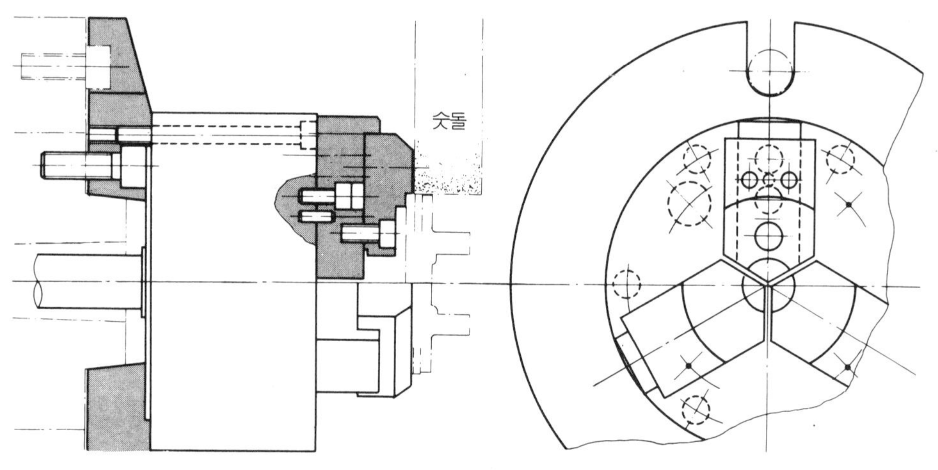

 이 가공물의 경우, 클램프의 무는 여유가 매우 작기 때문에 가능하면 테일 스톡측으로부터 회전 센터로 누르도록 하면 안전하다.

 이 고정구처럼 외경 연삭기를 사용하는 경우는 종종 중심을 내기 위하여 조의 끝이나 끼워 맞춤 부분을 사용하는 기계에 삽입한 후, 동시에 연삭하는 경우가 있다. 이 경우는 조 부분이 더미를 잡게 하여 연삭하면 동심성이 나온다.

 이 고정구는 중심축에 대해 대칭이므로 언밸런스는 없지만 일반적으로는 대칭이 아닌 경우가 더 많다. 이 때는 정(靜)밸런스 뿐만 아니라 동(動)밸런스를 잡기 위하여 밸런스 웨이트를 붙인다든지 구멍을 뚫는다.

 특히 고정구가 회전하는 경우는 관성을 작게 한다든가 고정구 자체의 고정, 해체, 진동 방지 등을 위해 중량을 가능한 한 가볍게 할 필요가 있다.

 3개의 조는 에어 실린더의 힘으로 당김봉이나 캠 등을 통해 개폐한다. 전체로서는 자동기의 속에 들어가 있기 때문에 가공물은 정렬이 되어 공급된다.

 기본적으로는 벌어진 조의 사이에 가공물을 밀어 붙이고 조가 오므라들면 그것으로 완료되지만 종종 떠 있을 수가 있으며 이는 매우 위험하다.

 따라서 후에 센서를 사용하여 소정의 위치에 가공물이 들어가 있는 것을 확인해야만 한다.

내경 테이퍼와 외경 연삭의 고정구

● 원통 연삭용 고정구의 사례

가공물은 **그림 1**과 같은 위치 결정용 테이퍼 부시로서 내경 테이퍼 부분과 외경 부분을 연삭 가공한다. 위치 결정용 부시이기 때문에 동심도와 테이퍼 부분의 지름을 전품목 갖추는 것이 가공의 포인트가 된다.

어쨌든 고정구는 필요하다. 만약 지그가 없으면 균일한 것은 거의 만들 수 없고 내경의 연삭 여유도 둘 수 없어 정밀도를 내기도 어려우며 가공 시간도 많이 걸리게 된다.

그림 2는 제작한 고정구이다. 이 고정구의 좌측 테이퍼 부분은 가공물의 내경 테이퍼 부분과 동일하도록 만들며 우측 부분에는 고정 링을 끼워 다이얼 게이지를 고정하고 있다.

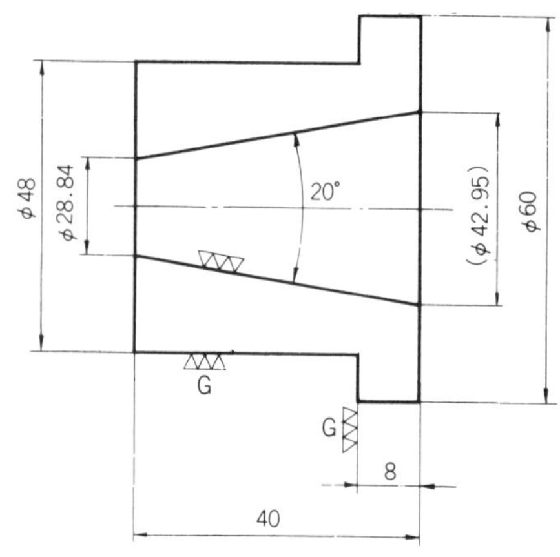

그림 1 테이퍼 부시

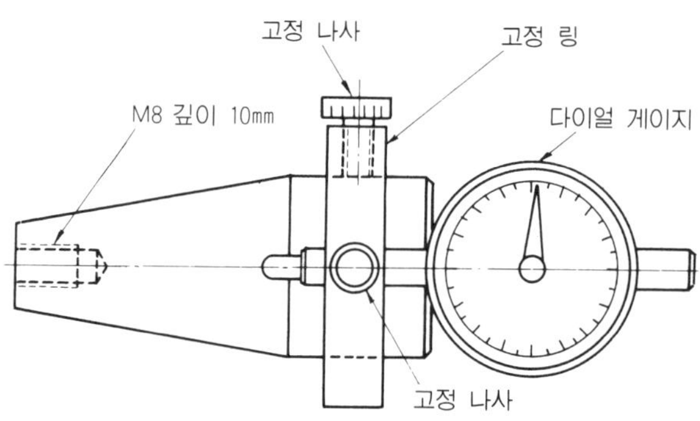

그림 2 테이퍼 게이지 겸용 고정구

사용 방법은 내경 테이퍼 부분을 가공할 때는 **그림** 3처럼 하고 다이얼 게이지로 테이퍼 부분의 길이를 비교 측정함으로써 가공 후의 검사를 한다.

내경 테이퍼 가공이 종료하면 **그림** 4처럼 다이얼 게이지를 제거하고 그 부분을 처킹하여 가공물을 볼트로 고정한다.

이 가공에서는 고정구를 처킹할 때 중심이 정확히 맞으면 그 후의 가공물의 센터링은 필요가 없다.

이 고정구는 가공물의 내경 테이퍼 부분을 측정할 수 있는 형상으로 한 것이 포인트이며 비교 측정을 하기 때문에 불균일도 최소로 억제할 수가 있다. 또한 외경 가공하는 경우는 고정구로서도 사용할 수 있다.

이와 같이 측정구 겸용 고정구라는 형을 취했기 때문에 측정 시간이나 세트 시간을 대폭 단축할 수 있어 제품의 정밀도 향상과 안정화를 꾀할 수 있었다.

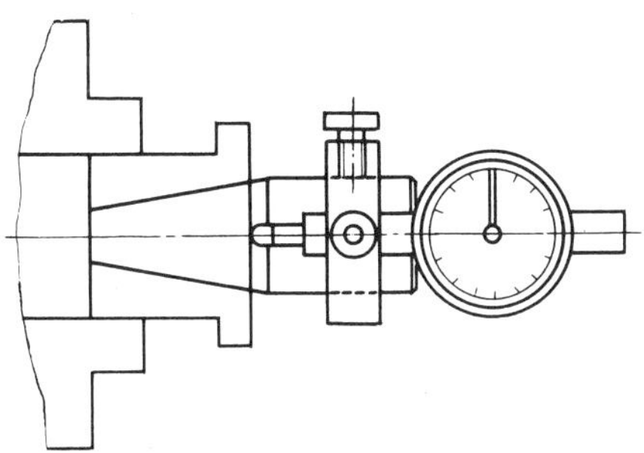

그림 3 내연삭 작업

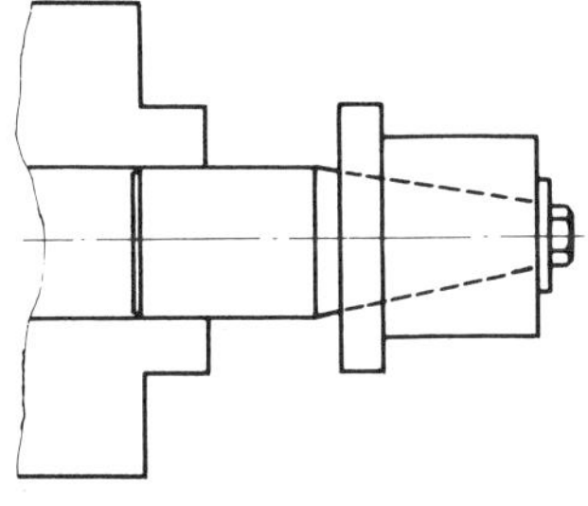

그림 4 외연삭 작업

수평 잡기가 용이한 단면 연삭 고정구

● 로터리 연삭용 고정구의 사례

그림 5는 로터리 연삭용의 고정구이다. 가공물은 전(前)가공에서 단면(端面)과 내경의 선삭 가공을 하고 열처리 후에 단면의 연삭을 한다.

가공물의 전공정에서 기계 가공되어 있는 부분은 단면 A, 내경 B, D, 좌삭면 C, 내경홈 E 뿐이며 나머지는 주조 껍질 그대로의 흑피면이다. 이 연삭 공정에서 가공상 필요한 치수는 단면 A와 좌삭면 C와의 치수 L, 그리고 내경 B에 대한 단면 A의 직각도이며 고정 기준은 내경 B와 좌삭면 C가 된다.

단면 A를 수평으로 고정하기 위해서는 내경 B를 끼워 맞춤하고 자리파기면 C를 접촉시킨 상태에서 클램프해야만 한다.

종래의 방법에서는 나이프 에지로 가공물의 외경을 무는데 수평을 잡기 위한 손 가감이 매우 어렵다. 그러나 이 고정구에서는 그런 점을 없앴다.

먼저 가공물을 끼워, 맞춤부 B에 넣고 기준면 C와의 접촉을 확인한 후, 중앙의 조임 볼트를 조인다.

클램프 볼트의 선단에는 볼 노즈로 지지된 끼움쇠가 있고, 이 끼움쇠가 3개소의 클램프를 밀면, 클램프는 각 힌지핀을 지지점으로 하여 가공물을 조이게 된다.

가공물의 외경은 흑피 그대로이며 기준 B에 대한 동심은 기대하기 어려우며 3개소의 클램프가 동시에 가공물에 닿는 일은 없다.

끼움쇠는 플로팅 상태로 되어 있기 때문에 3개소의 클램프중 1개소가 가공물에 닿아 움직이지 않게 되면 끼움쇠가 움직여서 나머지 2개소의 클램프만이 움직여 가공물에 닿게 됨으로써 조임력은 균등하게 3개소의 클램프로 나누어져 조이게 된다.

이 상태에서 중앙의 조임 볼트를 더 돌려 조이면 클램프는 움직이지 않고 조임력은 끼움쇠를 통하여 클램프를 아래로 미는 힘이 된다.

클램프의 힌지핀 고정 구멍은 0.5 mm 더 길게 되어 있기 때문에 클램프는 항상 힌지핀의 아래에 있는 스프링에 의해 힌지핀에 대해 그 길이만큼 밀려 올려져 있다.

이로 인해 조임 상태에서 더욱 클램프를 아래로 누르는 힘이 걸리면 이 스프링이 압축되어 3개소의 클램프가 가공물을 문 상태 그대로 하강하며 이 힘이 가공물을 당겨 넣음으로써 기준면 C에 밀어 붙여진다.

스프링 G는 클램프를 벌릴 수 있는 정도의 것이면 되지만 스프링 F는 완전히 조이고 나서 내려 가기 때문에 5 kg 정도 더 강한 것으로 하고 있다.

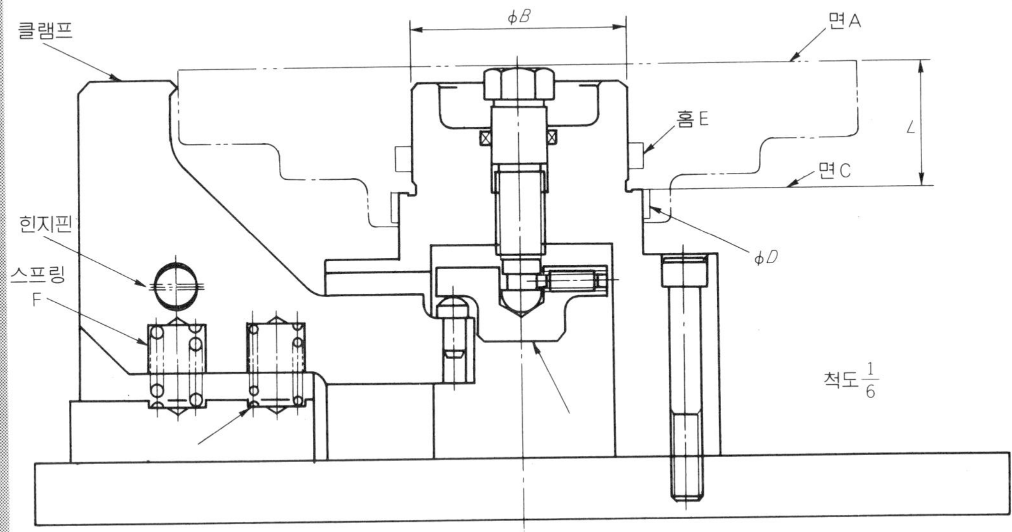

그림 5   로터리 연삭용 고정구

평면 연삭에 사용하는 보조 블록

　평면 연삭 작업에서의 치수 내기 작업은 간단하다. 그러나 고정밀도의 평면도나 평행도가 요구되는 얇은 판모양 가공물의 연삭이 되면 정밀도를 내기가 어려운 경우가 있다.

　양산의 가공물이면 전용 고정구를 제작하면 되지만 다품종 소량으로 형상이 다른 것은 범용의 고정구를 사용해야만 한다.

　이제까지의 고정 방법은 **그림 1**처럼 마그넷 베이스(전자 척) 위에 보조 블록을 놓고 평면도, 평행도를 유지하여 연삭 가공을 해왔으나 이 방법으로 작업을 하게 되면 몇 가지의 문제점이 생긴다.

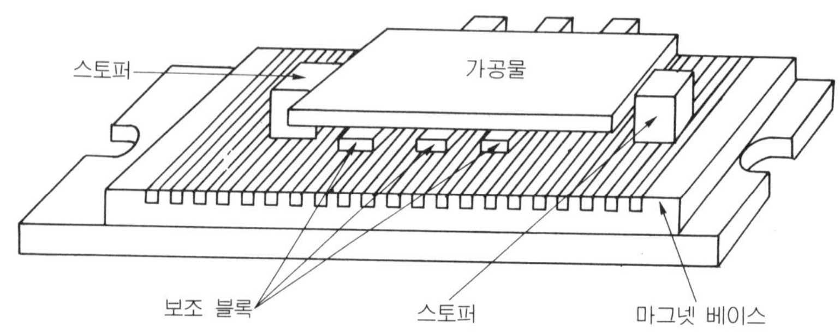

그림 1　보조 블록을 사용한 고정 방법

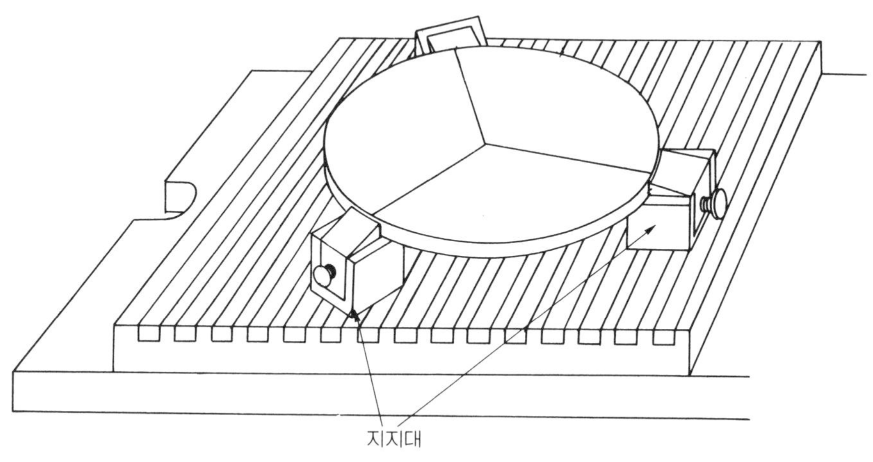

그림 2　고안한 지지대의 고정 방법(원형 가공물일 때)

예를 들면, 다음과 같은 것들이다.

① 마이크로미터가 자기(磁氣)를 띠게 됨으로써 고정 상태에서의 측정이 불가능하다.

② 가공물의 고정, 해체는 마그넷을 끊지(消磁) 않으면 불가능하다. 그러나 마그넷을 끊으면 보조 베이스가 움직일 염려가 있다.

③ 일그러짐이 있는 가공물을 보조 베이스에 그대로 고정할 경우, 흡착력 때문에 가공물이 변형하여 일그러짐이 제대로 잡히지는 않는다.

④ 보조 베이스상에서는 연삭력보다도 흡착력 쪽이 약하기 때문에 안전 스토퍼를 고정해야만 한다.

⑤ 가공물의 위치 결정이 일정하지 않기 때문에 고정이나 해체시 테이블 스트로크의 최초에 결정된 위치에 신경을 써야만 한다.

⑥ 비철 금속 재료를 연삭할 때는 스토퍼에만 의존할 수 없어 작업이 어렵다.

보조 베이스를 사용한 경우는 이러한 여러 가지의 문제점이 있다. 그래서 **그림** 2, 3과 같은 고정 방법으로 개선해 보았다.

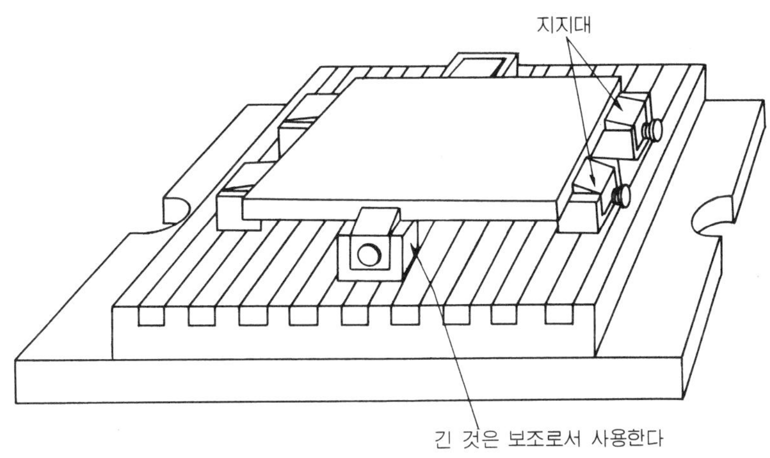

그림 3 고안한 지지대의 고정 방법(긴 가공물일 때)

그림 4는 고정에 사용하는 지지대이다. 또한, **그림** 5는 그 단면(斷面)을 보여 주고 있다. 손잡이 나사를 돌리면 지지점을 중심으로 밀판이 이동하여 가공물을 조인다. 역으로 손잡이를 풀면 나사의 힘으로 밀판이 들려 올라가 가공물을 제거할 수가 있다.

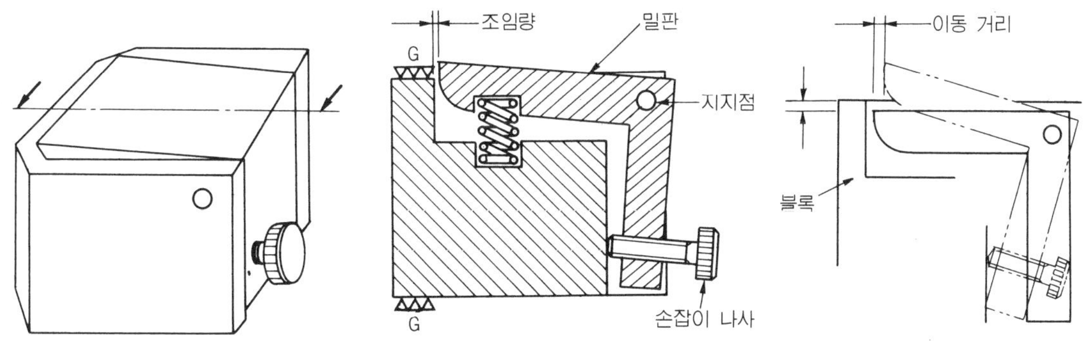

그림 4 지지대의 견취도(스케치)   **그림 5 지지대의 단면도**   **그림 6 밀판의 기구**

밀판의 선단은 지지점의 중심보다도 위에 있으며 손잡이 나사를 돌림으로써 지지점 중심으로 가까워지는 만큼 이동 거리로 된다. 즉, 이것이 조임량으로 되는 것이다. 또한 밀판을 그 중심선에 바짝 가까이 내림으로써 블록면보다 밀판 쪽이 낮아져 상면의 수정 연삭이 가능하다(**그림** 6).

지지대는 가공물의 치수나 연삭반의 크기를 고려하여 제작한다. 지지대의 블록은 SKS 3 재질을 사용하여 담금질, 뜨임을 한 것이고 밀판의 재료는 SS 41을 청화(cyaniding) 담금질한 것이다.

그림 2에서는 이 지지대 3개를 전자 척의 위에 얹어 위치 결정한 후, 착자(着磁)시켜 지지대의 상면을 최소 한도로 연삭한다. 그리고 가공물을 고정하고 지지대의 손잡이 나사를 돌림으로써 밀판을 이동시켜 가공물을 가볍게 조인다.

3점 지지대를 사용하면 가공물의 최초의 변형은 거의 제거되지만 이번에는 연삭 변형이 발생하는 수가 있다. 그래서 측정,, 체크하여 반대면을 연삭할 필요가 있다.

종래의 연삭 방법도 마찬가지이지만 이 지지대를 사용함으로써 고정한 그대로 측정이 가능하여 정확한 치수를 파악할 수 있다는 점이 특징이다.

이 고정 방법에 의해 다음과 같은 개선 효과를 얻었다.

① 가공중에 가공물의 치수 측정을 할 경우, 매번 가공물을 떼내지 않아도 된다.

② 가공물의 고정, 해체는 전자 척을 착자시킨 상태 그대로 지지대 1방향의 손잡이만을 돌리면 간단히 처리된다.

③ 지지대에 자기(磁氣)가 없기 때문에 연삭 칩도 간단히 제거할 수가 있다.

④ 밀판 방식의 조임이기 때문에 스토퍼를 필요로 하지 않는다.

⑤ 가공물의 정밀도는 보조 베이스와 비교하여 평면도, 평행도 모두 양호해짐으로써 작업 능률이 향상되었다.

⑥ 전자 척을 사용할 수 없는 비자성체의 알루미늄 합금제 가공물 등에도 적응할 수 있다.

비자성체 에어 흡착식 테이블

⬆ 에어 흡착식 테이블에 고정하여 비자성체 가공물을 평면 연삭한다

최근의 경향으로서 알루미늄 합금, 유리, 플라스틱 등 비자성체 소재에 대한 가공 요구가 증가하고 있다. 자성체 재료이면 마그넷 테이블을 사용하여 간단히 공작기계에 고정할 수가 있지만 비자성체이기 때문에 전용의 지그·고정구를 사용하지 않으면 공작 기계에 고정할 수가 없다. 그래서 비자성체 가공물을 공작 기계에 간단히 고정할 수 있는 에어식의 흡착식 테이블이 있다.

사진은 이 흡착 테이블을 NC 평면 연삭반에 응용한 예이다. 흡착식 테이블은 내부를 에어, 물 등의 유체가 자유롭게 투과할 수 있다고 하는 유체 투과성 주조품을 응용한 것으로서 에어의 흡인력으로 가공물을 흡착하는 것이다. 따라서 자성체, 비자성체를 불문하고 어떤 가공물이나 고정할 수가 있다. 이 예에서는 연삭반이지만 물론 다른 공작 기계에도 응용할 수 있다.

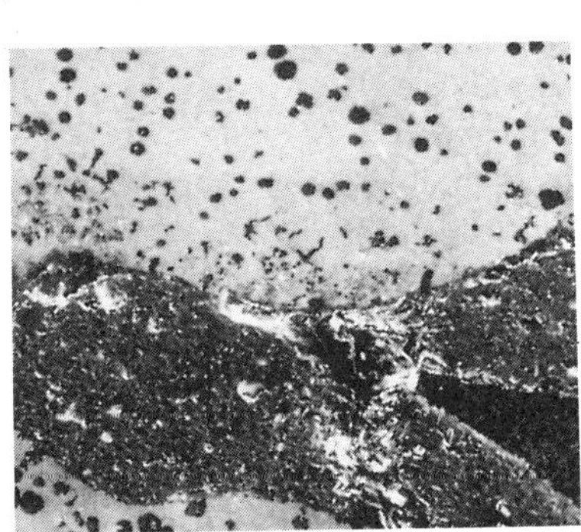

⬆ 유체 투과성 주조품의 표면 공동(空洞)

옮긴이 약력

서 병 화
· 경북대학교 의과대학에서 전과하여 동 대학교 공과대학 기계공학과 졸업
· 아시아종합기계(주) 검사과장, 동양노즐(주) 설계개발과장, 생산부장을 거쳐 한일과학(주) 공장장 역임
· 기술계 영어 · 일어 전문 번역사로 활동하였으며, (주)첨단 편집이사 역임

기계 가공 기술 시리즈 No.2

지그 · 고정구의 제작 사용방법

1996. 10. 2. 초 판 1쇄 발행
2021. 7. 6. 초 판 5쇄 발행

검
인

지은이 | 툴엔지니어 편집부
옮긴이 | 서병화
펴낸이 | 이종춘
펴낸곳 | **BM** (주)도서출판 **성안당**

주소 | 04032 서울시 마포구 양화로 127 첨단빌딩 3층(출판기획 R&D 센터)
10881 경기도 파주시 문발로 112 파주 출판 문화도시(제작 및 물류)
전화 | 02) 3142-0036
031) 950-6300
팩스 | 031) 955-0510
등록 | 1973. 2. 1. 제406-2005-000046호
출판사 홈페이지 | **www.cyber.co.kr**
ISBN | 978-89-315-3569-3 (13550)
정가 | **25,000원**

이 책을 만든 사람들
책임 | 최옥현
진행 | 이희영
교정 · 교열 | 류지은
전산편집 | 이지연
표지 디자인 | 박원석
홍보 | 김계향, 유미나, 서세원
국제부 | 이선민, 조혜란, 김혜숙
마케팅 | 구본철, 차정욱, 나진호, 이동후, 강호묵
마케팅 지원 | 장상범, 박지연
제작 | 김유석

■ **도서 A/S 안내**

성안당에서 발행하는 모든 도서는 저자와 출판사, 그리고 독자가 함께 만들어 나갑니다.
좋은 책을 펴내기 위해 많은 노력을 기울이고 있습니다. 혹시라도 내용상의 오류나 오탈자 등이 발견되면 **"좋은 책은 나라의 보배"**로서 우리 모두가 함께 만들어 간다는 마음으로 연락주시기 바랍니다. 수정 보완하여 더 나은 책이 되도록 최선을 다하겠습니다.
성안당은 늘 독자 여러분들의 소중한 의견을 기다리고 있습니다. 좋은 의견을 보내주시는 분께는 성안당 쇼핑몰의 포인트(3,000포인트)를 적립해 드립니다.

잘못 만들어진 책이나 부록 등이 파손된 경우에는 교환해 드립니다.

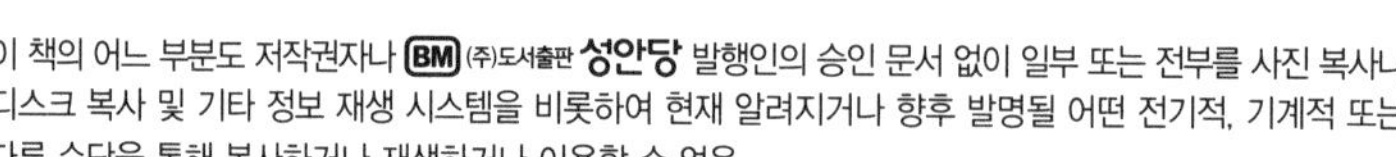